そして世界に不確定性がもたらされた

Uncertainty

Einstein, Heisenberg, Bohr, and the Struggle for the Soul of Science

David Lindley

ハイゼンベルクの物理学革命

デイヴィッド・リンドリー

阪本芳久 訳

早川書房

そして世界に不確定性がもたらされた

——ハイゼンベルクの物理学革命

UNCERTAINTY

Einstein, Heisenberg, Bohr,

and the Struggle for the Soul of Science

by

David Lindley

Translated by

Yoshihisa Sakamoto

First published 2007 in Japan by

Hayakawa Publishing, Inc.

This book is published in Japan by

arrangement with

Doubleday

a division of Random House, Inc.

through Japan Uni Agency, Inc., Tokyo.

神は秩序の神であって混乱の神ではない――アイザック・ニュートン

混沌《カオス》は自然の掟であり、秩序は人間の夢である――ヘンリー・アダムズ

カバー写真：
第５回ソルヴェー会議（1927年10月24日－29日、ブリュッセル）。
丸をつけたのは、向かって左から、アルバート・アインシュタイン、
ウェルナー・ハイゼンベルク、ニールス・ボーア。

装幀：two minute warning

目次

序章

科学が混沌のなかから秩序を導く営みであるとしても、その歩みは一九二七年の初めに思いがけない方向に向かうことになった。この年の三月、弱冠二五歳ながらすでに世界的名声を博していた物理学者、ウェルナー・ハイゼンベルクが書きとめた科学的論証は、簡潔であると同時に深遠で、驚くべきものでもあった。ハイゼンベルク自身、ことの重大性がはっきりわかっているとは言いがたかった。彼はその論証の趣旨をうまく表現する言葉を見つけようと悪戦苦闘した。直訳すれば「不正確さ」になるドイツ語の言葉を使っている場合が大半だったが、やや異なる思惑から「非決定性」という言葉も二か所で試している。だが、師であり、かつては研究の監督者でもあったニールス・ボーアに強要されては抗しきれず、ハイゼンベルクは不承不承補注を加え、そこで新たな用語を披露した。それが「不確定性」である。こうして、ハイゼンベルクの発見は、以後一貫して不確定性原理と呼ばれることになるのである。

これは最適の用語ではなかった。一九二七年の科学にあっては、不確定性はいささかも目新しいものではなかったのである。実験結果には必ずといっていいほど「ぶれ」が含まれるし、理論からの予測の確かさは理論の背後にある仮定の確かさと同程度にすぎない。実験と理論との間を際限なく行き来するなかで、不確かさがあるからこそ、科学者たちはどのようにして先へ進めばいいかを知ることができる。実験はますます精密に細部を探り、理論には補正と修正が加えられていく。科学者たちはあるレベルでの理論と実験との不一致を解決すると、さらに下の次のレベルへ移っていく。活力に溢《あふ》れている科学の学問分野であれば、不確定、食い違い、矛盾が存在するのは当然なのである。

したがって、ハイゼンベルクが科学に不確定性を持ち込んだわけではない。彼が変えてしまった、それも著しく変えてしまったのは、不確定性の性格と意味そのものだった。それまでは一貫して、不確定性は克服可能な障害だと思われていた。コペルニクスとガリレオ、さらにケプラーとニュートンに始まる近代科学は、筋道の通る推論を検証可能な事実とデータに当てはめることで発展してきた。数学の厳密な言葉で表現された理論は、解析的な手法を用いた精確なものでなければならなかった。理論が与えるのは一つの体系、一つの構造であり、神秘と偶然による生起を理由と原因に置き換える非の打ちどころのない説明だった。科学の世界にあっては、何かが原因とならない限り何事も生じない。自発的な生起や気まぐれの産物はいっさいいない。自然現象はひどく込み入っているかもしれないが、実際には秩序があり、予測可能であることが科学によって明らかになるにちがいない。事実は事実であり、法則は法則である。例外などいっさいいない。科学の網は、それが取って代わった天の網と同じように、どんな小さなものも漏らさないだろう。完璧に捉える点でも何ら変わるところはない。

一世紀ないし二世紀の間、この夢は実現可能なように見えた。ある世代の科学者たちは、自分たちが前世代の人々の研究を基盤にして仕事を継続しているのに、いまだ究極の目標に到達していないと知るかもしれない。それでも同時に、あとにつづく世代が仕事を完成させてくれると信じることができた。理性の力は前進が不可避であることを示していた。科学はさらに壮大になって範囲を広げ、同時にいっそう詳細で精密になっていくだろう。自然は理解可能なのである。そして理解可能である以上、いつかは理解されるのが必然というものなのだ。

物理学から生まれたこのような古典論の考え方は、一九世紀にはあらゆる科学のもっとも重要な規範になった。地質学者、生物学者、さらには第一世代の心理学者までもが、自然界全体を、複雑であっても間違いを犯すことのない機械装置として描き出した。すべての科学が、物理学が提示する究極の目標を目指した。そのための秘訣は、精確な記述に向いている──つまり、数字で表わすことのできる──観察事実と現象によって知識を明確にし、次いで、それらの数字を必然的な一つの体系に結びつける数学法則を見出すことである。

この仕事が容易でないのは確かだった。もし科学者たちが望みの大きさにひるむとすれば、それは、ばらばらにしようとしている機械のものすごい複雑さのせいなのだ。もしかすると、自然の法則は科学者たちの理解力には広大すぎて、推し量ることができないかもしれない。ひょっとすると、科学者たちは自然の法則を記録できるとわかっても、自分たちには帰結を明らかにするための分析能力や計算能力がないことを見出すのがおちかもしれない。完全な科学的理解を目指す企てが頓挫《とんざ》してしまうのなら、それは人間の知性がこの仕事に向いていないからであって、自然そのものが手に負えないせいではないだろう。

ハイゼンベルクの主張が人々に大きな不安を抱かせた理由はここにある。彼の議論は、科学という巨大な建造物の予想だにされなかった欠陥を突いていた──欠陥はいわゆる下部構造、科学が拠《よ》って立つ基礎にあったのだが、これまで検証されずにきたのは、びくともしないことは火を見るよりも明らかだと思われていたからだった。

ハイゼンベルクは自然の法則の完全性にはいっさい異を唱えなかった。そうではなく、当然とされている「事実」そのもののなかに、奇妙な驚くべき難題を見出したのである。彼の不確定性原理は、科学におけるもっとも基本的な営みを問題にしていた。われわれはどのようにして世界についての知識、つまり科学的な吟味に委《ゆだ》ねることが可能な知識を得るのか、である。ハイゼンベルクが取り上げた例で言えば、物体がどこにあり、どのくらいの速さで運動しているかをどのように知るのだろうか。ハイゼンベルクよりも前の世代の人々はこの問いに当惑を覚えたことだろう。どんな場合にも、運動している物体は何らかの速さと位置を有している。これらを測定したり観察したりする手段もあるし、きちんと観察すればするほど得られる結果も正確になる。これ以外に言うべきことがあるだろうか？

あるどころではないことをハイゼンベルクは見出した。彼の結論はきわめて画期的で深遠であるにもかかわらず、表現した言葉はすっかりお馴染《なじ》みのものになってしまったと言っても過言ではない。粒子の速度、あるいは位置を測定することはできるが、両者を測定することはできない、というものである。もう少し正確に言えば、位置を正確に突き止めれば突き止めるほど、速度を正しく知ることができなくなる。もしくは、やや遠回しでわかりにくくなるが、観測行為が観測している対象に変化を生じさせてしまうということである。

いずれにせよ、事実というものは結局のところ、考えられていたほど単純で確かなものではないと見える。自然界は巨大な機械だとする古典論的な描像では、この装置を動かしているすべての部品を限りなく正確に明らかにすることができ、部品どうしの相互関係もすべて正確に理解できるのは当然のこととされてきた。あらゆるものには本来の場所があり、すべてのものにふさわしい場所が用意されていた。このことは根本であると同時にきわめて重要なことのように思われていた。宇宙は理解可能だと思うのなら、何よりも、宇宙を構成しているあらゆる要素と、それらがどのような働きをしているのかを一つまた一つと突き止めていくことができると考えなければならない。だが、どうもハイゼンベルクは、知りたいと思っているものを突き止められるとは限らず、自然現象を記述する人間のないのなら、法則を導き出すことなど望むべくもないではないか。自然現象を望みどおりに記述することができる能力すら制約を課されていると述べているようだった。

ハイゼンベルクの発見が何を意味しているのかは理解しにくかった。しかもこの発見は、非凡かつ戸惑いを覚えることでは勝るとも劣らない彼の洞察《どうさつ》にあい前後してもたらされたものだった。彼がその洞察を述べたのはほんの二年前、独創的な一瞬のひらめきのうちに、量子力学と呼ばれることになる新たな理論の構築法を見て取ったときである。物理学界のほかの人々がついて行くのに四苦八苦している一方で、青年ゆえに純粋な目で見ていたハイゼンベルクは着実に前に進みたいと考え、物理学の根本をなす決まりごとを、これまでにない難解な理論用語で書き改めようと意気込んでいた。もっとも、彼自身でさえ、その言葉の意味を完全に理解しているとは言いがたかった。けれども、時間をかけ、ときにはいらいらさせられるほど用心深く熟考するのが習い性だったニールス・ボーアは、新しい理論をそれまでの理論に同化させる必要があると見て取った。彼の見るところでは、困難であってもどうしてもやらなければならないのは、苦難の末に勝ちとった以前の時代の成果を捨て去ることなく、新たに登場した量子力学を理解することだった。ボーアとハイゼンベルクは、形を取りつつあるものの異論の多い科学の知識の最適な表現法をめぐって、うんざりするほど議論を戦わせた。

もう一人、この議論に声を上げた人物がいる。ハイゼンベルクが不確定性原理を公表したとき、アルバート・アインシュタインは五十に手が届こうとしていた。彼は科学の大家であり、畏敬《いけい》されていたが、もはや四六時中科学に没頭していたわけではない。もっと年下の科学者たちが重要な研究を進めており、アインシュタインは威厳ある解説者の役割を務めていた。彼も全盛期には大変革をもたらした人物だった。あの偉大な年となった一九〇五年、アインシュタインは絶対空間と絶対時間という旧来のニュートンの概念を相対性理論によって打ち壊した。ある観測者が同時に生じたと見る出来事でも、別の観測者には一方が先でもう一方が後というように、あい前後して生じたように見えるかもしれない。さらに、第三の観測者は出来事を逆の順序で観測するかもしれない。ハイゼンベルクはアインシュタインの革命的な原理を大まかに持ち出して、自身の原理の裏づけに利用した。異なる観測者は世界について異なる見方をする、というのである。

だが、アインシュタインからすれば、これは自分の飛びぬけて崇高な仕事をはなはだしく誤解していた。相対論が異なる見方をしてもいいとしているのは確かだが、この理論のそもそもの要点は、一見矛盾しているように見える観測結果であっても、対立を取り除いてすべての観測者が同意できるようにすることが可能な点にあったのだ。アインシュタインに理解できる限りでは、ハイゼンベルクの世界にあっては、紛れもない事実という考えそのものが、互いにあいいれない見解の寄せ集めに帰着してしまうように思われた。だから、科学とは信頼できる何かを意味するものであるなら、こんな考えを受け入れることはできない、とアインシュタインは述べた。ここにはもう一つ、熾烈《しれつ》な知の戦いがあり、このたびはボーアとハイゼンベルクは手を携えて老練な巨匠に立ち向かった。

最終的には、形を変えながら戦わされた彼ら三人の論争から、現実的ではあるものの月並みな不確定性原理の定義が生まれ、大半の物理学者はあいかわらず、この定義なら使いやすいし、少なくともかなりよく理解できるとしている――もっともそう言えるのは、この原理によって提起されながらいまだ解決を見ていない哲学的ないしは形而上学《けいじじょう》的難題を、あまり突き詰めて考えないようにしておこうとする場合に限られるのだが。しぶしぶとではあったけれど、アインシュタインはハイゼンベルクとボーアが提示した体系の扱い方の正しさを受け入れた。だが、どうしても完璧であると認めることはできなかった。彼にとっては死ぬまで、この新たに登場した物理学は不本意な妥協の産物であり、最終的には彼が愛してやまなかった以前の諸原理に基礎をおく理論に取って代わられるべき彌縫《びほう》策であることに変わりなかった。ハイゼンベルクの言う不確定性は、物理的世界を理解する人間の能力の欠如の現われであり、物理的世界そのものについて、何か奇妙で近づきがたいところがあることを示しているのではない、とアインシュタインは断固として言い張ったのである。

アインシュタインは、ボーアとハイゼンベルクが作り出そうとしている類《たぐい》の物理学をはなはだ毛嫌いし、その嫌悪はやがて、まさに科学の精神《ソウル》を追い求めた苦闘の様相を呈《てい》してくる。今では戦いは終わっているのだから、こんな言い方は大袈裟に思えるかもしれない。けれども、この新たな物理学が形を取りつつあった一九二〇年代には、物理学の基礎がかつて受けたこともない詮議《せんぎ》の的となっていることは明々白々だった。そして基礎にひびがあることが明らかになった。仕事を監督したボーアによって、改めて基礎が打ち立てられた——というか、アインシュタインなら、支えを宛《あて》がったのだと言ったかもしれないが——一方で、上部構造のほうはほぼそのまま維持された。この注目すべき修復作業が本書で語る物語の中核をなしている。主役を演じる人物たちに不偏不党の代弁者は一人もいない。一方の側が他方の側に対してはっきりと境界を画したということでもない。転向もあれば見解の変化もあった。さらに現在においてさえ、アインシュタインの懐疑的精神は、ボーアとその支持者たちが勝ちとった表面上の勝利からなかなか立ち去ろうとしないのだ。

中心をなすこの物語には前後譚がある。

不確定性原理は、科学の領域に限らず、欠陥のない知識を確立することの一般的な難しさを指す常《キャ》套句《ツチフレーズ》になっている。ジャーナリストが、自身の見解が書いている記事に影響を与える場合があると認めるとき、あるいは文化人類学者が、自分の存在が調査している文化の行動様式を壊してしまうと嘆くとき、ハイゼンベルクの原理は遠い存在ではない。観測者は観測している対象を変化させてしまうのである。文学理論の研究者が、テキストは多種多様な読み手の嗜好《しこう》と先入観にしたがってさまざまな意味を与えると主張するとき、その背後にはハイゼンベルクが潜んでいる。観測という行為によって、何を見て何を見ないかが決まってしまうからである。

　こうしたことが、根底にある物理学と何か関係があるのだろうか？　まずありえない！　だとすれば、物理学以外の学問分野で、ハイゼンベルクの原理がかくも熱狂的に使われてきたのはなぜなのだろう？　本書の後半で提示するが、深遠な概念を取り込むというこの奇妙な風潮が生じたのは、ジャーナリスト、文化人類学者、文芸批評家等々が自分たちの主張を正当化する怪しげな科学的理由を見つけたいと望んだからではなく、むしろ不確定性原理のおかげで、科学の門外漢にとって科学知識そのものが以前よりも恐怖を覚えるものではなくなり、日々相手にしている曖昧《あいまい》で捉えどころのない知識の類《たぐい》にますます似てきたからなのである。

　しかしながら、物語のこの部分に足を踏み入れるには、ハイゼンベルクの不確定性がどのような経緯で登場したのかを理解しておく必要がある。他のあらゆる種類の革命と同じように、科学における革命もある日突然やってくるわけではない。そこには元となるものや先行する出来事がある。不確定性原理は量子力学が完成の域に達したことを示しており、この新たな物理学は一九二七年の時点では、すでに古典論による一九世紀物理学のかつての確信の多くを覆《くつがえ》していた。けれども、量子力学自体、以前の物理学では扱えなかった問題に触発された応答だった。科学では確実性はかねてから一筋縄ではいかない問題だったし、量子論とハイゼンベルクの不確定性が二〇世紀の産物であることは確かだが、もっとも初期の萌芽《ほうが》はほぼ一〇〇年前に現われている。こうした事情のゆえに、物語は一九世紀幕開けの最初の一〇年から始まる。

第一章　過敏な粒子たち

スコットランドの牧師の息子だったロバート・ブラウンは独学で学者になった典型的な人物で、謹厳かつ勤勉なうえに常軌を逸するほど几帳面だった。一七七三年に生まれ、エディンバラ大学で医学の教育を受けた後、しばらくファイフシャー連隊で外科医の助手として勤務した。彼はここで、空き時間を有意義に利用した。朝早く起きてドイツ語を自習し（名詞とその語形変化を朝食前に、日記書き、助動詞の活用を食後に）、そのおかげで、好きな分野だった植物学のドイツ語文献をかなりの数読破することができた。このスコットランド生まれの若者は一七九八年にロンドンを訪れた際、偉大な植物学者で王立協会の会長だったジョゼフ・バンクス卿と知り合い、この人物に大きな感銘を与えた。その結果、バンクスの推薦を得たブラウンは三年後にオーストラリアへ向けて長期の航海に旅立ち、一八〇五年、よくぞと思うほど船いっぱいに積み込んだ四〇〇〇種近くの外来植物の標本とともに帰国した。彼はバンクスの司書兼私的助手を務めながら、以後数年を費やしてこれらの標本を記載・分類し、目録を作成した。ブラウンがオーストラリアから持ち帰った貴重な収集品は、同じように注目に値するバンクスの所蔵品とともに大英博物館の植物部門の中核となり、ブラウンのほうはこの最初の専門学芸員になった。ロンドンのバンクスの自宅を訪れたある人物は、ブラウンのことを

「世界のあらゆる書物の歩く目録だ」と言った[1]。

結婚する前のチャールズ・ダーウィンは、日曜を博学なロバート・ブラウンとともに過ごすことが多かった。ダーウィンは自伝のなかで、あい反するところのある人物を描き出している。ブラウンは幅広い知識がありながらものすごく細部にこだわり、一面では太っ腹なのに、気難しくて疑り深い別の面もあった。「私には、主として、彼の観察の細かさと完璧な正確さが特筆に値するように思われた。生物学上の雄大な科学的見解は何一つ私に提示したことがなかった」とダーウィンは書いている。「知っていることはこれ以上ないくらいざっくばらんに教えてくれたが、いくつかの肝心な点になると不思議なくらい用心深かった」。ブラウンは膨大なコレクションの貸し出しに応じないことで有名だった、とダーウィンは付記している。他にはだれももっていない標本で、自分では絶対に利用することがないとわかっている場合でさえ、貸そうとしないのだ[2]。

したがって、面白みのない用心深いこの人物が、いまではもっぱら、ヴィクトリア朝科学という大邸宅に無作為性《ランダム》と予測不能性が闖入《ちんにゅう》したことを示す奇妙な現象、すなわちブラウン運動を観察した人物であるとして賛辞を送られてしかるべきなのは皮肉である。だが実際には、ほかでもないブラウンの観察の細かさがあったからこそ、ブラウン運動の意味するものがきわめて重要になったのである。

一八二七年六月、ブラウンはホソバノサンジソウ（*Clarkia pulchella*）という野草から取った花粉の研究に着手した[3]。今日、園芸愛好家に人気のあるこの植物は、一八〇六年にメリウェザー・ルイスによってアイダホ州で発見され、共同で調査に当たっていたウィリアム・クラークの名にちなんで命名された。例によってブラウンは、花粉粒の形状と大きさを細かく調べようと思った。そうすれば花粉の役割と、生殖機能を果たすために花粉が植物の他の部位とどのような相互作用をするのかがはっきりすると考えたのである。

ブラウンは新式の改良された顕微鏡を所持していた。この顕微鏡に使われている複合レンズは、旧式の器械で見たときに観察対象の縁をぼかしてしまう虹色の縞模様（色収差）をほぼ消し去っていた。観察をつづけていると、花粉粒のぼんやりしていた形が急にはっきり見えるようになり、輪郭が明瞭に現われた。それでも、完璧な像ではなかった。花粉粒はじっとしていないのだ。動き回っていて、せわしなくあっちへ行ったりこっちへ行ったりを繰り返し、ゆらゆら動くかと思えばがくがくとした動きをする。不思議な不規則な動きをしながら、顕微鏡の視野を横切って漂っていた。

花粉の絶え間のない運動のために、ブラウンが目論《もくろ》んでいた研究は困難になってしまうが、その発見自体はさほど大きな驚きではなかった。一世紀半以上も前にオランダのデルフト出身の織物商、アントン・ファン・レーウェンフックが科学界を驚かせるとともに喜ばせたのは、馴染《なじ》みのないさまざまな形の微小な「小動物」を図に描いて説明したときのことである。これらの小動物は、彼の粗末な顕微鏡によって、池の水の滴、歯磨きをしない老人の歯から掻き集めた歯垢《しこう》や食べ滓《かす》、はては純粋な水に何の変哲もない家庭用の胡椒を磨り潰して溶かした懸濁《けんだく》液中にも見つかった。「これらの小動物の大半は、水中での動きがきわめて速いうえに、上へ行ったり下へ行ったりぐるぐる回ったりと千差万別なので、眺めていると楽しくなってきます」。夢中になったレーウェンフックはこう書いている。(4) 彼の発見はさらなる科学的探究に拍車をかけたのみならず、裕福な市民たちに居間や応接間用の顕微鏡を購入させることにもなった。客をこの新たな自然の驚異でびっくりさせることができるからである。

細かい毛や鰭《ひれ》のような延伸部があって、そのおかげで動き回れる小動物もいた。小さなウナギのようにのたくるものもいた。これら小動物のふらふらした動きの根底に、何か明確な目的があると想像するのはたやすかった。一方、花粉は形が単純で、運動する部位もなかった。それでも、花粉が生物から生まれたことは紛れもない。ブラウンには、花粉は——とりわけても植物の生殖機構における雄性要素なのだから——生気のようなものをもち、それが例の興味をそそられる不可解な形の運動に駆り立てているのかもしれないとしても、まったく筋が通らないわけではないように思えた。

だが、ブラウンはこうした類《たぐい》の漠然《ばくぜん》とした仮説を疑問視した。推論ではなく、観察こそが彼の強みだった。別の植物から採取した花粉で試してみると、これらの花粉もやはり踊るように動き回った。だが、次に葉や茎などの植物の他の部位の小さなかけらを調べると、これらの物質も顕微鏡をじっと覗いている下で、まごついているかのようにあっちへ行ったりこっちへ行ったりすることがわかった。

「ほとんど予想すらしていなかった生命力を思わせるこの事実」がブラウンの注意を引いた。この問題をさらに探るしかない。ブラウンは一〇〇年以上経たものも含めて、乾燥させた植物標本から塵を採取した。木片の化石からも塵を掻き集めた。これらの小さな粒は、かつては生きていたものの、今では死んでから相当の年月を経ており、生命の息吹は消え去っている。顕微鏡下で調べてみると、これらの粒子もやはり激しく揺れ動いた。ブラウンはつづいて正真正銘の無機物質へと進み、さまざまな岩や普通の窓ガラス片を粉々に打ち砕いて小さなかけらにした。これまた、あちこちへ動き回った。事の真相をとことん調べるために、ブラウンはスフィンクスの細片から粉を掻き集めた。大英博物館の学芸員だったブラウンには入手が容易だったし、おそらくは、その由来からして生命を持たないことを議論の余地なく証明できると考えたからだろう。

顕微鏡のレンズの下で水滴に落としてみると、古代のスフィンクスから採取した塵は他のあらゆるものと同じように揺れ動いた。

ブラウンは、さまざまな物質が顕微鏡下で激しく揺れ動くのを観察したのは自分が最初ではないと認めている。リヴァプールのバイウォーター氏なる人物が、数年前に有機物、無機物いずれの小さなかけらも詳しく調べ、そのすべての物質が発散した「生き物のように動く過敏な粒子」を観察した、とブラウンは述べている。けれども、ブラウンはさまざまな巧妙な実験によって、これらの小さな破片が示す絶え間のない運動は、レーウェンフックらが見た「小動物の運動」でもなければ、熱の作用、電気と磁気の影響による懸濁液の振動や攪乱《かくらん》で生じた運動でもないことをはっきりさせた。

これは矛盾しているし、当惑を覚えるものだった。生命のない塵が自分の意志で動くはずがないし、外部の力が小突き回しているわけでもない。それなのに、粒子が実際に動いているのはあまりにも明白だった。ブラウン自身はけっして説明を与えようとしなかった。用心深い記載植物学者であって、自然哲学者ではなかったからであり、チャールズ・ダーウィンが述べたように、「一度でも誤りを犯すことを過度に怖がっていたため、彼の死とともに多くのものが失われてしまった」。

手に負えないジレンマに直面した科学は賢明な道を選び、何十年もの間、ブラウン運動が顧みられることはなかった。ブラウン運動の奥に潜む重要性にだれも気づかずにいたのは、この現象が科学による理解をはるかに超えていたためである。どうやったところで、この現象が何を意味しているのかさえ把握できそうになかった。顕微鏡を使っている人ならだれもが、ブラウン運動のことを、少なくとも非常に厄介《やっかい》な代物として知っていたが、ブラウン自身による運動の記述に注意深く目を通した者はほとんどいなかった。植物学者と動物学者は、この運動は生気の現われであるとする考えを執拗《しつよう》に繰りかえし、生気のない粒子がほぼ同じようにあちらこちらへ動き回るというブラウンが実証した事実を、自分たちに都合がいいように無視する場合が大半だった。さもなければ、自分たちの見た標本は熱、振動、ないしは電気的な乱れによって揺さぶられたのだとし、これらをはじめとするさまざまな影響を排除したブラウンの実験を無視した。

一八五八年のブラウンの死後ようやく、少数の科学者たちがこの現象を理解できるのではないかと思いはじめる。科学ではよくあることで、観察された事実を理解できるようになるのは、少なくとも、その事実を理解するための理論の萌芽《ほうが》が現われてからである。ブラウン運動の場合、その考え方は新しいものではなく、きわめて古くからありながら、科学がようやくにして理解するための手立てを得たものだった。

紀元前四〇〇年ころに活躍したギリシアの哲学者デモクリトスは、あらゆる物質は原子《アトム》と呼ばれる微小な基本粒子からできていると考えた（アトム atomは切ることができないという意味のギリシア語 atomos に由来する）。いま思うと、なんとも先見の明ある考えのように見えるが、たとえそうであっても、実際には科学的仮説というよりは哲学的な発想だった。原子とはどのようなもので、どんな風になっているのか、どのような振舞いをするのか、どのように相互作用をするのか――こうしたことは憶測するしかなかった。近代における原子への関心は、まず化学者たちのなかで復活した。一八〇三年にイギリスのジョン・ドルトンは、化学反応で倍数比例の法則――一例をあげれば、水素と酸素は一定の比率（2対1）で化合して水になる――が生じるのは、化学物質の原子は数字で表わされる簡単な規則に従って互いに結びつくからだと提案した。

原子の実在が確信されるまでには時間がかかった。一八六〇年になっても、原子仮説を討論するための国際会議がドイツのカールスルーエで開催されている。このときには、大方の意見は原子を支持するものだったが、重大な意見の相違もあった。著名な化学者の多くは、化合の法則はそれ自体が根源的な決まりであるとして満足しており、不可視の原子について無駄な思索に耽《ふけ》る理由はいっさいないと見ていた。

家の肘掛け椅子でうたた寝をしている時に、ヘビが自分の尾に食らいつく夢を見てベンゼン分子の環構造を案出したことで有名なドイツの化学者、アウグスト・ケクレは、もう少し微妙な見解を述べた。ドルトンをはじめとする人々が提案した線に沿った化学原子の存在を認めたうえで、近年では物理学者たちも彼らなりの理由から原子の存在を支持するようになっていると補足したのである。だが、化学者の考える原子と物理学者の考える原子とは同じものなのだろうか？　ケクレは違うと思った。というか、少なくともそのような判断をするのは時期尚早《しょうそう》だと思っていた。

化学者にとって、原子は触知できると言っても過言ではない性質をもつものだった。原子はその具体的な現われである物質の特性を何らかの形でもっており、原子それぞれの性質に応じて、他の原子をくっつけたりはずしたりすることができる。化学者たちはほとんどの場合、原子の集団は箱に詰められたオレンジのように、いっぱいあってじっと動くことなく空間を埋めていると想像していた。

物理学者たちの考えはまったく違った。彼らが考える原子は小さくて固い粒で、ほぼ真空状態の空間を猛烈な速さで飛び回っており、時折お互いにぶつかってはまた跳ね返る。このような原子が演じる役割は明確だった。一九世紀の半ばを過ぎたころを皮切りに、数学に傾倒した大勢の物理学者が、狂乱しているかのような激しい原子の運動によって、これまで不可解だった熱現象を説明することができるという考えを追いはじめた。気体の塊の中の原子は、エネルギーを獲得すると前よりも速く飛び回るようになり、互いにいっそう激しくぶつかり合い、容器の壁にも猛烈な勢いで衝突する。これが、気体を加熱すると膨張して大きな圧力を及ぼすようになる理由である。このいわゆる「熱運動論」では、熱は原子の運動のエネルギー以外の何ものでもなかった。ここには、さらに重大な含みがある。原子はニュートンの運動法則に厳密に従って運動し、衝突するから、大きなスケールでの熱と気体の物理現象は、どうあっても小さなスケールでの原子の振舞いから生じなければならないのである。

こうして、原子は固いが不活性で、盲目的にあちこちにぶつかる微小なビリヤードの球であるという、お馴染みのもっともらしい描像が登場する。この描像が化学と何か関係があるのかどうかは別問題だった。物理学者たちは、ある気体の原子が別の気体の原子よりも軽い場合も重い場合もあることを認めたが、気体がなぜ異なる化学的性質をもつのかは、彼らにはどうでもいいことだった。

要するに、この初期の時代の原子というのは、けっして統一された仮説ではなかったのである。化学者と物理学者が互いに話を交わすことがほとんどなかったとしても、彼らよりさらに輪の外にいたのは顕微鏡学者と生物学者だった。熱運動論は選り抜きの少数の人以外は寄せつけない数学の複雑さを纏《まと》って登場したが、典型的な数学者たちはこの間、たとえブラウン運動のことを知っている場合ですら、この現象はもっぱら植物学においてのみ重要性をもつ些《さ》細《さい》な問題だと考えた。

それでも、つながりが見出される機会は遠からずやってきた。最初にそれを示唆したルートウィッヒ・クリスチアン・ウィーナーは、人生の大半をドイツの大学で数学と幾何学を教えて過ごした人物だった。一八六三年、ウィーナーは実験を行なって、ブラウンによるずっと以前の発見のすべてを確認した。想像の域を出ないとしても、非常に魅力的な考えが発表できそうだった。あちこちに小刻みに動き回るブラウン粒子の入っている液体が、実際には荒れ狂う原子の雑然とした集団であるなら、これらの原子はあらゆる方向から懸濁粒子にぶつかるだろう。これら眼に見えない原子による不規則で絶え間のない攪乱のせいで、眼に見える大きな粒子は、予想できないふらふらとした動きをするのだろう、と彼は論じた。

このテーマが歩んだ混乱の歴史に違わず、ウィーナーの大胆な提案はほとんど何の関心も引かなかった。

ブラウン運動の科学的説明を探して丹念に調査をつづける仕事は、フランスとベルギーの一連のイエズス会聖職者の手に委《ゆだ》ねられた。一九世紀を通して、多くの聖職者が観察と収集に基礎をおく科学分野、すなわち植物学、地学、動物学などに積極的な現実的関心をもちつづけた。こうした聖職者の関わりがジョージ・エリオットの『ミドルマーチ』に登場する。頑《かたく》なな無神論者の知識人、リドゲート博士が気持ちのいいほど神学臭のないフェアブラザー師を訪ね、この聖職者が標本、本、雑誌をはじめとする自然史の素晴らしいコレクションを所有しているのを知る場面だ。リドゲートは自然哲学の仲間に出会えたことがうれしくて、収集品を二、三お見せしましょうと言い、なかでも「ブラウンが書いた最近のもの、『植物花粉の顕微鏡観察について』なんかいかがです。もしも、まだお手元にないのならですが」と申し出る。(5)

加えて、イエズス会士をはじめとする多くの聖職者たちは、哲学、論理学、さらには数学まで、驚くほど広い範囲にわたる厳格な教育を受けていた。こうした人たちには、現在ならたぶん学際領域と呼ぶ分野の問題を扱う素地が十二分にあった。もっとも当時にあっては、そうした分野も科学と呼ばれる広範な営みの一部にすぎなかった。対照的に数理物理学者たちは、一九世紀後半には別の種族に分かれる途上にあり、自分たちの難解な学問分野に居を定めようとしていた。その領域の敷居は、素人ながらもかなり自在に数学を扱える人にさえ、だんだん高くなっていったのである。

このように隔たりが大きくなったということは、要するに、一八七〇年代には多くの科学者たちがブラウン運動の正しい定性的説明を理解しながらも、自分たちの仮説を説得力のある定量的な表現に言い換える手立てを持ち合わせていなかったということである。不思議なことに、答えを見出した功績を自分のものにしようとした人物を見つけるのは簡単ではない。(6)たとえば、一八七七年に発行されたロンドンの『月刊顕微鏡』誌（*Monthly Microscopical Journal*）を見ると、イエズス会のジョーゼフ・デルソー神父が、ブラウン運動は液体を構成している原子ないしは分子によって小さな粒子が絶えず揺り動かされることから生じるとする考えは、名前はあげないが仲間の一人が述べたものだ、としていることがわかる(このときには、化学者たちは根源的な原子と原子の化合物である分子との区別を確立していた)。

この三年後、『科学の疑問』誌(*Revue des Questions Scientifiques*)に寄稿したイエズス会神父のJ・ティリオンは、何年か前に同じような案がメモ書きされているのを見たことがあると述べている。その実験ノートは「読者にはお馴染みの『碩学《サヴァン》』カーボニエ神父のもので、もう一人の仲間であるレナール神父が彼に初めてリベル(libelle)の珍しい運動を見せたのである」とティリオンは言う。ありがたいことにティリオンは、リベルとはごく微細な黒い斑点のことで、試料の水晶中に閉じ込められた液体の小領域中に見られると説明してくれている。これは、実際には液体インクルージョン(結晶の立体的な網目構造によって生じる空洞に液体が閉じ込められたもの)中に含まれるきわめて小さな気泡で、この気泡が今ではお馴染みの動き方をして、小刻みにあっちへ行ったりこっちへ行ったりするのである。デルソーはリベルにも触れていて、水晶は非常に古いものであることがわかっているから、これは何百万年もの間衰えることなく継続してきたにちがいないブラウン運動の例である、と補足している。いかなる外的要因に帰することもできないのは明らかである、と彼は言う。デルソー神父は、レナール神父がカーボニエ神父に見せたのは、いつまでも跳ね回っている分子がもたらした結果にちがいない、と断言した。

彼ら聖職についていた教養人は正しい考え方をしていたが、高度な数学の知識がなかったために、さらに先へ進むことはできなかった。デルソーは曖昧《あいまい》に、観察されたブラウン運動の振幅――すなわち、粒子が一回のジグザグ運動でどのくらいの距離をどれほどの速さで移動するか――は、彼言うところの「大数の法則」と何らかの関係があるにちがいないとの考えを述べている。当時存在が明らかになっていた液体分子は小さすぎて、ブラウン粒子との一回の衝突では、観察できるどんな運動も引き起こすことはできない。むしろ、分子はあらゆる方向から絶えず粒子に衝突している。ただし、けっして均等にぶつかるわけではない。ブラウン粒子のさまざまな側面に加わる衝撃の変動が、粒子を小刻みにあっちへ行ったりこっちへ行ったりさせるのである。しかも、関与する分子の数が多くなればなるほど、分子が及ぼす不規則な衝撃は互いに打ち消しあうようになり、粒子の動きは小さくなる。デルソーが「大数の法則」によって何らかの統計的論証過程を示唆するつもりだったことは明らかで、この法則が原理上は、ブラウン運動の大きさを液体分子の大きさ、数、速度に関係づけるはずなのだ。デルソーに言えたのはここまでだった。

それから一〇年して、俗世のフランスの科学者、ルイ＝ジョルジュ・ゲイはブラウン運動を注意深く実験し、この運動をいみじくも、特徴的な恒常的震動と表現した。(7) 彼は、ブラウンによる決定的な研究から六〇年を経た現在にいたっても、この運動は「何らかの外的撹乱が引き起こした偶然の産物」であるとする考えが行き渡っているように思われると評した。だが、と彼は話をつづけ、（ブラウン、ウィーナー、イエズス会士の多くの言を繰り返して）そうではないことは明らかだと述べた。彼が行なった実験で、またしても、この運動がいかなる液体中のどんな粒子でも生じることが確かめられた。小刻みなジグザグ運動をしない粒子は一種類も見つからなかった。多くの人たちがすでに述べていたのと同じく、ゲイは分子の活発な作用が原因であると結論した。

だが、彼は思い切ってもう少し先まで進めている。ブラウン運動は一部の人が仄《ほの》めかしているのとは違って、近年になって体系化された熱力学の法則がはっきりとありえないとしている永久運動のようなものではない、と彼は最初に読者に断言する。彼が説明するところでは、分子はあちこちへ動き回りながら互いにぶつかってエネルギーをやり取りし、速度が少し遅くなる分子もあれば速くなる分子もある――ただし、どんな場合も、分子に分配されるエネルギーの総量は同じである。これには何の問題もない。次いでゲイは、近年の推定によれば、分子の典型的な速さはブラウン粒子が運動すると思われる速さの一億倍前後になると持ち出した。これもやはり問題ではない。「大数の法則」が働くはずだからである。しかし、ゲイもデルソー神父同様、粒子の大きさ、粒子中に含まれる分子の数、あるいは粒子が液体分子に衝突される回数を粒子の動き方に関係づける具体的な計算を提示することはできなかった。

　ブラウン運動が統計的現象であることは紛れもなかった。微小な粒子の予測不能なランダムに見えるふらつきには、眼に見えない分子の平均的な運動、すなわち集団としての運動が何らかの形で反映されている。そもそも、ブラウン粒子があのような動き方をする理由をきわめて詳細に説明するのは不可能かもしれないが、運動を規定する一般的なパラメーターは、眼に見えない分子の運動に適した何らかの統計的手法からもたらされるはずである。

　だが、ごく少数の初期の研究者たちは、この関係に気づいていたものの、自分の理論を数学的に精密に構築する手立てを欠いていた。さらに、ひょっとすると、彼らは具体的な計算を提示できなかったために、ブラウン運動がもたらす概念上の難問を見落としてしまったのかもしれない。根底にある分子の運動が、ニュートンによって規定された因果関係に正確に従い、完全に予測できるものなら、偶然が作用していることを実証しているように見える現象など生じるはずがないのだ。けれどもこの謎こそ、さらに高度な知識を身につけた運動論の提唱者たちがすぐに、自分たちで取り組まざるをえないと気づくことになる問題にほかならなかった。

第二章　エントロピーは極大を目指す

一八八九年にブラウン運動について書いたルイ＝ジョルジュ・ゲイは、「この現象は物理学者の注意をほとんど引いていないようだ」と、いくぶん当惑したように述ている。(1) この現象の重要性を把握しそこなった人々のなかには、スコットランドのジェームズ・クラーク・マクスウェルも入るとゲイは主張し、マクスウェルはまず間違いなく一九世紀のもっとも卓越した理論家なのに、どうやら「もっと倍率の高い顕微鏡の下に置けば置くほど……〔ブラウン粒子〕は完全に静止した状態を示すようになる」と考えたようだと述べた。言い換えると、レンズの性能が良くなれば、この厄介《やっかい》な現象も消え去るということである。

当時にあっては珍しいことではないが、残念ながらゲイはマクスウェルが述べたとしている言辞の出所を明らかにしておらず、彼の非難が当たっているのかどうかは今にいたってもはっきりしない。それでも確かに、マクスウェルが書いたものの中には、ブラウン運動に気体や液体の分子レベルの構造の手がかりを認めていたことを暗示するようなものはいっさいない。彼が取り上げなかったことがなおさら不思議に思えてしまうのは、マクスウェルこそ、物理学の問題を解くのに初めて統計的手法を用い、のちには、熱運動論を精密な数学の極みにまで発展させるのに一役買った人物だからである。

すでに、かなり以前の一七世紀の中ごろに、ブレーズ・パスカルやピエール・ド・フェルマーをはじめとする人たちは、トランプやサイコロを使うさまざまな勝負事に関して簡単な数学の確率則を導き出していた。だが、こうした考え方が賭博部屋を後にするまでには長い時間がかかった。一八三一年にはベルギーの数学者、アドルフ・ケトレがフランスにおける犯罪率を、犯罪者の年齢、性別、学歴、犯罪の発生場所の気候、犯罪が一年のうちいつ起きたかに基づいて一覧表にまとめている。よくも悪くも、これが人口学や社会科学において統計的手法が広範に利用されるようになる嚆矢《こうし》だった。

そのほぼ三〇年後、ケトレの本を読んで感化を受けたマクスウェルは、土星の環《わ》が塵でできているにちがいないことを証明するうまい手を思いついた。マクスウェルは、土星の環は土星の重力に支配されている微小な粒子の集合体であると想像し、統計的記述を用意して、粒子が一定の範囲の大きさと軌道速度をもてるようにした。標準となっている力学の解析法をこのモデルに適用することで、環がその形状を長期にわたって保つのであれば、粒子の大きさはある限られた範囲に収まらなければならないことを証明したのである。

そのあとすぐ、彼は同様の手法が、ものすごい速さで動き回って衝突している原子、つまり気体の塊を構成している原子の記述にも使えると見て取った。熱の本性を理解するなかで、物理学者たちは初めて、統計と確率という問題に真剣に取り組まざるをえないことに気づく。だが、そもそもの始まりから、この大胆な企てには不安を覚える自己矛盾同然のものがまとわりついていた。

熱が原子の激しい運動にすぎないのなら、熱の物理学は結局のところ、ニュートンの運動法則をこれらの原子に適用して導かれるにちがいない。原子の衝突はビリヤード台での球と球の跳ね返りと同じように計算できるはずで、そうであれば、熱の振舞いも同じように予測できるはずなのだ。このような科学における「全知」という考え方にあっては、宇宙のあらゆる粒子が厳格で道理にかなった法則に従わなければならない。この見解は、ニュートン主義を数学の精緻《せいち》の極みにまでもっていった一九世紀の主導的な人物の一人、ラプラスの有名な言葉に端的に述べられている。

宇宙の現在の状態は、過去に生じたものの結果であると同時に、未来に生じることの原因であると見なすことができる。いかなる所与の時点においても、自然を息づかせている力、自然を構成しているすべての存在の相互の位置関係をことごとく知りつくしている知性は、これらの事実の解析を自ら行なうに足るほど広大なものであれば、宇宙でもっとも大きい天体の運動も、宇宙でもっとも軽い原子の運動も、たった一つの式にまとめることができよう。そのような知性にとって不確かなものはいっさいないのであり、未来も過去とまったく同じように眼前に姿を現わすだろう。(2)

「不確かなものはいっさいない」。ここがきわめて重要な点である。別のフランス人の言の一部を取りだして、Tout comprendre c'est tout prédire、すなわち、すべてを理解するとはすべてを予測することである、と言ってもいい。こうした壮大な主張がもたらすのは、機械としての世界、時計仕掛けの宇宙、どこまでも決定論的で冷徹な科学といった、すっかりお馴染《なじ》みの常套句《じょうとうく》である。

他方で、物理学者たちがすぐに悟ったように、実際に気体中の原子や分子の個々の振舞いを一つ残らず算出したいという願いは、どんなものであれ、実現できないばかりかまったくばかげたものだった（一九世紀後半には、科学者たちは分子がどのくらい小さく、したがって、分子の数がどれほど膨大なものになるかについて、かなりいい線をいく考え方をしていた。実験用のフラスコに入れた水には、一〇兆の一〇兆倍もの分子が含まれている）。膨大な数の原子や分子の理論を打ち立てるための現実的な成果を得るには、物理学者たちは原子や分子の振舞いの統計的記述に頼らざるをえず、完璧な知という夢にまで見た理想上の目標を捨て去るほかなくなるのである。この妥協が何にもまして不安を煽《あお》るように姿を現わすのは、かの悪名高き熱力学の第二法則、すなわちエントロピー、および秩序と無秩序とのせめぎあいに関する法則をおいてほかにはない。

熱は高温の物体から低温の物体へ流れ、逆方向に流れないことは明らかである。ドイツの物理学者、ルドルフ・クラウジウスは一八六五年に「エントロピーは極大を目指す」（Entropie strebt ein Maximum zu）と宣言し、新しい用語を作り出した。エントロピーが極大に到達するのは、熱がいたるところに可能な限りむらなく均一に拡散したときである。清涼飲料の中に角氷を数個入れてみよう。熱は液体から氷に向かって流れるので、氷は溶け、飲み物は冷たくなる。この過程でエントロピーは増大する。氷が成長して大きくなり、氷を取り囲んでいる冷たい飲み物が沸騰をはじめればエントロピーは減少するが、こんなことは熱力学の第二法則が許さない。

クラウジウスらが第二法則を提案したのは、熱の本性が完全に理解される以前のことだった。彼らは、この法則は物理学の諸法則で想定されているのと同じくらい厳格かつ厳正だと考えた。熱はいかなる場合も高温から低温に向かって流れる。エントロピーは増大するしかないのだ。最初のうちは、熱は原子の運動にすぎないと理解すれば、第二法則は明確になるように思われた。高速で動いているために高温になっている原子の集団が、低速で温度の低い原子の集団と混じりあう場合、原子どうしのランダムな衝突は、結果として高速の原子の速度を遅くする一方で低速の原子に活力を与えることになるので、最後にはすべての原子がおおむね同じ速度で動くようになることは容易に理解できる。したがって、温度はどこもかしこも同じになり、エントロピーも当然ながら極大になっているだろう。この正反対の過程、すなわち、高速の原子がさらに速さを増して低速の原子からエネルギーを奪い、速度の遅い原子はさらに遅くなるという過程などありそうもない。

一八七七年、神経過敏で気の短いオーストリアの物理学者、ルートウィッヒ・ボルツマンは、まさにこの不可逆性を述べた難解な数学的定理［H定理］が正しいことを示した。エントロピーを原子の集団運動の統計的尺度として定義する手法を見出し、原子間の衝突がエントロピーを極大値へ向かわせることを明らかにしたのである。エントロピーは秩序あるいは無秩序と関係しているという考えは、ボルツマンによってもたらされた。気体の入った容器があり、速度の速い原子はすべて一方の端の周辺を離れず、その間、速度の遅い原子はすべて反対側の端のあたりに留《とど》まっているのなら、これは並外れて例外的な配置であり、異常なほど整然とした状態だろう。エントロピーも小さいはずである。すべての原子を混合して衝突を起こさせ、エネルギーを可能な限り均等に分け与えれば、エントロピーは極大の状態に達する。これ以上ないくらいランダムな配置をしているという意味で、このときの原子は無秩序の極みにある。原子の振舞いについて何も言えない状態が、限りなく均一に行き渡っているのである。

しかし、ボルツマンの定理にはどこか正しくないところがあるように思われた。エントロピーの増加は方向性を示している。つまり、常に一方向に進み、逆方向にはけっして向かわない過程である。しかしながら、原子の運動を支配しているニュートンの法則は、時間に関してはいっさい区別をしていない。一組の原子の運動は、たとえ時間を逆にさかのぼるように展開しても、ニュートンの法則に従うはずなのである。力学には過去と未来との間の本質的な区別がいっさいないのに対して、力学から精巧に導かれたボルツマンの定理には、奇妙なことに、この区別が姿を現わしてしまうのである。

ボルツマンが例の定理を証明してからさほど時を経ずして、フランスの数学者アンリ・ポアンカレは、ボルツマンの主張とはあいいれないように思われる定理を証明した。気体を構成している一組の原子に適用された彼の定理は、原子が取ることのできるあらゆる配置は、エントロピーの小さい状態、大きい状態、およびその中間の状態のいずれに対応するものであろうと、しかるべき時間が経過すれば遅かれ早かれ生じるはずだと述べていた。そうだとすれば、エントロピーは増加するのみならず、減少することもあるはずだと思われた。

こうした混乱の結果、極端な観点に立つようになった科学者もいた。原子があるから理論上のパラドクスが生じるのだから、原子は実在するものではありえないというのである。この結論は一部の筋には好意的に受け止められた。特に、いわゆる科学的実証哲学が登場していたドイツ語圏では、その支持者たちは、そもそも原子は誤った推論がもたらした産物なのだと主張した。科学が扱わなければならないのは、眼に見え触知できるもの、実験によって直接、観測と計測ができるものである、と彼らは言う。つまり、原子はよく言っても想像の域を出るものではなく、そのような原子に基づく推論はまさに仮定的理論であるということである。実証主義者たちは、原子は事実に基づいた信頼に値する構成要素ではないのだから、そこから本物の科学が作れるはずがないと言い張った。

ボルツマンの定理とポアンカレの定理との明らかな矛盾を解決しようというひどく困難な試みは、実証主義者たちをさらに喜ばせただけだった。ポイントは、首を突っ込んだものの手に負えそうもない数学的処理を解決するために置かざるをえなかったいくつかの仮定のせいで、ボルツマンの定理が完全には正しくなかったことにある。ふつうには、原子の規則的な配置が不規則になるほうが、逆の場合よりも圧倒的に起こりやすい。だが、後者が完全に排除されているわけではない。

こう見直すことで、物理学者たちは自分たちの熱運動論が、むしろ意外であると同時に微妙で重要な事実を教えていることに気づいた。必ずしもエントロピーは増大しなければならないというわけではなく、熱も常に高温から低温に向かって流れなければならないということでもない、と見たのである。原子の動き方によっては、少量の熱が低温の場所から高温の場所へ向かって流れ、したがって、エントロピーが一時的に減少する可能性がある。描像の中に確率が入り込むのを押し戻すことはできないのだ。ほとんどの場合、すべては予想どおりに進む。原子どうしの衝突はほぼ間違いなく、混乱を増すのに一役買い、したがってエントロピーを増大させる。だが、この逆が起こりえないわけではない。めったに起こらないだけなのである。

この怪しげで曖昧《あいまい》な結論は、実証主義者たちの怒りの火に油を注ぐようなものだった。物理学の法則が何事かを言おうとするのであれば、その内容は決定的なものでなければならない。熱は十中八九、高温から低温へと流れるが、ごくわずかとはいえ逆に流れる可能性もあると語るのは、科学的思考を形骸《けいがい》化することだ。原子と呼ばれる想像上の産物を疑うさらなる根拠だ、というのである。

原子の存在を支持する物理学者たちにとって、自分たちの言い分を補強して実証主義者たちにも受け入れてもらえるようにすることが急務となった。一八九六年にはボルツマン自身が批判者の一人に応えるなかで、原子を支持する単刀直入でわかりやすい論拠を思いついた。「気体中の非常に小さな粒子で観察される運動は」と彼は書いている。「粒子の表面に及ぼす気体の圧力がほんの少し大きくなる場合もあれば小さくなる場合もあるという事情に原因を帰すことができるかもしれない」(3)。別の言葉で言えば、気体は原子からできており、しかもこれらの原子は気まぐれにあちこちに飛び回っているので、気体中の小さな粒子はあちらこちらへと突き動かされて予測のつかない運動をする、ということである。これはまさしく、ゲイがティリオン神父とデルソー神父の後を受けてすでに述べていたことなのだが、ボルツマンが彼らの研究について何も知らなかったことは明らかである。ボルツマンは著しく数学の才に長《た》けた物理学者だったがゆえに、だれよりも先に、ブラウン運動が物質の原子的性質のみならず、原子の運動に特有のランダム性を眼に見える形で示す証拠となるという着想を得たのである。

ボルツマンのこのさりげない一言はだれの注意を引くこともなく、さらに言えば、現在にいたるまで、科学史家たちにもほとんど知られていなかった。大して関心のなさそうな態度からは、ボルツマン自身、この提案を斬新《ざんしん》だとも特別重要だとも見ていなかったことが窺《うかが》われる。彼はティリオン、デルソー、ゲイと同じく、分子の運動でブラウン運動の説明がつくことは、取り立てて言うほどのものではないと考えたのである。以前の著者たちが「大数の法則」に曖昧に言及したのとはちがって、ボルツマンには統計理論の専門知識が十分にあり、その気になれば、予想されるブラウン運動の大きさを、根底にある原子の運動によって算出しようと試みることも可能だった。

だが、彼はその努力をしなかった。マクスウェルはかつて、ブラウン運動が物理学者たちに何を語りかけているのかに気づきそこねた。いまボルツマンはそのメッセージを受け取ったものの、もしかすると主旨は完全に明らかだと考えたためかもしれないが、さらに追求しようとはしなかった。

さらにもう一〇年を経てから、ブラウン運動にまつわる話は重大な結末を迎えることになり、本書の物語のこの時点において初めて、われわれはアインシュタインという鋭い知性の持主と顔をつき合わせることになる。一九〇五年のアインシュタインは快活で小ざっぱりとした身なりの二六歳の青年で、大学の研究者の地位を得ることができなかったために、ベルンの特許局に勤務していた。数篇の論文を発表していたものの、彼の名は物理学界ではよく知られているというにはほど遠かった。その状況が、いままさに変わろうとしていた。

難解なうえに、率直に言えば冗長なボルツマンの著書を賞賛していたアインシュタインは、物理学の統計的な問題と、それに付随した原子の実在性をめぐる論争に興味を引かれるようになっていた。ある時点で、彼もやはり、液体に浸かっている十分に小さい粒子が活発に動くのは分子が衝突するためだと気づいた。まさしくボルツマンが述べたとおりなのだが、アインシュタインもまたご他聞に漏れず、先人が口にした目立たない一言を見落としていたらしい。いずれにしても、アインシュタインはさらに深く掘り下げた。顕微鏡で見える大きさの粒子の運動が、原子仮説の直接的かつ定量的検証になるのではないかと考えたのである。まさしく、実証主義者たちが要求しながら、できるはずがないと言っていたものである。そんなわけで、アインシュタインは答えを計算で求めることにした。

正面から取り組んで論証できる代物ではなかった。ゲイはかつて、ブラウン粒子がもつエネルギーは、平均としては、粒子が浸かっている液体の多数の分子がもつエネルギーと同じでなければならないことを理解していた。これらの分子は質量が粒子よりも桁違いに小さいので、ものすごい速さで勢いよく動くが、ブラウン粒子のほうははるかにゆっくりとうろつき回るだろう。分子の平均速度と液体中の粒子の平均速度との間には単純な関係があるはずだった。しかし、ブラウン運動の不規則性のために、粒子の平均速度を意味ある形で定義することは難しく、しかも一九世紀後半の実験は、粒子がどのようにジグザグ運動をするのかを測定して正確に記録できる域に達していなかった。

賢明にも、アインシュタインは別の道をとった。小さな粒子がどのくらい速く動くかではなく、あっちへ行ったりこっちへ行ったりする運動によって、ある時間内に粒子がどのくらい遠くまで移動するかを算出する手立てを見出したのである。たとえば、どれかの粒子の出発点を中心にして小さな円を描き、その粒子が円周上に達するには平均としてどのくらいの時間が必要なのかを問題にすればいい。こうしてアインシュタインは、実地に吟味することのできる理論結果を導くことができた。ようやく、ロバート・ブラウンが液体中の小さな懸濁《けんだく》粒子の運動に科学的な説明を与えてからほぼ八〇年を経て、アインシュタインは初めて、真の原因の定量的な取り扱い方を提供したのである。アインシュタインが行なったこの巧妙な解析は、彼の「奇跡の年」（annus mirabilis）となった一九〇五年に発表された四篇の論文のうちの一篇になった。ブラウン運動のほかにアインシュタインが提示したのは、突きつけられた物理学者たちが当時は主として困惑を覚えて眺めるしかなかった特殊相対論(二篇の論文)と、光の本性をめぐる物議をかもす考え方だった。

あまりの期待外れに腹立たしくなってしまうのだが、計算に着手したときのアインシュタインはブラウン運動のようなものの存在を知らなかったことが明らかになる。彼は論文の執筆過程で初めて、この現象が顕微鏡学者や植物学者たちには何世代にもわたって知られていたという事実を見出したのである。論文の前書きで、彼はこう注意している。「ここに論じる運動が、いわゆるブラウンの分子運動と同一のものである可能性はある。しかしながら、後者について筆者が確かめえた詳細はきわめて不正確なものであり、したがって、この点に関しては何も判断を下すことができない」[4]。

三年後の一九〇八年、フランスの物理学者、ジャン・ペランは一連の綿密な実験を行なってブラウン運動を測定し、得られた結果をアインシュタインの理論と比較した。両者は完全に一致し、ペランの研究は原子の実在性に対する決定的で有無を言わせぬ証拠だとされる場合が多い。大半の物理学者にとって、この結果はいささかも驚きではなく、むしろ、長年にわたって信じてきたことを裏づける喜ばしいものだった。もっとも頑強に原子論に反対していた実証主義者たちでさえ、一人や二人の例外はいたものの、降参せざるをえなかった。

このとき以降、原子は紛れもなく実在するものになった。同時に、統計的思考法は物理理論の構築に不可欠の要素として不動の地位を与えられた。この二つは分かちがたく結びついていた。長年にわたって熱運動論を擁護してきた人々は、この展開に安堵を覚えた。原子に関して、実用性のある記述をしようとすれば、どうしても統計的推論が必要になる。熱力学の第二法則——エントロピーは常に増大する——の偶然に左右される性質は、ここに基礎をおくことになった。

それでも決定論は生き残った——というか、生き残っているように見えた。アインシュタインにとって統計的推論の魅力が、まさにこの手法のおかげで、たとえ観測者の眼にはあいかわらず個々の原子の運動は見えなくとも、物理学者たちには原子の集団の振舞いを定量的に述べることが可能になるという点にあったのは間違いない。肝心なのは、個々の粒子の運動が、厳格でわずかな逸脱も許さない諸規則に従うということだけだった。自然は根底では、本質的に決定論的であることに変わりなかった。問題は、科学的観測では必要とするすべての情報を集めるのが不可能なことで、情報が一部でも欠けてしまえば、ラプラスが理想とした全知を実現することはできず、完璧に予測ができるようにはならないのである。

物理学者たちは事の本質をまったく理解することなく、理論の意味について微妙に見解を修正していた。それまで、理論とは一連の事実を説明する一連の規則のことだった。理論と実験との間には直接かつ厳格な双方向のやりとりがあった。だが、それがもはやまったく当てはまらなくなった。いまでは理論には物理学者たちが実在を確信している要素が含まれていたが、彼らには実験によってその存在を知ることができなかった。理論家にとって原子は実在のもので、一定の位置と速度をもっている。実験家にとって原子は推論上でのみ存在し、統計的に記述できるにすぎない。理論家たちが物理的世界の完全で正しい描像だと言うものと、その世界について実験で実際に明らかにできるものとの間に隔たりが生じていたのである。

したがって、失ってしまったのは決定論が支配する物理的世界という根本の理想ではなく、物理的世界の科学的説明に完全性を求めるラプラス流の願望だった。宇宙は内部に宿る計画《デザイン》に従ってゆっくりと展開していく。そのデザインを完全に理解することができると科学者たちが考えるのは、道理にかなっていた。だが、もはや科学者たちにとって不可能になったのは、そのデザインがどのように実現されるのかを完璧に知ることのように思われた。デザインの青写真を知ることはできる。だが、すべての構成要素の色と形を知ることはできない。

この窮状にそれとなく気づいた評者の一人が歴史家のヘンリー・アダムズである。彼が著わした独特の自伝、『ヘンリー・アダムズの教育』は、政治、文化、宗教の学究で昔流の正統的知識をもつ一人の男が、ますます科学と技術によって動かされていく世界のなかで、懸命《けんめい》に踏みとどまって流されまいともがいている姿を描き出している。アダムズが科学に反対していたということではなく、むしろ彼は科学の仰々しさと影響を及ぼす範囲の広さに怖《こわ》さを感じ、多少の憂慮ではすまないと気づいたのである。

アダムズは物理学で統計的論証法が幅を利かせていることを聞き及び、科学者たちがこの問題を考えるのを好まないことにいくぶん戸惑いを覚えた。科学が完全無欠性を目指すのは当然だが、いまではアダムズが高尚な言い回しで述べているように、「一般に統一と呼ばれる科学における総合は、一般には多様化と呼ばれる科学の分解だった」(5)。やや過熱気味の彼の見方では、熱運動論は哲学的に見れば、混沌《カオス》と無秩序《アナーキー》から踏み出したほんの一歩にすぎない。予測能力がこの先は永遠に大まかなものでしかないのなら、科学における統一と総合の目的は何なのだろう?

アダムズは科学と哲学に関心のある友人たちに尋ねてみたが、「ここの全員がにべもなく助力を拒絶した」と嘆いている。もしかすると、友人たちはアダムズが何を槍玉にあげようとしているのか理解できなかったのかもしれない。アダムズは捉えどころのない曖昧な修辞的言い回しを好んでいたからである。科学者たちにとっては、統計を使った理論のおかげで、実際には宇宙についてのより広い理解と、さらに向上した予測能力を手にしたように思えたということにすぎなかった。いま自分たちは以前よりも多くのことを理解したし、将来はさらに多くのことを理解するだろう。失ってしまったものはいずれも観念的、形而上学的《けいじじょう》、哲学的なもののように思われた――それゆえ、科学のまったくあずかり知らないことなのである。

第三章　不可解な現象——大いなる驚異の対象

　二〇世紀の最初の一〇年までは、こう言ったほうが正確なのかもしれない。すなわち、科学の分野にはそれぞれ異なる役割を担《にな》うさまざまな原子があり、互いの間には明確な共通性はいっさいなかった、と。そのなかでかなり信用があったのは化学者の言う原子で、これ以上分割できない物質の構成単位《ユニット》として反応に関与し、互いに結合して分子を作る。評価では一歩及ばなかったのが物理学者の言う活動的な原子で、不規則に動き回るビリヤード球を典型的な描像とするこの原子は、熱に関する法則に実体を与えた。理論的な見地からは、これら二つの原子には実質的には何の接点もなかった。そして一八九六年には、すでに過剰なまでにさまざまな役割を押しつけられていた原子に、さらに果たさなければならない新たな仕事が加わった。

　アンリ・ベクレルによる放射能の発見は、幸運がいかに大きな力を及ぼすかをまざまざと示す証拠である。一八九六年の一月一日、ウィルヘルム・レントゲンという名のドイツの物理学者がヨーロッパ中の同僚に宛てて、驚くべき観察結果を詳細に述べた手紙を送った。主張の正しさを示すために、手紙には彼の手の写真が同封してあった。もっと正確に言えば手の骨の薄気味悪い画像であり、かすかなハローとして認められる手の肉も写っていたし、まがいようのない結婚指輪の影も、薬指の骨の周りに隙間を作って写っていた。この世界初のレントゲン写真は科学者の間のみならず新聞界にもセンセーションを巻き起こし、各紙は競って骨や事故で四肢に刺さった釘、さまざまな内因性の骨の変形の写真を掲載した。

レントゲンの発見自体はまったくの偶然の産物である。彼は実験室の電子管（陰極線管）のそばに置いた蛍光板に正体不明の発光が生じることに気づき、さらに調査を進めて、電子管と蛍光板の間に手を入れると骨の影が忽然と姿を現わすことを知ったのである。実を言うと、物理学者たちはもう何年も前からX線を発生させていたのに、その事実に気づかずにいたのだ。レントゲンによる発見の知らせが伝わるやいなや、世界のいたるところの実験室で、この眼に見えない透過性の放射線の研究が始まり、すぐに、波長が可視光や紫外線よりも短い電磁放射の一種であることが確証された。

ベクレルは一八九六年の初期に開かれたパリの科学アカデミーの会合でX線写真を見ると、直感に従って研究に乗り出した。父も祖父も著名なパリの物理学者で、彼ら三人はみなエコール・ポリテクニクを卒業してアカデミー・フランセーズの会員となり、それぞれが跡を継ぐ形でパリ自然史博物館の物理部に籍を置いた。アンリの息子のジャンもやがて同じ道を歩むことになる。ベクレル家では各人各様に電気、化学などを研究していたが、一つの特別な関心が一家に代々にわたって受け継がれていた。全員が燐光を研究したのである。この現象では、ある種の鉱物を強い太陽光に晒《さら》してから暗所に置くと、鉱物がひとりでにかすかに発光するのが見られる。アンリの父はとりわけても、ウラン含有鉱物の燐光の専門家として名声を得ていた。

X線のことを聞き及んだアンリ・ベクレルは、新たに見つかったこの不思議な透過現象《エマネーション》は、もしかすると自分が熟知している燐光と何かつながりがあるのかもしれないと考えた。最初に行なった実験は、この疑念が正しかったことを確証したように見えた。彼は硫酸ウラニルカリウム（これは父が特に好んだ物質だった）をはじめとするさまざまな燐光物質を選び、黒の厚紙で厳重に包装した写真板の上に載せてから、燐光の発生を促すために試料を明るい陽光の中に置いた。数時間してから写真板を現像したベクレルは、不透明な紙を貫通した何らかのエマネーションよって、ウラン含有鉱物の下の写真板に曇りが生じていることを見出した。陽光によって活性化された鉱物がX線を放出している、と彼は結論した。

だがあいにくなことに、そのあとパリは雲に覆われたどんよりした天気になり、何日も陽がささなかった。ベクレルは実験器具を棚に押し込んでしまった。あるとき、おそらく紙に包んだ写真板の状態を調べようとしただけなのだろうが、暗所にしまっておいた一つを取り出して現像してみた。驚きが止まらなかったことに、この写真板にも曇りが生じていた。陽の光に晒さなかったのは確かなのに、それでもウラン鉱物は何らかの放射線を出し、それが厚い紙を通り抜けて感光性化学物質の反応を引き起こしたのだ。これはX線でもなければ通常の燐光でもなく、今まで知られていなかった正体不明の放射で、ウラン鉱物に特有のものだった。ベクレルはこの放射を「ウラン線」と呼んだのだが、この名は彼が知りえたすべてを端的に表わしていた。

思いがけない発見を科学アカデミーに報告しても、返ってきたのは、ほとんど関心がないという反応だった。あいかわらずX線が人々の興味をそそっており、ベクレルが発見した写真板上のぼけた斑点が、折れた骨の写真に太刀打ちできるはずもなかった。彼は肩をすくめて実験室に戻っていった。偶然から発見されたレントゲンのX線について間違った仮説を立てたベクレルは、誤解をもたらしかねない実験を行なったのだが、天候に恵まれなかったために、図らずもさらに興味深い実験をやる羽目になったのである。こうして彼は、まったく知られていなかった科学的現象を偶然見つけることになった。だが、発見をもたらしてくれた幸運もここまでだった。ベクレルのひらめきは尽きてしまった。他に何をやればいいのか彼にはわからず、しかも他の人たちはだれも関心がなさそうだった。

翌年の末になってようやく、名をあげるのに適した未開拓の領域はないかと目を光らせていた若い研究者がウラン線に注目することになる。この新参者はマリー・キュリーで、ワルシャワの教師だった両親のもとに生まれたときの名はマリア・スクロドフスカである。当時のポーランドはロシアの過酷な支配下にあったため、マリアと姉のブローニャは国外に自由を求めようと計画を温めていた。ブローニャはパリに出て医学を学び、フランス人にマリーと呼ばれたマリアのほうは物理学と数学を志した。パリはヨーロッパのほかの都市に比べれば女子学生を温かく迎えてくれたとはいえ、それでもこれは勇気のいる決断だった。広く受け入れられている考えでは、女性の知性は、ともかくも教育が可能だとすれば、比較的厳密さを要求されない医学や生物学のほうにはるかに向いているとされていたからである。だが、一途で他人《ひと》に左右されないマリーは自分の道を進んだ。マリーはピエール・キュリーと出会い、結婚する。この八つ年上の物理学者も一徹さでは彼女に引けを取らなかった。二人は断固たる決意で、自分たちの研究の道に乗り出した。

マリー・キュリーはウランが決定的に重要な成分だとするベクレルの信念に惑わされることなく、よく見られるものも珍しいものも含め、ありとあらゆる種類の鉱物を系統的に調査して貫通性の放射線を出しているかどうかを確かめた。金と銅は何も出していなかった。ベクレルが断定していたように、ウラン鉱物はすべて放射線を出していたが、ウランを含んでいないエシナイト鉱物からも出ていた。ウランの主要鉱石であるピッチブレンド（閃《せん》ウラン鉱）は確かに放射線を出すが、強度が大きすぎた。ピッチブレンドから生じるエマネーションは、既知のウラン含有量をもとにマリーが算出した強度よりもはるかに大きかったのである。彼女はすぐに、ウラン以外にもウラン線を出すものがあると断定した。

キュリー夫妻は協力して、エマネーションを増大させた原因物質をピッチブレンドから取り出すという、うんざりするほど厄介《やっかい》で細心の注意を要する仕事に着手した。既知の元素であるビスマスを抽出する化学的分離を行なうと放射性の残渣《ざんさ》が生じた。ビスマス自体は放射線を出さないことがわかっていた。したがって、化学的にビスマスに似ていて、ビスマスにくっついて存在している何らかの新元素が放射線の原因物質であるにちがいない。夫妻は実験結果を一八九八年四月に発表し、この新元素をマリーの母国ポーランドに敬意を表してポロニウムと名づけたいと提案した。この年の終わり、二人はバリウムを化学的に抽出すると得られる第二の元素が存在する証拠を見つけた。二人はこの元素をラジウムと呼び、さらに同じ報告のなかで、ベクレルが最初に発見した現象に「放射能」という新しい名称を与えた。

このあと待ちうけていたのは、科学の歴史のなかでもずば抜けて根気と苦労を要するうえに、群を抜いて危険な取り組みだった。キュリー夫妻はチェコスロヴァキアのヨアヒムシュタールにある閃ウラン鉱鉱山（ここで精製された金属がドイツの貨幣鋳造に使用され、その一種である「ターール貨」〔Taler〕の名が最終的にドル〔dollar〕に変化した）から、ウランを抽出したあとの残渣を一〇トン入手した。二人が利用したのはぼろぼろの大型倉庫で、雨漏りがするガラス天井の窓は、有毒な蒸気が逃げていくように天気の悪い日も開けておかなければならなかった。『マクベス』の第四幕第一場にふさわしい情景のなかで、マリー・キュリーは大きな釜に入れた鉱滓《こうさい》と溶剤を攪拌《かくはん》しては煮立たせ、何十キログラムもの浮き滓《ドロース》を煮詰めて数グラムの貴重な蒸留物を得ると、こんどはこれらを集めて煮詰め、さらにラジウムを濃縮させていった。以後二年間にわたって、マリーは新元素の単離を目指す試みが着実に進展している旨を科学アカデミーに報告している。ラジウムの濃度が増すと、彼女の小さな試料の塊は自らが出す放射によって輝きだした。彼女と夫がこの強力な放射線源を眼のところまで持ち上げると、まぶたを閉じていても閃光と流れるような光の線が見えた。

ようやく一九〇二年の七月になって、四年に及ぶ苦難に満ちた科学の仕事を終えたマリー・キュリーは、一〇トンの残滓からぴったり一〇分の一グラムの純粋なラジウムを抽出しえたと発表することができた。ドミトリー・メンデレーエフが考案した素晴らしい系統的体系である周期律表は、誕生から三〇年あまりを経ていた。この表にさらにつけ加わる仲間が見つかったというのは大きな興奮をもたらす発見だったが、実際にはラジウムは異様なところのある新入りで、謎めいているばかりか、考えようによっては憂慮すべき威力をもつ元素だった。

マリー・キュリーの超人的な努力のおかげで、ラジウムは注目を浴びるようになった。ヘンリー・アダムズは当惑を覚える識者という人前を意識した役どころを演じて、一九〇〇年のパリ万国博覧会での機械と科学の展示に驚嘆してみせる。彼はアメリカの天文学者、サミュエル・ラングレーの一行に混じって歩き回った。ラングレーは、太陽が出している総エネルギーを可視光のみならず不可視の赤外線も含めて測定した人物だった。「太陽スペクトルの幅を二倍に広げた彼〔ラングレー〕自身の知性のひらめき《レイ》は、まったく害がなく、得るところも大きかった」とアダムズは例のもったいぶった調子で語り、「だが、放射線《レイ》を出すラジウムは自らの神の命を拒んだ——というか、ラングレーにとっては同じことなのだが、彼の『科学の知識体系』[1]の正しさに異を唱えた。ラジウムの力はこれまでまったく知られていないものだった」とつづけた。科学者たちなら間違いなく、放射能は新たな神だと仄《ほの》めかすどんな見解にも異議を唱えただろう。けれども、放射能が当時の物理学者たちの理解の範囲を超えた現象であることは明らかだった。

発見を称えられたキュリー夫妻は、一九〇三年度のノーベル化学賞をアンリ・ベクレルと分けあった。彼らは新たな現象を集成して分類した。しかし、放射能のエマネーションとはどういうものなのか？　さらに、どのような過程で放射能が放出されるのか？　マリー・キュリーの天賦《てんぷ》の才は、こうした疑問に取り組むにはそれほど向いていなかった。けれども先見の明ある見解からは、彼女が他に先んじてこの謎の正体を理解できたことが明らかになる。おびただしい数の放射能源を綿密に調べたことで、マリー・キュリーは避けることのできない結論に到達した。それは、放射能の放出強度は放射能源中の放射性元素の量で決まり、それ以外の何ものにも依存しないというものである。元素がとる化学的形態、試料の温度、明暗、いかなる電場や磁場にも依存しない。一八九八年一二月に、彼女は「放射能は原子の特性である」と書いている。(2)つまり放射能の強度は、試料中にウラン、ポロニウム、あるいはラジウムの原子がどのくらい含まれているかだけで完全に決まってしまうのである。

二年後の一九〇〇年、万国博に付随して開かれた世界物理学者会議用に準備した包括的な論評のなかで、キュリー夫妻はいっそう意味深長な文言を提示した。「放射が自発的に生じるのは」と彼らは言い、「不可解な現象で、大いなる驚異の対象である」とつづけたのである。(3)

「自発性」。それは一九世紀の伝統を教え込まれた科学者にとって、奇妙で非常に重大な問題であるうえに、紛れもなく手に余るものでもあった。動くこともなければ感覚もないウラン鉱石の塊が、実験台上でじっとしていても眼に見えない放射線を出しているとすれば、因果の営みはどういうことになってしまうのだろう？　何かが起こるなら、それには理由があるという科学に不可欠の考えはどうなってしまうのか？　一九〇〇年の時点で科学者たちに説明できるかぎりでは、放射能には原因がなく、したがって科学的には正当性を欠くものだったのである。

それればかりか、放射能はエネルギーを発散させた。一九〇三年にピエール・キュリーとその同僚がかなりの量のラジウムを集め、放射線によって少量の水の試料を沸騰させることができるのを示した。イギリス科学振興協会の年次会合での実演を見た出席者の一人は、すぐにこれは永久運動ではないのかとの考えが頭に浮かんだ。放射能のエネルギーは何もないところから自然に飛び出してきたのだろうか？

マリー・キュリーは、すでに誕生から五〇年になるエネルギー保存則は、科学者たちが想定していたような絶対的な掟ではないという考え方に傾いた。もしかすると、原子は理由はともかく、何もないところからエネルギーを生み出し、以前と変わることなく運ぶことができるのかもしれない。こんなことを認めるのは容易ではないが、キュリー夫妻をはじめとする多くの人にとって、放射能が自然に生じるという厄介な現象を説明するさまざまな解釈のなかでは、これがいちばん受け入れやすいように思われた。

この混乱を解決し、その過程で近代的な原子を世に送り出した主たる人物は、ニュージーランドの農場で少年時代を過ごした後、華々しく舞台に登場する。アーネスト・ラザフォードは聡明で創意に富み、活気に溢《あふ》れていた。才能ある植民地の人間に与えられる奨学金の援助を受けた彼は、当時キャヴェンディシュ研究所の所長だったJ・J・トムソン（世間的にはJ・Jで通っていた）のもとで学ぶために一八九七年にケンブリッジにやってきた。ラザフォードがケンブリッジに着いたのは、今において他にないほど興奮を覚える時期だった。ほんの数か月前に、トムソンは真空管から出る放射で陰極線と呼ばれているものが実際には連続した線ではなく、電気を帯びた粒子の流れであることを見事に実証していた。「電子」の名が用語に加わり、電子は小さく、質量は個々のどんな原子よりも小さいことが明らかになった。さらにほぼ同じころ、キュリー夫妻のおかげで放射能がようやく注目を集めつつあった。こうしたきわめて重要な発見がラザフォードの周りを飛び交っており、彼はすぐに、それまでの無線信号の送信技術への関心を捨て（この分野では、一時期、マルコーニの名が口にのぼれば、それと同時にラザフォードの名もあげられたものだった）、本格的な物理学に目を向けた。

ラザフォードと指導教官とは出身地が北半球と南半球の正反対だったばかりか、性格もまるでちがっていた。トムソンが断固たる保守派で、態度は格式ばり、どちらかというとよそよそしかったのに対して、陽気な植民地出身者でスポーツに秀でていたラザフォードは、幸いにもケンブリッジに階級や社会的地位による細かな格付けがあることをまったく知らず、元気いっぱいにここでの暮らしに飛び込んだ。ラザフォードはうぬぼれが強く、傍目《はため》など概《がい》して気にかけなかったが、それでも自分の生意気さを楽しめるだけの申し分のない頭のよさがあった。だれ一人としてその才能を疑わなかった。トムソンは飛びぬけた弟子を称えた一文のなかで、「ラザフォード氏よりも独創的な研究への情熱と才能をもった学生を受け持ったことは一度もなかった」と書いている。(4)

急いで研究を進めたラザフォードは、一八九八年に、少なくとも二種類の性質の異なる放射線が存在することを実証した。一方は厚いボール紙で止めることができるが、もう一方ははるかに強い貫通力をもっていた。彼はこれらの放射線をα型放射能、β型放射能と呼んだ。αのほうの正体は不明のままだったが、β粒子はすぐに高速で運動する電子にほかならないことが明らかになった。

だとすれば、原子の内部には電子が含まれているのだろうか？　たぶんそうなのだろう。だが、それで事がすまないのは、電子は軽くて電荷を帯びているのに、原子のほうは重くて電気的に中性だからである。トムソンは「プラムプディング」原子と呼ばれるようになる原子モデルを導いていて、このモデルでは、少数の電子はどのようにかは定かでないものの、正の電荷を帯びた何らかの媒体でできた球形に近い塊の内部を動き回っているとされた［トムソンの原子モデルは日本では「陽球モデル」と呼ばれることが多い］。媒体はエーテル等々の「何か」で、いずれにしても質量を満たすとともに電子の負の電荷を中和できるものである。このモデルは漠《ばく》たるものだったが、トムソンは数年後にこのモデルを利用してさまざまな実験結果を説明し、水素原子にはまず間違いなく電子が一個だけ含まれていると結論した。

ラザフォードは慎重さのゆえに、理論を立てることに疑念を抱いていた。原子がどのようなものなのかだれにもわかっていないのに、原子の内部がどうなっているかにまで想像を巡らすのは行きすぎで、尚早《しょうそう》のように思われたのである。彼は数年間ケンブリッジを離れてカナダのモントリオールにあるマギル大学に赴任し、ここで研究チームを結成してα線とβ線、および両者を生みだす元素をさらに詳しく調査した。マギル大学での彼は、実験室のなかをあちこちと精力的に動いて回り、同僚や学生たちを褒《ほ》めたり質問攻めにしたり励ましたり、時には叱咤《しった》したりした。

新たな知識の獲得は容易ではなかった。キュリー夫妻はすでに多数の放射性元素を確認していた。ラザフォードたちが見つけた数はそれをはるかに上回った。突如として、名称が一塊になって溢れ出てきた。ラジウムA、ラジウムBときて、これがEまでつづいた。トリウムA、トリウムB、トリウムXがあり、おまけにトリウム・エマネーションと呼ばれる放射性気体もあった。次はアクチニウムA、アクチニウムB、アクチニウム・エマネーション等々という具合である。いずれも、ともかくも別のものなのに、どういうわけかすべてに関連性があった。

想定される一つの元素を別の元素から得るとともに、一方が姿を消してもう一方が姿を現わすときの条件を突き止めていったラザフォードと学生たちは、苦心しながら混乱を解きほぐしていった。混乱を一掃する結論は、一九〇二年にフレデリック・ソディーと共著で発表した論文に登場する。ソディーはオックスフォード大学で教育を受けた化学者で、マギル大学のチームに参加していた。ラザフォードとソディーが提案したのは放射能の変換理論、あるいはもっと大胆な言い方をすれば、放射能の突然変異理論だった(5)。変異を被《こうむ》るのは原子そのもの、すなわち、元素の不可分の根源的構成要素と考えられているものである、と二人は主張した。彼らが提示した系統的な考え方なら、ラジウム、トリウム、アクチニウム、さらにはこれらのエマネーションを放射性崩壊の連鎖として理解することが可能だった。つまり、ある元素が別の元素に変わり、その結果生まれた元素がさらに別の元素に変わるというふうにつづいていき、それぞれの変換には特定の種類の放射能の放出が伴っているというのである。

錬金術じゃないか！　多くの批評家が声を上げた。元素の独自性は何があっても保たれるというのが、化学者たちが長期にわたる懸命な努力によってつい最近ようやく確立した根本的原理だった。そこにラザフォードとソディーがやってきて、元素は結局のところ永久的なものではないと言っているのだ。マリー・キュリーにもこの考えは受け入れがたかった。原子はまさにその本質からして不変であり、したがって、原子が互いに変換できるとする理論はどんなものであっても、いささかも原子の真正な理論ではありえない、と彼女は主張した。

それでも、変換理論ならごく少数の単純な規則の助けを借りるだけで放射性物質の氾濫《はんらん》を理解できることが、科学界にこの理論の基本的な正しさを確信させた。しかしながら、その規則の一つには、元素の変換よりもいっそう過激な考えが潜んでいた。ラザフォードとソディーは、それぞれの放射性元素はある一定の速度で崩壊すると述べており、その速度を特徴づける数値は半減期と呼ばれるようになった。たとえば、一グラムのトリウムXと呼ばれている元素から始めると、ほぼ一一分待てば二分の一グラムのトリウムXが残る。さらにもう一一分ほど経つと、残っているトリウムXは四分の一グラムになり、次には八分の一グラムになるという具合にどんどんゼロに近づいていくが、けっしてゼロには到達しない。

これは指数関数的な崩壊であり、いたって簡単な数学的規則に従っている。だが、試料を原子の集団と考えると、ここには憂慮しなければならない重大な問題があることが見えてくる。つねに一一分の周期でトリウムXの原子の半数は壊れ、残りの半数は何事もない。では、どの原子が崩壊し、どの原子は崩壊しないと言うことができるのだろうか？

以前にマリー・キュリーが述べたように、放射能が厄介なのは自発性のためだった。ラザフォードとソディーはここにきて、この予知できない性質を定量化して数値で表わした。崩壊は簡単な確率則に従っており、したがって、個々の原子にはいつでも崩壊を起こす可能性がある。だが、じっとして自分のやるべきことに専心していた原子が、そのあと、どうみても予期できそうにないある瞬間にばらばらに壊れるのなら、このことは因果律にとってどのような意味をもつのだろう？　何が原子を崩壊させるのか？　すなわち、そもそも何が原子を崩壊させ、何が原子をあの特定の時間に崩壊させるのだろう？

それでも二〇世紀の初期には一世代前とはちがって、ランダム性という考え方は大して斬新《ざんしん》でもなければ、それほど危惧《きぐ》すべきものでもなかった。物理学者たちはもう、気体中の原子を説明するための統計的な考え方の利用を会得していたし、しぶしぶとながらも、完全には予測できないエントロピーの振舞いに確率が入り込むのを受け入れていたからである。放射性崩壊も確率則に従うのなら、もしかすると、根底にある理由は大して違わないのかもしれない。

このような考え方がいくつか登場した。原子には内部を構成する要素——ある物理学者は亜原子《サブアトム》の名を提案した——があり、これらの要素は、原子が気体の塊のなかで群れ動いているのとまったく同じように、絶えず激しく動き回っているのかもしれない。そして時折、これらの亜原子はランダムな運動のせいで偶然、一か所に寄り集まることがあり、理由はともかくも原子全体の不安定さの引き金になるには十分な密集度になるのかもしれないというのである。(6) 理論としての要件を満たしているとは言いがたいが、この考え方のおかげで、確率的な崩壊は熱力学の第二法則が受け入れられたのと同じ理由で容認されるようになった。原子内部の亜原子の激しい動きは決定論の規則に厳密に従っているが、外から観察している物理学者が、これらすべての亜原子がどのような状態になっているのかを知る可能性は皆無なのである。かくして、情報がいっさい得られない状態からランダム性が姿を現わす。もしも、ともかくも原子の内部を見て構成要素を見つけることができれば、原理的には構成要素の運動を追跡することも、いつ特定の原子が崩壊するかも予測できるだろう。

いずれにしても、こう考えることが、先は遠くとも慰めを与えてくれる希望だった。大半の物理学者は有効な取り組みができる立場にはないとして、この問題をあっさり棚上げにしてしまった。放射性原素の崩壊を支配する不思議な確率則を理解するには、なによりも原子はどのようにできており、どのような営みをしているのかを理解しなければならなかった。

第四章　電子はどのように決断するのか

一九一一年の九月、二六歳の誕生日を目前に控えたデンマーク人の青年が、J・J・トムソンに電子物理学を学ぼうとケンブリッジにやってきた。ニールス・ボーアはコペンハーゲン大学の生理学教授の息子だった。彼の一族は三代前から学校教師、大学教授、教会牧師を輩出していた。ボーアはすでに金属の電気伝導を扱った学位論文を書いていて、この論文では、電流の担《にな》い手である電子が導体中をほぼ自由にごろごろと動き回るのは、気体の原子が空洞を上下いずれの方向にも飛んでいけるのとほぼ同じことだと想定していた。だがこのモデルは大してうまく機能せず、ボーアはかねてから、電子を帯電したビリヤード球として扱う一九世紀流の考え方には、どこか根本的に不適切なところがあるのではないかと思っていた。

静かにじっとしているときのボーアは、どこか悲しみに沈んでいるようなところがあった。太い睫《まつ》毛《げ》が眼の上にかかり、厚い唇の両端は垂れていた。懸命《けんめい》に考えているときの表情は締まりがなく、両腕を脇にだらりと下げていて、間抜けのように見えることがある――ある物理学者はこう言っていた（1）。後年のボーアはゆっくりした冗長で曖昧《あいまい》な話し方をすることで有名になり、そんな彼の話に聴衆はうっとりしたりいらいらしたりの繰り返しだったから、ケンブリッジに来て間もないころ、彼がおろかにもJ・J・トムソンの機嫌を損ねてしまったのが、この偉大な人物の書いた気体による電気伝導の本をかなり単刀直入に批判したためだったという話を聞くと、意外な感がしてしまう。

ボーアはイギリス流のやり方に苦労した。[2] 彼は査読してもらうために草稿をJ・Jに委《ゆだ》ねたが、数日後にまったく手がつけられていないのを知ると、この件について直談判《じかだんぱん》しようと心に決めた。こんな行動は流儀にかなったものではなかった。ようやく返ってきたJ・Jの反応は、ボーアのような若い連中の電子に関する理解はどうやったところで私の理解に及ぶはずがないと暗に仄《ほの》めかすものだった。自分がよそ者なのはどうしようもない、というのがボーアの結論だった。J・Jが所属するトリニティ・カレッジの正餐《せいさん》に顔を出したものの、二週間が経つまでだれも話しかけてこなかったのである。J・Jは物理学を議論したいというボーアの分《ぶ》を弁《わきま》えない願望には、ボーアがこっちにやってくるのが見えたらつねに脇道へ逃げるという対処の仕方をした。「とてもおもしろかった……完全な無駄だった」。後年ボーアはケンブリッジでの短期間の滞在をこんな風に表現した。とてもおもしろいは、怪しげな仮説や奇抜な科学的想像を持ち出された際に、話を丁重に切り上げる彼専用の常套句《じょうとうく》になる。

ボーアはマンチェスターへ出かけ、ここの教授を訪ねた。ついこのあいだ死んだ父の友人の一人だった。夕食の席では、数年前にカナダから戻ってマンチェスター大学に職を得ていたラザフォードと顔を合わせた。偶然にも、ラザフォードはボーアが訪ねた人物と親交があったのである。その数週間後、ラザフォードがケンブリッジを訪れ、二人はふたたび話をした。ケンブリッジのトムソンではなく、マンチェスターのラザフォードがイギリスでいちばん重要な物理学の研究に携わっていることは明らかだった。そればかりかラザフォードはイギリス人ではなく、ボーアには好意的で励みにもなった。ボーアは一九一二年の三月には、表向きは放射能に関する実験手法を学ぶという目的で首尾よくマンチェスター大学に転籍していた。実験では、彼はまったくの役立たずではないとしても、せいぜい並であることがはっきりした。

ラザフォードは原子の綿密な調査を着々とこなしていた。すでに数年前、彼は若い同僚のハンス・ガイガー（ガイガー計数管で有名）とともに研究を進め、ついに放射能をもつα放射の正体を突き止めていた。それは電子よりずっと重い粒子で、電気素量の二倍の正の電荷を帯びていた。ラザフォードとガイガーは、α粒子を分離して電気的に中性になるようにすると、あらゆる点でヘリウム原子と区別がつかなくなることを見出した。どうやらα崩壊では、大きな原子は軽いヘリウム原子にきわめてよく似たかけらを吐き出し、ほんの少し小さな原子に変わるようだった。

もちろん当時は原子の内部に何があるのかはだれにもわかっていなかったが、ラザフォードはふと、α粒子が他の物質めがけて発射する格好の重い弾丸になり、これで物質の構成要素を調べることができると気づいた。ラザフォードとガイガーは、新たにラザフォードのところの学生になったアーネスト・マーズデンとともに、放射線源から出るα粒子を金箔に向けて発射する実験を行なった。ガイガーとマーズデンは何時間も暗いところに座って眼の感度を上げ、α粒子が実験装置の周囲にある蛍光板に衝突したときに迸《ほとばし》るごくかすかな閃光も感知できるようにした。

二人にはどのような事態が予想されるのか確信はなかった。ほとんどの場合、α粒子は薄い金箔をまっすぐに通り抜け、あたかも金箔など存在していないかのようだった。通過中にわずかに方向を変え、反対側から出てくるときに少し角度がついていることもあった。二人を心底驚かせたのは、きわめてまれながらも、α粒子が金箔をうまく通り抜けることができず、完全に跳ね返って戻ってくるらしいことだった。ラザフォードがのちに、これは「人生のなかで最高に信じられない出来事だった⋯

……信じがたさでは、一五インチ砲弾をティシュペーパーに向けて発射したら、戻ってきて自分に当たってしまったのといい勝負だ」と言ったのは有名な話である。(3)

ティシュペーパーとは金箔——したがって、金の原子がずらりと並んだもの——のことである。これらの原子は内部に電子を含んでいるらしいが、α粒子が電子に当たって跳ね返ってくるはずがない。大砲の弾丸がピンポン球に当たって戻ってくることがありえないのと同じだった。では、α粒子は何にぶつかっているのだろう?

ラザフォードがすでに、答えとなる正解に近い着想を得ていたことは十中八九間違いないが、彼は二年後になってようやく、結論を公表してもいいという確信をもてるようになった。本来の進路から大きく逸れたα粒子は、自身よりもはるかに重い何かで跳ね返っているとしか考えようがない。ラザフォードは一九一一年に、その何かとは中身の詰まったきわめて小さな原子の核であると宣言した(ただし、彼が核という言葉を導入したのは翌年である)。

科学における偉大な瞬間の多くがそうだったように、この発表——原子核物理学の誕生——も、すぐにはほとんど反応を呼ばなかった。一九一一年の国際会議では、ラザフォードには言うべきことが何もなかったのに対して、J・Jは、大きな関心はまったく寄せられなかったものの、かつてのプラムプディング原子をさらに精巧にしたものを説明した。ラザフォードは理論屋ではなかったが、原子核が実在するという自らの提案には、明言しないままにしてあることがいっぱいあるのはわかっていた。とりわけ、原子を構成しているもう一方の片割れである電子については何も言えなかった。原子核との関係でいうと、電子はどこにあるのか? さらに、電子はどのような振舞いをしていると考えればいいのだろう?

ニールス・ボーアがマンチェスターにやってきたとき、ラザフォードの助手をしていたのは、進化論の先駆者、チャールズ・ダーウィンの孫のゴールトン・ダーウィンだった。ダーウィンはα粒子が固体物質中を通過するときにどのように減速していくのかをじっくり考えていた。原子核に当たって大きな反発を受けるのはごく少数のα粒子である。ほとんどの場合、α粒子は速度を落としていって停止し、その間に粒子のエネルギーはだんだん衰えていく。ダーウィンの説明は、α粒子は原子中の電子と何度も小さな衝突を繰り返す羽目になり、そのつど少しずつエネルギーを失っていくというものだった。この過程を調べれば、電子が原子の内部でどのような配置をとっているのかがもっとよく理解できるかもしれない、と彼は期待していた。

ダーウィンは漠然《ばくぜん》と、原子には電子からなる雲があると想像し、この電子の雲が、原子全体の大きさを表わす一定の体積の内部をゆったりと動き回っているとした。ラザフォードが言う原子核は中心にあって、理由はわからないものの、すべてのものを一つにまとめている。だが、ダーウィンがこのモデルをさまざまな物質内でのα粒子の減速率の測定値と組み合わせてみると、得られた原子の寸法は、より直接的な方法で導かれた原子の大きさとは呆《あき》れるほど違っていた。

ボーアは学位論文の研究の中で、金属中をふらふら動き回る電子による電気伝導という、同じように素朴な構図を思い描いたことがあった。このモデルもやはり、説明するはずだったものにろくな答えを与えることができなかった。共通している欠陥は、電子はもしかすると自分やダーウィンが想定していたようには自由に動き回ることができないという点にあるのではないか、とボーアは思いはじめた。

理由は定かでないものの、原子の核は何らかの拘束力によって相方の電子を手元につなぎとめているにちがいない、とボーアは理解した。そこで彼が想像したのは、動いているのではなく、しかるべき場所に留《とど》まったまま前後に振動している個々の電子、つまり、ばねの上のボールのようなものだった。これはイメージでしかなく、想像を働かせるための指針だったが、それでも考えを巡らすのには役に立った。

すぐに、重要だがきわめて突飛な一歩が踏み出される。電子は振動しているものの、割り当てたいと思うエネルギー量ならどんな値でももつことができるというわけではない、とボーアは言い出した。そうではなく、電子が担えるエネルギーは、ある種の基本的な「量子」の整数倍に限られるというのである。だから、α粒子は固体物質を通り抜けるとき、鉢合わせした電子にこうした量子量のエネルギーしか手渡すことができないのだろう。少しばかり手を加えたあと、驚いたことに、ボーアはいまではα粒子の減速の仕方をもっとうまく説明できることに気づいた。悩んだものの納得した彼は、まだ大雑把《おおざっぱ》な自分の理論を書き上げて投稿すると、大学時代の友人の妹、マルグレーテ・ネールンと結婚するためにコペンハーゲンに戻った。

現在にいたってもまだはっきりわからないのは、どういう理由でボーアがこの奇抜な提案をしたのかである。言うまでもなく、エネルギー量子という考えは目新しいものではなかった。一九〇〇年にマックス・プランクが持ち出していたからである——もっとも、まったく別の状況でだったが。プランクはもう何年も厄介《やっかい》な問題と格闘していた。高温の物体が温度の上昇につれて、順次特徴的な色で輝くようになる——残り火の赤色から太陽の黄橙色、さらに薄気味悪い青みを帯びた白というようにことはよく知られていた。実験物理学者たちは出てくる放射のスペクトルを丹念に調べ、出ているエネルギー量をそれぞれの波長ないし振動数ごとに図に表わしていた。だが理論家たちは、実験に携わっている同僚が測定したスペクトル形状を説明しようとして、にっちもさっちもいかない状況にはまり込んでいた。

やけくそにも等しい状態で、プランクは放射のエネルギーを小さな単位量に分割することを試みた。実際には、計算を簡単にするための数学上のテクニックである。これで得たいと思っているスペクトル形状を導き出すことができれば、次は一般的な数学の手法を用いて、答えを不変に保ったままエネルギーの小さな塊をさらに小さくして無限小にまでもっていくことができるのではないかと考えたのである。プランクの目論見《もくろみ》は半ば成功した。正しいスペクトルを導くことはできたが、それが可能だったのは、エネルギー量子の単位をある特別な大きさに保った場合に限られたのである。忌々《いまいま》しいほど残念なことに、プランクは名づけ親だったにもかかわらず、これらの量子を追い払うことができなかった。

プランクは保守的なタイプだった。標準的な物理学には、電磁波のエネルギーがこのような制約を受けなければならない理由はいっさいなく、プランクは、電磁エネルギーが本質的な形では小さな単位量でしか存在しえないとは考えたくなかった。むしろ、物体のエネルギーの放出の仕方に関係した何かが原因となって、放射は不連続な量子として飛び出すと考えたのである。他の物理学者たちも大方はこの理由づけに賛同した。プランクは以後何年にもわたって、なぜエネルギーがこのような細切れ状態で現われなければならないのかを説明する納得のいく理由を見出そうと精一杯努力をつづけた。首尾は芳《かんば》しくなかったが、彼はけっして諦めなかった。

一〇年が経っても、プランクの考え方はあいかわらず不可解で、異論も多かった。それでも、ボーアが述懐しているように、エネルギー量子という考えは少なくとも取り沙汰されてはいた(4)。だから、考え方を少し変えて原子中の電子に適用しても、途方もなく的を外しているようには見えなかったのである。ボーアは愉快そうに、自分の提案を正当化する現実的な根拠を何も提示できなかったことを認めている。それでも、この考え方は役に立ちそうだった。

わずか数か月後には、この斬新《ざんしん》な着想が非常に多くのものをもたらすことが明らかになりはじめる。コペンハーゲンに戻ったボーアは大学の下級職に甘んじていた。医学生に物理学を教えるのが主な仕事である。ある日、同僚の一人がボーアに、原子中の電子についてきみが言っているあの一風変わったイメージは、水素原子のスペクトル中に見られるバルマー系列とかいうやつを説明するのに何か役に立つのかな、と尋ねた。ボーアは恥ずかしそうに、バルマー系列がどんなものなのか知らないんだと打ち明けると、自分で調べるために図書館に足を運んだ。

分光学がどのようなものなのか、ボーアが精通したことは疑いない。これより一世紀ほど前、ドイツの天文学者のヨーゼフ・フォン・フラウンホーファーは、太陽からやって来る光のスペクトルを詳細に調べ、赤に始まって緑を経て紫にいたる虹の色が数百本の細い暗線で区切られていることに気づいた。彼はのちに、明るい恒星のスペクトルにも同じような線が現われ、以前に太陽の光で見たのと完全に一致する暗線もあれば異なる暗線もあることを見出した。この後の数十年間に、それぞれの化学元素は光の吸収と放出を幅の広い連続した形で行なっているのではなく、ある特定の特徴的な振動数でのみ行なうことが確かめられた——ナトリウムの毒々しい黄色、ネオンの和みを感じさせる赤、水銀の青みがかった光というように。

分光学はとりわけ化学者たちに分析のための素晴らしい手段をもたらした。加熱した試料からの光を調べれば、試料中に含まれている元素を知ることができるのである。だが物理学者たちは、なぜ原子がこうした特徴的な振動数でのみ光の吸収と放出を行なうのかを理解しているというにはほど遠かった。さまざまな役割を過度なまでに背負わされていた原子にとっては、引き受けなければならない仕事がまた一つ増えたにすぎなかった。

バルマー系列は、スイスの学校教師だったヨハン・バルマーが科学で果たした唯一の貢献である。

彼は一八八五年に、水素原子が示す一連の顕著なスペクトル線の振動数を驚くほど正確に再現する数式を考案した。けれども、この公式は単なる数字合わせ《ニューメラロジー》にすぎず、物理的な根拠をいっさい欠いていた。ボーアがバルマーの公式に気づくまでに過ぎた二七年間、この式の由来はだれにも説明できそうになかった。

だが、いまボーアはまさにそれを、ものの数時間のうちに成しとげてしまった。物理的推論と直観に基づく的確な憶測とを組み合わせて、ボーアは自分の大雑把な原子モデルから、バルマーの公式を数行の代数式の形で論理的に引っ張り出した。一年ないし二年前にラザフォードが原子核物理学を誕生させたとすれば、いまボーアは原子物理学を世に送り出したのである。

電子は何らかの特有の振動の仕方をしていると考えるのではなく、ボーアはここにきて、惑星が太陽の周りを回っているのと同じように、電子は原子核の周りを回っていると明確に思い描いた。重力が太陽系を一つにまとめているのに対して、負の電荷を帯びた電子と正の電荷をもつ原子核との間に働く引力が原子内の秩序を保っている。だが、ここでボーアはきわめて重要な量子条件を課した。周回している電子は望みのままにどんなエネルギーでももつことができるわけではなく、いくつかの限られた値しかとることができないというのである。

このように規定して問題がないのなら、水素原子の一個の電子は、一連の異なる軌道のうちの一つを占有しているはずである。軌道の直径が大きくなるほど、駆け回っている電子のエネルギーは大きくなる。驚くべきことに、このモデルなら分光学がもたらした結果を説明できる、とボーアはすぐに理解した。原子がエネルギーを吸収すると、電子は低い位置にある軌道（すなわちエネルギーの小さな軌道）から高い位置にある軌道（エネルギーの大きな軌道）に飛び移り、電子が元の軌道に落ち込めば、原子は同じ量のエネルギーの塊を放出する。こうしたエネルギーの吸収と放出は、限られた一連の電子軌道によって明確に定まる一定の量でしか起こりえない。さらに適当な調整を施せば、これらの軌道を、バルマー系列を正確に再現するように配置できることがわかった。ボーアは単に、バルマーの公式の理論的根拠を導き出せたということではない。彼がもたらしたはるかに大きな成果は、そもそも分光学という科学がなぜ存在するのかの理由をついに明らかにしたことだった。分光学は、ある軌道から別の軌道への電子の「遷移」と関係しているのである。

ボーアが有頂天になれなかったのは、自分の簡単なモデルに説得力のある物理的根拠を何も与えられないことがはっきりわかっていたからだった。電子が指定された軌道しかとらないのは、そうでなければならないという規則をボーアが書いたからにすぎない。この制約について、ボーアは発表した論文の中で「物理的根拠を与えるための取り組みを提示するつもりはない（見込みがなさそうなので）」と率直に述べていた。[5] モデルは見事に機能したが、ボーアでさえ、なぜそうなのかを敢えて憶測しようとはしなかった。

大多数の年配の科学者から見ると、ボーアの原子は物理学の要件さえ満たしていなかった。幅広い業績のある齢《よわい》七〇の数理物理学者、レーリー卿（ジョン・ウィリアム・ストラット）は息子に、「ああ、見たけどどね。私には無意味だったよ。あんな風に発見をしてはいかんということじゃない。まあ、あれはあれで構わんだろう。だが、私の性に合わんのだ」と語った。[6] レーリーは思慮深い謙虚な人物で、当時にあっては、言わば『マザー・グース』の「物識り老フクロウ」だった。ボーアの原子についての彼の見解は、非難というよりもむしろ、自分の時代が過ぎ去ってしまったことを淋しげに認めたものだったのである。

早い時期に鋭い批判を寄越したのはラザフォードで、ボーアは彼に自分の着想を長々と述べた初期の草稿を送っていたのである。ラザフォードは原稿に手を入れて、大陸流の冗漫さの代わりに、彼言うところのイギリス流の簡潔明瞭さを前面に出そうとしたが、すべてをできるかぎり完全、綿密、精確に述べようとしているボーアの一途なまでの執拗《しつよう》さに啞然《あぜん》としてしまった。精確さにもほどがある、とラザフォードは思った。批評のなかでラザフォードはこんな考えを提示している。「容易ならぬ困難が一つあるように思われます」とラザフォードは書いている。「電子はどの振動数で振動しようとか、ある固定された状態から別の状態にいつ移るかとかを、どのように決断するのでしょう？　私が見るところでは、あなたは電子にはどこで止まることになっているのかが前もってわかっていると想定せざるをえなくなるのではないでしょうか(7)」。

「自発性」――例の厄介な概念がまたしても姿を現わしてくる。ボーアの原子では、高い位置にある軌道の電子は低い位置にある軌道のどれに飛び移るかを自由に選べ、したがって、どのスペクトル線を生じさせるかも自由なように見えるのだ。ラザフォードが精通していたように、放射性崩壊では、ある特定の不安定な原子は、たとえいつ壊れるかは予測できないにしても、必ず同じ壊れ方をする。だが、飛躍《ジャンプ》するボーアの電子は、いつ飛び移るかだけでなく、どこへ行くかも自ら決めているように思われた。ラザフォードにはこれは憂慮すべきことだった。

懐疑的だったのはラザフォードだけではない。アインシュタインも最初、ボーアの新しい原子モデルに不審の目を向けた。けれども彼は、一九一六年に単純そうに見えてその実《じつ》きわめて意味深い挑戦的な解析結果を発表し、そのために、ボーアがもたらした成果を以前よりも真剣に考えるようになった。アインシュタインはただ一個のボーア原子が電磁放射に浸かっている状態を思い描き、この系がどのようにエネルギーをやりとりするのかを取り上げた。とりわけ彼が問題にしたのは、この系がどのようにして熱平衡に達するかで、このときには、原子はエネルギーを取り込むのと同じ頻度でエネルギーを手放し、放射スペクトルはある決まった温度に特徴的な一定の形状を保っているはずである。

この単純な構図からアインシュタインは驚くべき結論をいくつか導いた。第一に、熱平衡の状態にある放射スペクトルは、まさしく一九〇〇年にプランクが量子仮説によって計算した形状になっていなければならない。次に、原子が手放したり受け取ったりすることのできるエネルギーは、二つの軌道のエネルギー差に正確に等しい一定量《ユニット》に限られる――つまり、原子がもっとエネルギーの小さい二つの量子を同時に放つことは、両者のエネルギーを合計すれば同じになるとしても起こりえないということである。

これらの結論は、自分たちは正しい道を歩んで着想を得たのだというプランク、ボーア両者の言い分の裏づけとなっただけでなく、彼らの提案の間に何か根本的なつながりがあることを示唆してもいた。だが、得られた三つ目の結果がアインシュタインを不安にさせた。電子と放射のエネルギーがぴったり釣り合った状態になるには、原子によるエネルギーの放出は単純な確率則に支配されなければならないことがわかったからである。計算してみると、原子がエネルギー量子を放出する可能性はどんな任意の時間にも一定不変で、大きくなることも小さくなることもなかった。これには以前にお目にかかったことがあった。「この確率則はまさしく、ラザフォードの放射性崩壊の法則そのものである」とアインシュタインは述べた(8)。

言い換えると、これら二つの過程――原子核の放射性崩壊と、ある軌道から別の軌道への電子のジャンプ――は自発的に生じるばかりか、自発性の形態も同じだったのである。どちらの場合も、変化が生じる特別な時間というものは存在しない――たまたま生じるということにすぎず、明らかな理由はいっさいないのだ。すなわち、これらの物理現象は、特定の原因がなくても生じるということになりそうなのである。

「因果律に関する例の件でほとほと困り果てています」。何年かのちにアインシュタインが同僚宛の手紙にこう書いたのは、この難問の適切な説明が何も見つかっていないからだった[9]。不安を感じていたのはもっぱらアインシュタインだけだった。大半の物理学者はボーアの原子を弄《いじ》くりまわすことにすっかり夢中になり、このような形而上《けいじじょう》学的な問題を思い悩む暇などなかった。この問題が彼らを夢中にさせるまでにはもうしばらく時間がかかるのである。

第五章　前代未聞の大胆さ

一九一四年七月、ボーアは原子を外に連れだした。自らの着想になる原子モデルを披露すべく、意欲溢《あふ》れる数学者だった弟のハラルとともにゲッティンゲンとミュンヘンに足を運んだのである。ドイツのほぼ中央に位置するゲッティンゲン大学は、純粋数学と数理物理学双方の威風堂々たる中心地だった。全時代を通して傑出《けっしゅつ》した数学者の一人に数えられ、注目に値する物理学者でもあったカール・フリードリヒ・ガウスは一八五五年に死ぬまで、ここで長きにわたって教鞭《きょうべん》をとった。しかし、二〇世紀初めのゲッティンゲン大学は一種の閉塞《へいそく》状況に陥っていた。これは伝説的な人物が去ったあと、名門の教育・研究機関がしばしば悩まされる状況である（ニュートンから一世代ないし二世代のちのケンブリッジ大学を考えてみるといい）。ニールス・ボーアの原子モデルが世に出たとき、ハラル・ボーアはたまたまゲッティンゲンにいて、ここの教授たちの大半がボーアの提案をもっともらしいというよりは、「無謀だ」とか「奇想天外だ」と見ていることを兄のもとに知らせている。ハラルはニールスに宛てて、ある年配の数学者は刺々《とげとげ》しくこんなことを言っていますと書いていた。「行き当たりばったりで選んだ数字でも」、水素原子のスペクトル線に「同じように一致させることができただろう(1)」。

自ら直接理論を紹介したことで、事態はいくらか前進した。まだドイツ語が流暢《りゅうちょう》でなかったので控え目におずおずと話をしたが、ボーアの熱意のほどは紛れもなかった。アルフレート・ランデという名の若手の物理学者によれば、ゲッティンゲンの教職員の見解はおおむね、ボーアの提案は「完全な戯言《たわごと》で……実際の状況がわかっていないことをごまかすための口実だ」というものだった。(2)当時三十代前半で教授の地位にあったマックス・ボルンは、最初に印刷物でボーアの原子モデルに接したときはまったく理解しがたいと思ったが、ボーアが自分のモデルを擁護して熱心に語るのを聴いたあと、「あのデンマークの物理学者が型破りの天才のように思えて、彼のモデルに重要なものが一つもないとは言い切れないんだ」とランデに語った。(3)ボルンとランデの二人はわずか数年のうちに、原子の現代的理論にそれぞれ独自の貢献をすることになる。

ボーアにとってはミュンヘン大学のほうが楽に話をすることができた。ここの物理学科長をしていたのは四五歳のアーノルト・ゾンマーフェルトである。ゾンマーフェルトはゲッティンゲンでかなりの年月を送ったとはいえ、新しい発想や珍しい経験に対する関心は少しも若々しさを失っていなかった。彼はアインシュタインの特殊相対論を最初に嬉々として受容した一人であり、そのとき他の物理学者たちは、空間と時間が変わってしまったことを受け入れるのに四苦八苦していた。ボーアの原子が姿を現わすと、彼は大急ぎでボーアに手紙をしたため、まだこのモデルにまつわるいくつかの疑念を解消できたわけではないが、このモデルが定量的な結果をもたらすことができるのは「疑問の余地なく素晴らしい成果です」と知らせた。(4)ミュンヘン大学では、ゾンマーフェルトはボーアを温かく迎えたばかりか、自分の学生たちに、この新たな物理学に進むよう発破をかけていた。

悲劇の月、一九一四年八月のことである。ニールスとハラルはドイツを離れ、しばらくの間アルプスのチロル地方を旅して回っていた。二人は戦争が差し迫っていると急を告げる恐ろしい新聞記事を目にし、ヨーロッパのいたるところで、避暑客たちが緊迫した空気の張り詰める大陸を横切って国に戻ろうとぞろぞろ移動していることを知った。列車に乗ってドイツに戻ってみると、ほんの三〇分前にロシアへの宣戦布告があったばかりだった。ベルリンに着いた二人は、開戦に興奮して息もつけずに叫んでいる群衆に出くわした。「ドイツではよくあることでね」とボーアは事もなげに評している。「戦いに関係したことになると、すぐにこんな熱狂にお目にかかるんだ」[5]。北の海岸へ向けて再度不安な列車の旅をしたあと、二人はデンマーク行きのフェリーに乗り込み危難を逃れた。

ボーアがドイツの物理学界にデビューしたまさにそのとき、戦争のために何年にもわたって外部との接触が断たれてしまうことになった。この間ボーアはコペンハーゲンで、もっとふさわしい地位を得ようとしていた。研究室もなく、医学生に物理学を教えるという責務を負わされて研究のための時間がほとんど取れなかったし、さらに悪いことに、いっしょに考え方の枝葉を取り除いてくれる同僚が一人もいなかったのである。ボーアは大学に理論物理学の研究所の開設を求めて運動をはじめたが、やがて戦争になると思われていたのだから、デンマーク政府が彼の計画に高い優先順位を与えるはずがなかった。代わりにボーアは、マンチェスターに戻ってこないかというラザフォードの申し出をありがたく受諾することにした。だが、ラザフォードはいまでは戦時研究に取りかかっていて（彼は潜水艦が水面下で発生させる音《ノイズ》を探知する手法を考案した）、ボーアはほぼ独力でやっていかなければならない羽目になってしまった。

生涯を通して、ボーアにとって理想的な研究の進め方は、終わりを設けずにつづける議論の場に身を置くというものだった。言ってみれば、仲間うちの非公式の研究会がいったん招集されたままずっと開かれっぱなしになっているようなものである。ボーアは考えていることを口にし、いくつものアイデアを出しては注釈と批評を加え、一足飛びに先へ進んだかと思えば横道にそれ、立ち止まってはあれこれ思案を巡らせた。マンチェスターで暮らした二年間は、ボーアにも年若い妻にも個人的には楽しかった（工場だらけのこの街はケンブリッジより汚いけれど、人情は上ねと彼女は言っていた）が、科学の面では孤独だった。

　戦争にもかかわらず、科学は前進していた。孤立したドイツでは、ゾンマーフェルトが真剣にボーアの原子と取り組んでいた。論文や専門誌も細々とではあるけれど、塹壕《ざんごう》を越えて行き来していた。まだ考え方を伝えることは可能だった。たとえ間接的であっても、ボーアが他の人たちの才能を触発することはできたのである。

　実を言うと、ボーアの最初の原子モデルが説明したのは一つの現象だけだった。水素原子のバルマー系列のスペクトル線の説明にはなっていた。だが、水素のスペクトル線にはバルマー系列以外のものがあり、原子も水素だけではないし、さらにバルマー系列のスペクトル線ですら、最初にボーアが考えていたような単純なものではなかった。アメリカの物理学者、アルバート・マイケルソンは並外れて高精度の分光器を使用して個々のスペクトル線を詳しく調べ、二重線《ダブレット》に分離している場合が多いことを一八九二年に突き止めていた。つまり二本の線が寄り添うようになっていて、それぞれがごくわずかに異なる二つの振動数のスペクトル線に対応しているのである。

　ボーアはふと、もしも電子の軌道が円形だけでなく楕円形も取ることができれば、スペクトル線の分離が生じてもおかしくないと気づいた。分離が生じるのは、電子がものすごい速さで動いているために、アインシュタインの相対論に基づく効果が影響を及ぼすようになるからだというのである。ニュートン力学では、エネルギーが同じで楕円率だけが異なる一連の軌道からなる軌道群は無数に存在し、どの軌道群にも楕円率がゼロの円形軌道が一つある。だが相対論が効いてくると、これらの軌道のエネルギーは楕円率によってわずかながら異なったものになる。

そこでボーアは、もしも原子が円軌道と対をなす楕円軌道を取ることができれば、電子がどちらの軌道に飛び移り、どちらの軌道から飛び出すかによって、原子にはわずかに異なる二つの遷移エネルギーがあることになると考えた。このためにスペクトル線は二つに分離するのだろう。だがここまできて、マンチェスターで孤立無援の状態にあったボーアは行き詰まってしまった。なぜ楕円軌道は一つしかないのか？　何が楕円率を決めるのか？　新たな規則が必要なのだが、ボーアにはそれが何かはわからなかった。

　物理学の偉大な理論家の一人に数えられる人物としては、ボーアは著しく数学の高等領域の才能に欠けていた。彼の論文は数式に関しては殺風景そのものだった。むしろ彼は、大まかな考え方や仮定を述べ、そこからできるだけ簡単に定量的結論を引き出そうとした。ボーアはその経歴の大半を通して、数学の才能に恵まれた一連の助手たちの力添えを得てはじめて、自分の注目に値する物理学上の洞察《どうさつ》を定量的な議論に変えることができたのである。こうした研究のやり方は、ボーアが徐々に獲得していく、いささか謎めいた威信の一因になった。たとえ、どうすれば答えに到達するかを完全に理解できていなくても、ボーアなら問題の答えがどこにあるのかを突き止めることができるように見えたのである。何年ものちにハイゼンベルクはある会話について書いているが、その中で「ボーアは私にはっきりと……複雑な原子モデルを古典力学によって導いたのではないと断言した。むしろ、経験的事実を土台に、イメージとして直観的に得たものであることを認めた」と述べている(6)。

　楕円軌道という着想を完璧には解き明かすことができなかったボーアは、その考え方の大まかな概要を発表した。この論文はミュンヘンにも伝わり、鍛え抜かれた機略縦横のアーノルト・ゾンマーフェルトの精神に供せられることになる。ドイツの最良の伝統の中で教育を受け、数学の専門知識と、その力学、電磁理論等々への応用を自在にこなす素養を身につけたゾンマーフェルトは、次の一手を打つのにぴったりの人物だった。

ゾンマーフェルトはボーアの考え方を原子の軌道力学の高度な解析と組み合わせ、いとも簡単に、なぜ電子軌道の楕円率が一定の値に制限されなければならないのかを説明するもっともらしい理由を考え出した。楕円率も、軌道の大きさそのものがそうなっているように、「量子化されている」というのである。

スペクトルにまつわる別の謎からも同様の推論が得られた。原子を電場ないしは磁場の中におくと、原子のスペクトル線は分かれて二重線、三重線、あるいはさらに複雑な組み合わせになる。この現象は発見者の名にちなんで、それぞれシュタルク効果およびゼーマン効果と呼ばれていた。ゾンマーフェルトらはここにきて、こうした現象が起きるのは、電子の軌道が外部から加えられた場に対して多少傾いているからにちがいなく、角度によって軌道のエネルギーがわずかに変化するのだろうと提案した。ここでも、いままでのようにどんな角度でもいいというわけではない。傾きもやはり、許された一連の配置に量子化されているのである。

このようないっそう複雑な系では、特定の電子軌道を指定するには、いわゆる量子数が三つ必要になる。一つは軌道の大きさを示す量子数、二つ目は軌道の楕円率を、三つ目は軌道の傾きを示す量子数である。これらさまざまな軌道間での電子のジャンプによって、スペクトルの微妙な違いの多くを説明することができた。

ボーアは自分の原子モデルの可能性がこれほど広範囲に、しかもこれほど急速に広がるのを目の当たりにして胸を躍らせた。彼はゾンマーフェルトに宛てて、「これまで多数の論文を読みましたが、あなたの見事な論文ほど楽しく読めたものは一つもなかったと思います」と書いた。(7) ゾンマーフェルトによる論証はきわめて大きな影響力をもち、多くの物理学者がボーア‐ゾンマーフェルトの原子を話題にするようになった。

前期量子論と呼ばれるようになる考え方が輝かしい勝利を収めた時代だった。前期量子論が怪しげな営みであったことは疑いない。軌道の力学は完全に古典力学に範を取っていた——電子はニュートン力学の規則（特別な場合はアインシュタインによる修正が加わったとはいえ）に従い、電子と原子核との間に働く距離の逆二乗則に支配されている。だが、ここに量子の制約が顔を出す。取ることが可能な軌道は多種多様で無限に存在するのに、実際には一定の大きさと形状と傾きをもつ軌道しか許されない。こうした量子条件はたしかに形式的には一貫性があるけれど、ほんとうのところは恣意《しい》的で、一方的に課せられたものだった。

考え方のうえでは、この新旧ない交《ま》ぜの未熟な作品はほとんど意味をなしていなかった。どういう理由で量子条件が生じるのか？　ラザフォードが問題にしたように、電子はいつ、どの軌道に飛び移るかを決断するのだろう？　こうした電子のジャンプは、実際には何か未知の仕組みが引き金となって生じるのだろうか？　それとも、アインシュタインが不安を覚えたように、ほんとうに自発的で、まったく予測することができないのだろうか？

こうした不可解で前例のない疑問に対して、だれ一人として、答えにうすうすと感づくことすらなかった。だが、さしあたってはそんなことは打っちゃっておけばいい！　ボーア-ゾンマーフェルトの原子モデルは、これまで歯が立たなかったありとあらゆるスペクトルの謎を鮮やかに説明したではないか。彼らの原子は課せられた務めを不思議なほど巧みに、しかも不相応なほど見事に果たしたのだ。

ボーア-ゾンマーフェルトの原子の台頭は量子論の成熟を示していただけでなく、理論物理学の中心地がイギリスからヨーロッパ大陸、とりわけてもドイツに移ったという歴史的に重要な事実を意味するものでもあった。原子核という概念は大英帝国が生んだ非常に素晴らしい成果であり、ニュージーランド生まれのラザフォードがカナダとイギリスでの研究を経て考えついたものだった。ボーアの最初の原子モデルもイギリスに起源があると言っていい。というのは、このモデルは主として、ボーアがラザフォードとダーウィンに接したことからもたらされたものだったからである。しかし戦時中、ボーアがマンチェスターに留《とど》まっている間に、彼の着想はドイツに根を下ろし、原子を扱う前期量子論はこの地で結実した。

　ニールス・ボーアは残りの生涯を通して、終始変わることなくラザフォードに誠意を尽くした。ボーアが初めてラザフォードに会ったのは父を亡くした直後で、ボーアはラザフォードのことを「もう一人の父と言ってもいい存在」だと述べていた[8]。ボーアは何年にもわたって原子に関する自分の研究の進捗《しんちょく》状況をラザフォードに知らせつづけ、一九一八年の初頭には、「いま、私自身はこの理論の将来に関してこのうえなく楽観的になっています」と伝えている[9]。ラザフォードはかねてから励ますように応対していたが、根は実務家肌の実験屋だった。彼はケンブリッジの同僚たちに、量子論の理論家連中は「彼らの記号や符号を弄《もてあそ》んでいるが、キャヴェンディシュ研究所のわれわれは、自然についての本物で確固たる事実を生み出している」と語っていた[10]。ラザフォードが例の朗読するような調子で好んで口にしたのは、有能な物理学者たるもの、酒場のホステスに自分の研究を説明できて当たり前なのであって、そうでなければどんな価値があるというのだ、だった。ボーアには、自分のやっている物理学を同僚の物理学者に説明するのも並大抵の苦労ではなかった。それでも、もしかするとボーアは、自分の考えがラザフォードに通じる間は、自分は確かな根拠に立脚していると感じることができたのかもしれない。

一九一六年、自身の研究所を設立する計画が正式に承認されると、ボーアは（マンチェスターにこのまま残るか、それともカリフォルニアのバークリーに移らないかという申し出を断わって）愛してやまないコペンハーゲンに戻った。彼はこの地で研究所を創設し、量子論を確立することになる。だがそれには時間がかかり、ボーアが研究のみならず煩瑣《はんさ》な事務手続きと格闘している間に、先頭に踊り出たのはミュンヘン大学のゾンマーフェルトと彼に率いられた学生たちだった。

この間、イギリスでは理論の輝きが失われていった。イギリスの数理物理学の伝統は大英帝国そのものと同じように、重荷に耐え切れず力尽きてしまったということだったのかもしれない。前世代の巨人たちはすでに世を去っていた。一九世紀のイギリスが電磁気学、光学、音響学、流体力学などで成しとげた目覚ましい成果は、そう簡単にまねできるものではなかった。ヴィクトリア朝時代の気風《エートス》の名残のようなものが影響力を保っており、単純なまでに実用と誠実を重んじる精神、「健全な身体にこそ健全な心が宿る」とする精神が生き残っていた。正統的な手法に則《のっと》った理論は、良識からひどくかけ離れているはずがないのである。量子論という新たに登場した考え方は、当世風の芸術や音楽と同じように、危ういほど前衛《アヴァンギャルド》的で、これまで大きな成功を収めてきた平明な言葉遣いの諸理論とはつながりがないように見えた。実験物理学、なかでも原子核物理学は、一九一九年にキャヴェンディシュ研究所の仕事をJ・J・トムソンから引き継いだラザフォードの強力な指導のもとで花を咲かせた。だが、理論——深遠な理論や最新の理論——は澱《よど》んでしまった。

この間のドイツは、何も手をつけていない白紙状態ではけっしてなかった。理論と実験のいずれにおいても、ドイツの物理学者たちは確固たる名声を打ち立てていた。さらに、ドイツ語圏では理論の「真の意味」をめぐる過酷な戦いがあった。大半のイギリス人科学者が滑稽《こっけい》に感じたと公言した議論であり、病的なまでに哲学的なドイツ人ならのめり込みそうでも、英国人《アングロサクソン》にはまどろっこしい類《たぐい》のものだった。原子の実在を固く信じていたルートウィッヒ・ボルツマンはかつて、同僚のオーストリア人物理学者で哲学者だったエルンスト・マッハと衝突したことがある。マッハは実証主義を称える華やかな応援団《チアリーダー》の筆頭格だった。マッハにとって、理論は物理的世界の構造についての深遠な意味などいっさい宿していなかった。理論は感知可能な現象を結びつける一連の数学的関係にすぎない。したがって、原子はよく言って便利に使える空想上の産物、悪く言えば立証不可能な仮説なのである。

この戦いでは原子論者が勝利を収めた。懸命《けんめい》に努力したおかげで、ボルツマンが純粋数学の研究者のなかに支持者と味方を得たのは、彼ら数学者が、物理学が数学の領分に属すと思われる原理や定理をきわめて賢く巧みに利用しているのを知って興味をそそられたからだった。ドイツの理論家たちは、二〇世紀の初頭には数学に関しては大胆になっていたが、これは、イギリスの同業者たちが数学ではほとんど冒険をしなかったという意味においてのことである。

このあと第一次世界大戦があった。すべての争いに終止符を打つはずの戦争だった。開戦当初はドイツ人にとって非常に満足のいく展開になり、彼らはドイツ文化が精神、物質のいずれの面においても、疲弊《ひへい》しきったアングロサクソンの慣習を覆いつくす寸前にあると考えた。だが、そんな期待が突如として萎《しぼ》んでしまったのは、一九一八年にドイツの人々が何かおかしいとほとんど気づく間もなく政府が瓦解《がかい》し、ドイツが降伏したからだった。

先の見通しが明るそうだった一九一四年一〇月、マックス・プランクは「世界の文化人へのアピール」に名を連ねたドイツの著名知識人九三人の一人に入っていた。この嘆かわしい声明文は国中の新聞に掲載されたが、そこに謳《うた》われていたのはドイツ民族の大義の美徳、ドイツ文化の多くの優位点、ドイツ国民が弱小国の文化的達成に対して抱いている心のこもった敬意だった。この声明文が出されたきっかけは、ドイツ軍がベルギーのルーフェンにあった歴史的図書館を破壊したことだった。プランクをはじめとする知識人は声明文のなかで、文化的で教養のあるドイツ人にそんな非道ができるはずがないと主張し、ベルギーの町や村が破壊されたという報告を否定したうえに、なんと、ドイツ人は不本意にも嵌《は》められて、いまヨーロッパ全土に広がっている大量殺戮《さつりく》の餌食《えじき》になった犠牲者にほかならないと断言したのである。

四年後に国土が荒廃し、人々が飢えに苦しみ、無政府状態の都市で燃え上がった社会主義革命が過去への反発を引き起こすと、この文書は恥ずべきものであるばかりか痛ましいものにもなった。プランクはのちに、署名したときは文言をきちんと読まなかったと言い、それでも署名に応じたのは、すでに署名した人たちに著名人が名を連ねていたからだったと主張した。それでも、プランクが戦時中にドイツの唯一性とその目標への無分別な信奉を自制するようになったことは確かで、彼はヨーロッパの他国の科学者たちからの手紙に応えるなかで、ドイツ兵がかならずしも声明文が謳っている高尚な規範に従って行動したわけではないことを認めていた。

それでも、声明文の背後にあった精神は抑制された形で生き残った。ドイツは物理的には破壊されたかもしれないが、知としてのドイツは生き残るはずなのだ。終戦時の国は経済的にも政治的にも精神的にも廃墟と化していた。一九一六年から一七年にかけての「蕪《かぶ》でしのいだ冬」の期間には餓死者や凍死者が出たし、食糧不足は戦後まで尾を引いた。政治体制はばらばらに崩壊した。極右の君主主義者から真正の共産主義者にいたるまでのさまざまな党派が互いに争い、集団での暴行や暗殺に明け暮れた。他の国々は何の同情も示さなかった。ドイツの荒廃は自業自得というものなのだ。重い義務を押しつけたヴェルサイユ条約は、ただでさえ疲弊していたこの国に巨額の賠償金を科《か》した。ドイツは世界の除け者にされ、誕生したばかりの国際連盟からも締め出された。科学の世界でもドイツ人は村八分で、国際会議への入場は認められず、専門誌への発表も拒否される場合が多かった。

深刻な混乱のまっただなかにあっても、プランクたちは科学が未来への導き手《ビーコン》になりうると信じていた。プランクは一九一九年暮れの『日刊ベルリン』紙に自らの確信を披露し、「ドイツの科学がかつてのように継続していくかぎり、ドイツが文明国の地位から追いやられることなど考えられない」と述べた(11)。プランクも多数のドイツ人と同じで、最初は本心から戦争を支持したものの、終わりには戦争は大きな過ちで、狂信的な軍国主義者たちが民衆に無理やり押しつけた破滅的な災厄だったと考えた。戦争は完全に終わったのだから、ドイツの威信と栄誉と伝統は科学のなかに生き延びることができるだろう、とプランクは思った。外部の世界によって孤立を余儀なくされたために、ドイツの科学者たちは専門家としての職を守り、そうすることで部分的なりとも国の栄誉を保とうと、いっそう固く決意した。

この一九一九年には、ドイツの卓越した理論家、アルバート・アインシュタインが一躍世界的な名声を得ることになる。太陽の重力による光の湾曲がイギリスの天文学者、アーサー・エディントンによって観測されたことで、彼の一般相対論がきわめて華々しい形で確証されたのである。だが、アインシュタインを文句なしにドイツ人と言えるかは微妙な問題だった。南ドイツに生まれ、一時期ミュンヘンで教育を受けた若きアルバートは、学校教育が観念的で融通《ゆうずう》がきかず、軍隊を思わせるような性格をもっていることに強い嫌悪を感じ、一五歳のときにイタリアのミラノへ逃げ出した。ここでは先に赴《おもむ》いた父が電機事業を営んでいた。このあとアインシュタインはチューリヒの連邦工科大学に入学し、うまく立ち回ってスイスの市民権を手に入れると、ドイツのパスポートを捨ててしまった。それでも終戦時にはその名声ゆえに、ドイツの科学の中心地でベルリン大学教授の地位を得ていた。ドイツはしばらくの間、誇らしげにアインシュタインはドイツのものだと主張できたのだ。

科学ばかりでなく政治でもアインシュタインはわが道を行き、国籍とか集団への篤《あつ》い忠誠とかいった、考えるのもばかばかしい問題を超越していた。ドイツの軍国主義を嫌悪したが、戦後のドイツの科学的な孤立を是認《ぜにん》していたわけではない。彼は、孤立は敵意と反感を長引かせるだけだと考えていたが、これはほぼ当たっていた。度を越して愛国的なドイツの科学者たちにはけっして親しみを抱かなかった――シュタルク効果を発見したヨハネス・シュタルクはやがて、「ユダヤ科学」である相対論を公然と批判するうえで主導的な役割を演じることになり、のちには量子論も槍玉にあげる――とはいえ、彼が数多くの国際会議への出席を取りやめたのは、個々の政治的信条、戦争への態度、お互いの信義を回復するための努力にかかわりなく、すべてのドイツ人が資格を剝奪《はくだつ》されているという理由からだった。

アインシュタインの世界的な名声が大きくなると、それに押されるようにして、相対論の生みの親である彼自身のみならず、その政治的見解も一般の人々の世界に入り込むことになった。その結果、アインシュタインの相対論以外の科学上の業績は影が薄くなってしまうこともあった。量子論の登場のなかでアインシュタインが果たした決定的な役割は、プランクによる不可解な少量ずつのエネルギーの割り当てを、物理的に意味のある電磁放射の構成単位の集まりに変えたことである。あの奇跡の年となった一九〇五年、アインシュタインの伝説的な四篇の論文のうちの二篇で特殊相対論は確立された（二篇目の短い論文に世界でもっとも有名な科学の式、$E=mc^2$ が含まれている）。もう一篇は、すでに見たようにブラウン運動を扱ったものである。四番目の論文は、彼が「光量子」と呼ぶことにしたものを問題にしていた。アインシュタインは、エネルギーの小さな塊についてのプランクの主張を額面どおりに受け取るべきだと述べていた。エネルギーの塊をあたかも別個の小さな物体そのものであるかのように扱い、ボルツマンらが編み出した標準的な統計的手法を用いれば、すでに確立されている電磁放射の特性の多くがただちに出てくる、というのである。これで納得してもらえないとしても、彼にはもう一つ別の論法があった。光はエネルギーの小さな塊から構成されていると仮定すれば、光がある種の金属に当たると微小電圧が生じる光電効果について、謎に包まれていた詳細を容易に説明することができるのである。

しかし、光量子の存在を信じれば、マクスウェルの電磁場の古典的な波動理論があいかわらず大きな成功を収めているという事実に刃向かうことになる。それればかりか、光量子を本気で受け止めれば、どうしたって不連続性と予測不能性という対になった問題を物理学に持ち込むことになる。古典的な波動の振舞いはどんな場合にも滑らかで漸進《ぜんしん》的であり、切れ目など存在しない。光量子は、仮にそんなものが存在するとすればだが、必然的に、明らかな理由や原因がなくとも突然やって来ては去っていくということになるのである。ここには、アインシュタインが残りの人生を通して苦しむことになる問題の根源がある。アインシュタインは他のだれよりも早く光量子の実在を信じたが、他のだれにもまして激しく、光量子が物理学に自発性と確率を持ち込むのは免れようがないという結果に抵抗した。

光量子の実在を強硬に主張するアインシュタインは、人通りのない孤独な道を何年も歩いていったようなものである。この間、物理学者たちは電磁放射、放射能、原子の構造、さらには根本をなす物理学の構造全般にも頭を悩ませていた。プランクは一九一〇年に、理論家たちは「前代未聞の大胆さで研究を進めている。いまでは、疑いなく確かだと見なせる物理法則は一つもなく、どの物理的真理にも疑問の余地がある。あたかも、物理学では混沌《カオス》の時代がまた近づいてきているかのようだ」と悲しげに報じている。[12]

一九一六年にはロバート・A・ミリカンがシカゴ大学で注意深く光電効果を計測し、「アインシュタインの光電気の式が……すべてのケースで、明らかに観察結果を正確に予測していた[13]」ことを示した。だがミリカンは頑《かたく》なにも、「この半粒子説は、アインシュタインが彼の式に到達した元になったとはいえ、現時点ではまったく支持することができないように思われる」と結んでいた。証拠があったのにもかかわらず、他の物理学者たちの多くはアインシュタインよりもミリカンと同じ考えだった。

混乱に輪をかけるように、ボーア‐ゾンマーフェルトの原子モデルが何の制約もなしにうまくいっていたのは、わずか数年にすぎなかった。このモデルは多くの重要な問題を申し分のないほどうまく解決したから、捨てるわけにはいきそうもなかった。だが一九二〇年代に入ると、このモデルは水素という簡単な例を越えてはるかに広範に使え、完璧性に欠けるだけなのだという確信に翳《かげ》りが見えてくる。おそらく今は単に移行期にすぎないのだろうと考えはじめる物理学者もいた。たぶん、遷移や電子ジャンプ、量子や自発性といった悩ましい用語はやがて消えていき、物理学は再び、かつて慣れ親しんだ確実性を扱えるようになるだろう、というのである。

終戦前後の時期、ゾンマーフェルトは興味を引かれる二人の学生を新たに迎え入れた。一九一八年にはウォルフガング・パウリがウィーンからやってきた。二年後には地元育ちのウェルナー・ハイゼンベルクが姿を現わす。過去のしがらみのない二人の若者は、すぐにその力量を知らしめることになる。

第六章　知らないほうがうまくやれるという保証はない

マックス・プランクが熱い思いで科学の育成にこだわったのは、ドイツにとって科学が没落という屈辱を克服する手立てになると見ていたためだとしても、ウォルフガング・パウリやウェルナー・ハイゼンベルクといった青年たちは、科学の研究に、暗い戦後期の苦難にみちた暮らしからの個人的な逃げ場を見出していた。どちらも恵まれた家庭の子どもで、父は大学教授だった。二人がミュンヘン大学に入学したのは、この街が飢えを耐え忍んだあげくの果てに激しい社会的混乱に陥っていた時期で、暗殺によって区切りがつけられる革命と弾圧が繰り返されていた。後年の回想やインタビューのなかで、彼らがこうしたうんざりする状況を詳しく語ることはなかった。二人の青年にとって、人生とはすなわち科学だった。科学の壮大さと科学がいまだ成就していないことに夢中になったのだ。科学があったから、彼らは目標と自由を手にすることができたのである。

　育った環境がパウリの後年の仕事にとりわけ大きな影響を及ぼしている。ウィーン大学の医化学の教授だった父は、エルンスト・マッハとは大学の同僚で、この年配の実証主義者を信奉しているような節があった。一九〇〇年にパウリの父はマッハに、生まれたばかりの息子の代父《ゴッドファーザー》になってほしいと頼んだ。パウリの一家はこのときにはカトリック教徒になっていた。一家がユダヤ教から改宗したのは、ウィーン社会を席巻していた反ユダヤ主義の波から身を守ろうとしてのことである。オーストリアのユダヤ人の一〇パーセントもがこの時期に改宗していた。

マッハについて、年下のパウリはずっと後の手紙のなかで、「洗礼を施してくれたカトリックの司祭よりもはるかに強烈な個性の持主でした。そのせいでしょうか、私はカトリック教徒としてではなく、『反形而上《けいじじょう》学』の徒として洗礼を受けてしまったようです」と述べている(1)。マッハが自身のことを反形而上学的だと評したのは、理論は単に経験的事実を説明するに留《とど》まらず、自然の深遠な秘密を明らかにすることができると仄《ほの》めかすものは何であれ、すべて形而上学だとして槍玉にあげたからである。パウリは代父の反原子論の信奉にはちょっと付いていけなかったけれど、マッハの反形而上学的厳格さは、一種の普遍的な懐疑主義へと形を変えてパウリに受け継がれていた。現実や実証可能なものからあまりにも逸脱して理論を構築することへの用心深さと言ってもいい。けれども量子論の初期にあっては、これを長所と見るには疑問の余地がある。ハイゼンベルクは後年、パウリは実験データに厳密に従うと同時に数学の厳格さも守りたいと思っていたが、不確実で絶えず展開していく世界では、それは無理な注文というものだったと述べている(2)。パウリが実際に発表した論文は少ないが、発表すればよかったものははるかに多くあったとハイゼンベルクは言い、そうなってしまったのは、パウリの基準が厳しすぎて、基準に合致する着想があまりにも少なかったためだと指摘している(3)。それでも、パウリは鋭い批評家かつ的確な助言者であり、後に呼ばれるように「物理学の良心」だった。

ウィーンのギムナジウムでは、パウリの物理学と数学の素晴らしい才能は当初から光り輝いていた。父に促されて、数人の大学の物理学教授から個人的に先端をいく教育を受けていた彼は、すでに卒業時には、新たに登場したテーマである一般相対論を扱った文句なしの論文を書いて周囲をうならせていた。だが、進学するとなると、ウィーン大学には魅力を感じなかった。ルートウィッヒ・ボルツマンは一九〇六年に自ら命を絶っていた。長年にわたる鬱《うつ》病と心気症に加えて、自分では神経衰弱と言っていた状態が重なったせいだが、症状を悪化させたのは、マッハらの反原子論者が絶えず浴びせつづけた敵意だった。ウィーン大学の物理学科は、体裁だけはかつてのままの活気のない存在でしかなかった。パウリにはウィーンの街に感傷的な愛着などまったくなかった。行政は混乱し、社会は分裂していた。ミュンヘンも状況は似たり寄ったりだったが、少なくともこの街には、ゾンマーフェルトに率いられた、活気と冒険心に溢《あふ》れる理論物理学科があった。一九一八年、まだ戦争が完全に終結していない時期にウォルフガング・パウリはミュンヘンに行き、学部生としてミュンヘン大学に入学した。心臓が弱いとの診断を受けていたために、戦争の最後の年の徴兵を免れていたのである。

パウリがやってきたのは、まさにドイツが崩壊を迎えた時期だった。ミュンヘンでは一一月八日に社会主義の指導者クルト・アイスナーがバイエルン労働者政府の樹立を宣言し、バイエルン国王ルートウィヒ三世を追放する。翌日には、ワイマールで会合をもった穏健な民主主義派が共和制ドイツの樹立を発表、ベルリンにいたドイツ皇帝ウィルヘルム二世が退位した二日後の一一月一一日に第一次大戦は休戦を迎える。だれも事態を掌握できそうになかった。右派は君主制の復活を望んでおり、左派は完全な共産制ドイツを望んでいた。一九一九年二月には反動勢力によってアイスナーが暗殺される。四月に再びバイエルン人民共和国（レーテ共和国）の宣言がなされ、復讐心に燃える社会主義者と共産主義者が旧体制を一掃しようとしたために、ごく短期間赤色テロの時期が到来する。短期間だったのは、二週間後に軍国主義者たちが戻ってきて社会主義者たちを鎮圧したためであり、彼らは諸悪の根源である共産主義者を根絶やしにすべく、赤色テロにもまして苛烈《かれつ》な白色テロに乗り出した。

当時ミュンヘンの学校に通っていたハイゼンベルクは、次のように振り返っている。「ミュンヘンは完全な混乱状態に陥っていた。通りでは人々が銃を撃ち合っているものの、だれが相手なのかははっきりわかっている者は一人もいなかった。政治権力はほとんどの人が名前さえ知らない連中と何と呼んでいいのかわからない政治体制の間を揺れ動いていた」[4]。

一九一九年八月にワイマール憲法の公布があった。民主主義を目指した一種の妥協的試みだったが、歓迎した者はほとんどいなかった。マックス・プランクなどの中道右派は、公民としての確たるものがあったかつてのドイツに強い憧れを抱いており、民主主義とは無秩序な大衆を利する約束事を見てくれよく表現した言葉だと見なしていた。社会主義を強烈に待ち望んでいた左派は、民主主義を哀れなほどの沈滞だと言ってこき下ろした。翌年実施された選挙では、極右、極左両陣営が上々の結果だったのに対して、ほとんど支持を得られなかった中道勢力は惨めな結果に終わった。

それでも、はかなく一時的なものだったとはいえ、平穏な気持ちが少しずつ戻ってきた。ワイマール共和国がほんとうに安定することは一度もなかったが、ドイツ人は徐々に、明日にも国が崩壊してしまうようなことはないという自信をもつようになった。ミュンヘンでは、科学者の卵のパウリとハイゼンベルクが周囲の混沌とした状況には極力目を向けまいとしていたものの、しだいに少しはほっとした気分になれるのを実感していた。

百科事典の相対性理論の項目の執筆を要請されたゾンマーフェルトは、すでにこのテーマについて論文を書いていた早熟の新入生――「まぎれもなく驚くべきしろもの」[5]――に仕事を回した。こうして、大学生にすぎなかったウォルフガング・パウリは、実質的には相対論を解説した小冊と言えるものを書き上げた。順序だてて説明した数学と物理学の優雅さと明快さは、アインシュタインその人をも驚かせたほどだった。

だが、一般相対論は自分が取り組むべきテーマではない、とパウリはすぐに結論を出した。知的な魅力はあっても、すでに完成した理論だったし、実際面での重要性は何もなかった（数十年を経てようやく、一般相対論の考え方は天体物理学と宇宙論の常識になる）。それよりも、ミュンヘン大学でゾンマーフェルトの指導下にあったパウリが、一連の不可解な結果、未解決の問題、不完全な理論を抱えた量子論を取り上げそこなうことなどまずありえなかった。彼が取り組んだのはイオン化した水素分子、つまり二個の原子核が一個の電子を共有している状態である。このとてつもなく難しい問題は注意を向けるに値するように思えたのだ。彼は手の込んだ独創的なモデルを考え出し、この二重系の中で一個の電子がどのような軌道運動をするのかを突き止め、量子則が複数の軌道にどのように適応されるかを理解しようとした。だが、パウリはほとんど前に進めなかった。

それでもパウリは夢中だった。パウリがゾンマーフェルトの目論見《もくろみ》に対する一種の軽蔑を公言するようになるのは、ゾンマーフェルトが量子則と解釈することが可能なパターンを見出すために、分光学のデータを次から次へと渡り歩いていたからである。ゾンマーフェルトは水素とヘリウムを超えて周期表の他の族に属す元素を調べ、こうした複雑な例においてすら規則性を得ようとしていた。彼は見出した結果を『原子構造とスペクトル線』と題する分厚い単行本にまとめ（同書は必読書として、ゾンマーフェルトの聖典と呼ばれるようになる）、そのなかで意識的に、自身の奮闘を惑星軌道に数学的・幾何学的秩序を見つけようとしたケプラーの探究と、数の調和に対する古代のピュタゴラス派の信念にたとえていた。「いまわれわれがスペクトルという言語の中に聴いているものは」とゾンマーフェルトは述べ、珍しく華麗な散文が迸《ほとばし》り出るのにまかせて、「天球の原子が奏《かな》でる誠の音楽、見事に調和した音の組み合わせであり、多様性のうちに秩序と調和が姿を現わしているのである」と謳《うた》いあげていた。(6)

ゾンマーフェルトは数の規則性を見つけることが、より深遠な理論のための基礎を据える手段になると理解していた。惑星の軌道を厳密に調べて導かれたケプラーの法則の真の意義が、ニュートンの重力の逆二乗則が惑星系の営みの基礎を与えたときにようやく認められたのと同じことなのである。だが、とことん解析を推し進めるパウリから見れば、ゾンマーフェルトの戦略は理論に対する保守主義と現代の神秘主義の奇怪な組み合わせだった。適切な原理をもとに、筋の通る理論を作り上げることを心がけなければだめだ、とパウリは思った。とはいえ、イオン化した水素分子を相手に、そうした理論を見つけようとしたパウリの試みがはるか先に導いてくれたわけではない。先へ進む道はだれにもはっきりわからなかった。

パウリはミュンヘン時代に、深夜までバーやカフェに入りびたるのが終生の習い性になってしまい、そのため、ゾンマーフェルトの朝の講義をすっぽかしてしまうのが常だった。ゾンマーフェルトは身の程を弁《わきま》えた振舞いに関して確固たる考えをもっており、もっとまともな時間に起きて頭が冴《さ》えているうちに研究をするようパウリに強く求めた。パウリは従おうと努力してみたものの習慣は身につかず、起きたい時間に起きる状態に逆戻りしてしまった。ずんぐりした若者だったパウリには、椅子に座って考えを巡らせているときに絶えず身体を前後に揺する癖があった。最終的にゾンマーフェルトは、この一風変わっているものの優れた才能をもつ学生を感化して、自分がまっとうな振舞いと見なしている類《たぐい》のものを身につけさせるのは無理だと判断し、パウリの夜更かしと奇行を容認した。パウリは影ではゾンマーフェルトのことをハンガリーの軽騎兵隊長と呼んでいたが、(7)ゾンマーフェルトを前にしたときには生涯変わることなく、ほかにはだれ一人、あのアインシュタインにさえ呈《てい》したことのないほどの敬意と畏服《いふく》の念を示した。

ゾンマーフェルトは根っからのプロイセン人で、外見もプロイセン人そのものだった。短躯《たんく》ながらがっしりと引き締まり、服装もきちんとしていた彼は、チックで固めた見事な口ひげを蓄え、物腰は軍人のそれだった。四〇を優に超えていたのに、予備役の陸軍軍人として熱心に訓練に参加した。スポーツマンでもあり、スキーの腕前は抜群だった。若いころは、当時の学生社会で日常茶飯事だった酒を飲んだあげくの抗争に血を滾《たぎ》らせて加わったものである。

だが、保守的に見えるのは外見だけだった。古典物理学に精通していたが、だからといって新しい考え方に目を閉ざすことはなかった。ゾンマーフェルトは、根拠が薄弱なくせに不思議なほど多くの結果をもたらしてくれるボーアの原子モデルを意欲的に取り上げ、自身の広範で詳細な知識を用いて、単純なボーアの原子を洗練された理論的作品に変えた。

人柄も見かけとはちがってプロイセン的ではなかった。学生にとっては親しみのもてる仲間のような存在だった。ゾンマーフェルトは正規の授業に加えて週に一度、最新の研究テーマを扱った二時間に及ぶ真剣な討論の場を主宰した。「いわば、最新の展開について意見を交換する市場のようなものだった」というのが、だれでも自由に発言できたこの討論会を表現したハイゼンベルクの言葉である(8)。このようにして、ゾンマーフェルトの学生たちは絶えず変わっていく原子の量子論をじかに学ぶとともに、その欠陥を直接指摘するようになっていった。ゾンマーフェルトは学生たちを、定期的に改訂して最新のものにしていた『原子構造とスペクトル線』の原稿書きに引っぱり込んだ。ミュンヘン大学の理論物理学の学派からは、パウリとハイゼンベルクだけでなく、初期の量子論に寄与することになる人材が驚くほど多数輩出するのである。

一九二〇年のあるとき、ゾンマーフェルトはつい最近考えついた第四の量子数のことを毎週の研究討論会で発表したらしい。その時点までのボーア－ゾンマーフェルトの原子モデルでは、電子は三つの量子数で記述され、その三つはいずれも、軌道の大きさ、軌道の楕円率、軌道の傾きに基づく明快な幾何学的意味をもっていた。だが、今回は、そうした明白な描像から決定的に踏み出していた。四番目の量子数は、複数の電子をもついくつかの原子で見られる、いわゆる異常ゼーマン効果を詳しく調べて導かれたものだった（異常ゼーマン効果は、磁場中で原子のスペクトル線が分裂する本来のゼーマン効果の複雑版と言える）。例によって、分光学から得られたデータ中に一種の数の規則性があることに気づいたゾンマーフェルトは、そのパターンを説明できそうな新たな量子数を考案した。しかし、この第四の量子数には理論的な根拠が何もなかった。電子軌道の幾何学や力学によって容易に理解できる解釈を何一つ伴なっていなかったのである。正当性を得ようと懸命《けんめい》になったゾンマーフェルトは、これらの原子では外側にある一個の電子が、問題となっているすべての遷移に関与しており、原子核と内側にある残りの電子はいっしょになって安定した中心核《コア》を形成しているという考えを提示した。こうすれば、全体としては水素原子の一種の修正版のようになり、ゾンマーフェルトは、四番目の量子数は外側にある一個の電子が中心核に対して行なっている相対的な運動、すなわち彼が漠然《ばくぜん》と「隠れた自転」と呼んだものに関係しているのではないかと述べた。

パウリにとって、これは理論ではなく、おとぎ話だった。電子軌道の基準となる特性を選び出し、それを量子数に変換するのは重要なことである。だが、何の根拠もなしに量子数をでっち上げ、あげくの果てに、いささか怪しげなその場しのぎの解釈で飾りたてるのはまったく別の問題である。ゾンマーフェルトの手になる新たな発明品は、量子としての原子には旧来のスタイルの力学の枠組みでは理解できない特性があるということを暗示しているのだろうか？　それとも、量子論が道を踏み外しつつあるということにほかならないのだろうか？

パウリがハイゼンベルクに「研究をやるには、古典物理学の壮大なまとまりにあまり馴染《なじ》みのないほうがはるかに楽さ」と辛辣《しんらつ》な言葉を吐いたのは、このころだったのかもしれない。「その点、きみは決定的に有利だね」と彼はいたずらっぽくにやりと笑いながら仲間の学生に語りかけ、「でも、知らずにいるほうがうまくやれるという保証はないよ」とつづけた。[9]

パウリは成熟した完全に一人前の物理学者としてミュンヘン大学にやってきて、深い知識のみならず確固たる考え方も身につけていたが、ハイゼンベルクとなるとパウリとは対照的に、才能はあるものの確たるものがなく、物理学の専門知識にもむらがあった。最初は純粋数学に取り組もうと考えていたが、十代のとき、アインシュタインが科学の専門家ではない一般向けに相対論を解説しようとして書いた小冊に出会った。後年ハイゼンベルクは「そもそもは数学を学びたかったのだが、いつの間にか気持ちが理論物理学のほうに向いてしまった」と思い起こしている。[10]

ウェルナー・ハイゼンベルクは一九〇一年の終わりに、ミュンヘンから北西に二四〇キロほどのところにある大学の街、ヴュルツブルクで生まれた。父は大学で古典文学を教えていた。そのアウグスト・ハイゼンベルクは、道徳的行動と通商の発展を調和させたプロテスタントの国、ドイツ帝国を熱烈に愛していた。一家は当然のように節度ある生活を送っていた。教会へ行くのは務めで欠かしたことがなかったが、父はのちに二人の息子に、特別な宗教的感情を抱いたことは一度もなかったと打ち明けている。晩年、ウェルナー・ハイゼンベルクは不確定性原理の生みの親にふさわしく、どうとでも取れる優雅な話し方で、「私のことをキリスト教徒ではなかったと言う人がいるとすれば、それはまちがいというものだろう。でも、キリスト教徒だったと言うと、言い過ぎになってしまう」と語った。[11]

一九一〇年にアウグスト・ハイゼンベルクはミュンヘン大学のビザンチン文献学教授に就任し、一家はバイエルン王国の首都に移り住んだ。ハイゼンベルク教授は優れた教育者だったが、躾《しつけ》にはうるさいほど厳格だった。激しやすい気性を厳格で格式ばった振舞いで押さえ込んでいたものの、ときとして怒りを爆発させるのは、たいていは家族のだれかに対してだった。彼は運動でも学問でもウェルナーと兄のエルウィンを互いに競わせた。エルウィンのほうが上の場合がほとんどだった。ウェルナーは数学だけはエルウィンに勝てることがわかり、この発見が彼の人生の土台になるのである。兄と弟が心安くなったことは一度もない。エルウィンは化学を学んだのちベルリンへ行き、人智学の狂信的教団にはまり込んでしまう。成人した兄と弟が連絡を取ることはめったになく、取ったにしてもほんの一時のことだった。

終戦間際にギムナジウムを卒業したハイゼンベルクは、地元の市民軍に入隊しなければならなかった。軍といっても十代の若者の寄せ集めで、あてがわれた任務は抗争に引き裂かれた街の治安維持である。警官と泥棒に分かれて捕まえっこをしているみたいで、真剣さなんてまるでなかった、とハイゼンベルクは後年語っている。彼が覚えているのは「一家がもう久しく一切れのパンも口にしていなかった」ときのことで、このときには彼と兄と友人たちでめちゃめちゃになったミュンヘンの街をあわただしく駆け回り、食糧を漁《あさ》ったものだったという(12)。バイエルン労働者政府の時期には戦線をひそかに越えてドイツ共和国の縄張りに潜り込み、パン、バター、ベーコンを抱えて戻ってきた。ハイゼンベルクはこんな冒険が青春時代のごく当たり前の振舞いであったかのように、記憶に残っていることらの出来事を淡々と詳述している。

ウェルナーは引っ込み思案な用心深い子どもだった。だが、戦時中に本来の性格が現われるようになる。地元の市民軍で一人前の大人としての義務を課されたウェルナーは、自分に一種のカリスマ性があることに気づく。好意はもってもらえないとしても敬意を抱かせて、尊敬を集めてしまう資質と言ってもいい。厳格な家庭を離れたウェルナーは、青年たちの開放的な集団組織のなかに入ってみて、ここにほっと一息つける余地があることを知った。彼らは山登りや郊外のハイキングに出かけたり、芸術や科学、音楽、哲学についての青臭い真剣な議論に没頭したりしていた。こうした集団の誕生は二〇年ほど前にさかのぼり、ファートフィンダー団、ワンダーフォーゲル団などの名で呼ばれるさらに大きな組織に属していた。イギリスのベーデン＝パウエルが創始したボーイスカウト運動に範をとったドイツの集団は、その精神においては、行動的で実践を好んだイギリスの集団よりもロマン主義的趣きが概《がい》して強かった。とりわけ第一次大戦後は、こうした集団のなかに、新たな平和社会への深い思いのこもったありとあらゆる種類の願望的思考が見られるようになる。ハイゼンベルクが述べているように、「もっと平和な時代の若者たちは、言ってみれば繭《まゆ》の中にいて家庭や学校に守られていたが、そんな繭も混乱の時代にはざっくり割れてしまい……われわれはそれに代わるものとして、今までもったことのなかった自由という感覚に出会ったのである[13]」。

こうした若者たちの運動は、実際には子どもっぽかったうえに、参加したのも中産階級で、金のあるものだけができた道楽だった。トーマス・マンは『ファウスト博士』のなかで、若い学生たちによる同様の熱意に溢れる素朴な精神的価値の追求を描きながらも、次のように厳しく評している。「一時こうした人生の過ごし方をして、都会に住んで知的な営みに携わっているものが母なる大地に残っている未開の田園地帯にしばらく腰を落ち着けても……どこかわざとらしく、偉ぶっていて生半可なところがあり……滑稽《こっけい》なところが残っている[14]」。

これらの青少年の組織のなかには、一〇年ほどのちに、けたたましいうえに暴力的なヒトラー・ユーゲントへと変貌《へんぼう》する核となったものもある。もっとも、ハイゼンベルクたちの仲間はいつになっても政治には無関心だったし、一人で出かけるぶらり旅（はるばるオーストリアやフィンランドにまで出かけている）はハイゼンベルクの慰めとなり、科学での経歴が見事な花を咲かせたときですら、旅に出る習慣を捨てきれなかった。ハイゼンベルクは生涯ずっと、政治闘争という不快な事態にうまく対処するには、別の方向を見て自然のなかに引きこもっていれば大丈夫だと信じていたかった。

父は一九二〇年にウェルナーのために、ミュンヘン大学の年配の数学教授だったフェルディナント・リンデマンとの面接を手配してくれた。何年も前になるが、リンデマンはゾンマーフェルトの任官に、物理学をかじった応用数学者は実にお粗末な代物だとの理由で反対していた。そのリンデマンは時代遅れのデザインの家具でいっぱいの薄暗い研究室に陣取っていた。机の上に座って若い請願者をにらんで吠えていた黒犬は、リンデマンがハイゼンベルクの関心と知識のほどを探ろうとしたとき、前にもましてやかましく吠えたてるようになった。喧騒《けんそう》のなか、ハイゼンベルクはやっとのことで、相対論関係の本を読んでいますと不安そうに打ち明けた。「だったら、完全に数学から離れてしまったわけだ」とリンデマンは言い、面接を打ち切った。(15)

そこでハイゼンベルクはゾンマーフェルトに会いに行き、批判も入っているとはいえ温かい応対を受けた。ゾンマーフェルトはハイゼンベルクの数学の専門知識と近年の物理学への関心に舌を巻いたが、この志願者が実験や理論の科学的根拠よりも哲学の問題に関心があるらしいことに不安を感じた。どうやらゾンマーフェルトは、そんな問題に関心をもつのは分不相応の思い上がりだと見抜いたらしい。基礎を固めるのが先だ、というのがゾンマーフェルトの助言の要旨だった。深遠な問題に取り組みたいのなら、まずはその分野に精通しなければならないということである。ハイゼンベルクは物理学にはちょっと辟易《へきえき》することになるかもしれないとの考えを抱いた。青年運動でいっしょだった友人たちとは、もっと大きな問題を論じあっていた。すなわち、知識とは何か、いかにして知識を確信できるのか、進歩をもたらすものは何かである。ゾンマーフェルトが学ばせたかったのは、水素原子の微細構造とアルカリ金属の異常ゼーマン効果だった。にもかかわらず、ハイゼンベルクはゾンマーフェルトの門下生となって彼とともに物理学を研究することにした。

ハイゼンベルクが学位論文のために取り上げたのは流体の古典力学の無難な問題だったが、急速に量子論にのめりこんでいったことに比較すれば、こんなテーマはただの付け足しにすぎなかった。ハイゼンベルクはパウリに比べると、物理学を十分に仕込まれているとはとても言い難かったが、まさにそうだったからこそ、パウリよりも柔軟性があり、不可解ながらも見込みのありそうな考えに対しても、可能性よりも難点の方にすぐに目がいってしまうということが少なかった。

パウリはハイゼンベルクに、きみがひとたび正しい数学を手にしたら、もう必要なものはないと言った。問題を提起して、計算で答えを出せるじゃないか、と言うのだ。だが、ハイゼンベルクはそれ以上のもの、もっと本質的な理解、心底からの理解を求めていた。彼らが解明しようとしている量子としての原子について、ハイゼンベルクはパウリに、「頭では理論はわかっているんだけど、心の中ではまだなんだ」と語った[16]。いまのボーア－ゾンマーフェルトの原子モデルは、「理解しがたい呪文と実験面での成功との奇妙なごた混ぜだ」と彼はつづけた。

けれども、物理学に関わっているなら、この呪文こそがもっとも胸を躍らされる部分であることは紛れもなかった。ゾンマーフェルトはつい最近思いついた第四の量子数のことをハイゼンベルクに持ち出し、この新入生に、今の枠組を拡張して異常ゼーマン効果の奇妙な現象をもっと多く包摂《ほうせつ》することができるかどうかを調べるように求めた。工夫の才と機知に富み、専門的な技量と科学的想像力のどちらも際立っていたハイゼンベルクは、先生の要望に見事に応えた――しかも、出てきた結果に二人とも仰天させられた。さらに多くの種類のスペクトル線を説明しようとしてハイゼンベルクが考案した公式がうまくいくのは、ただでさえ謎めいていた第四の量子数に、$\frac{1}{2}$、$\frac{3}{2}$、$\frac{5}{2}$等々の半整数を与えた場合に限られるのである（2をかけて分数を消しても意味がないのは、数列が1、3、5、……となって、偶数が欠落してしまうためだったらしい）。

ゾンマーフェルトはこんなことは考えたくもなかった。半整数の量子は目論見《もくろみ》の核心にふさわしくない。パウリも同じ考えだった。ひとたび二分の一を受け入れてしまえば、四分の一や八分の一にも扉を開けることになり、量子論など何一つ残らなくなってしまうのは時間の問題だ、と彼は言った。

ハイゼンベルクとゾンマーフェルトは突きつけられた奇妙な結果と格闘している間に後れをとってしまい、これもドイツの若手の物理学者だったアルフレート・ランデが本質的には同じ考え方を論文に発表したことを知る。ランデが初めて量子論を学んだのはゲッティンゲン大学の学生時代で、戦前にニールス・ボーアが訪れていた時期である。ハイゼンベルクと同様、ランデも半整数の量子のからくりを正当化する理由を何一つ提示していなかったが、唯一ちがっていたのは、彼の考え方が興味深い謎のいくつかを説明しているように思われたことだった。

先を越されていらいらしていたハイゼンベルクは、再度先頭に立つために、今度は半整数の量子論に挑戦しようとしていた。ゾンマーフェルトは以前から、四番目の量子数は外側の電子が原子の中心核に対して相対的に回転していることと何らかの関係があるのではないかとの考えを述べていた。ハイゼンベルクは深く考えずにさらに先へ進み、この回転はどういうわけか半整数の二つの部分に分かれ、一方は電子の、もう一方は中心核の属性になるのだろうと提案した。外側の電子が遷移を起こすときには、回転の量子の片方だけが作用を及ぼすのだろう。

ハイゼンベルクは自分の巧妙な着想にご満悦だったが、ゾンマーフェルトもパウリもこんな考えは好まなかった。たしかに大胆だったし、想像力にも富んでいた。というか、別の言い方をすれば、推論の域を出ず、根拠がないということである。それでもゾンマーフェルトは論文を専門誌に投稿する許可を与え、かくしてこの論文がハイゼンベルクの初めての出版物になる。ランデはこの着想についても大して考えることはせず、ハイゼンベルクに手紙を書いて、この理論では実際問題として、不可侵の原理である角運動量の保存則を放棄してしまうことになると指摘した。ハイゼンベルクはあまり気にしていなかった。従来の決まりごとならどんなものであれ、だれにだって到達できる。何年も経ってからランデが述べたように、難問にぶつかったときにハイゼンベルクが取る戦術は、既知の物理学の範囲内で答えを求めようと懸命になるのではなく、すぐに、これまでにはまったく知られていないもの、従来とは根本的に異なるものを捜すというやり方だった[17]。この姿勢が若きハイゼンベルクに大きな成功をもたらすことになるのだが、一方では失敗を招く恐れもあった。

ゾンマーフェルトも同じように、ハイゼンベルクはたしかに頭は切れるが、驚くほど無神経だと評価した。要するに、成熟していないということである。ゾンマーフェルトは、若い弟子の研究はアインシュタインに知らせるに足ると考えて手紙を送り、そのなかでハイゼンベルクが挑戦している考え方を賞賛しながらも、同意しかねるものがあると付言している。「見事なほどうまくいくのですが、根拠がまったく不明なのです」とゾンマーフェルトは述べていた。「私には量子の細々とした問題を推し進めることしかできませんが、あなたでしたらご自身なりの見方をされるにちがいありません[18]」。

ハイゼンベルクの理論物理学での最初の試みは、非凡なものだったのかばかげたものだったのか、あるいはその両者だったのかはともかく、彼の心構えを根底から変化させることになった。ハイゼンベルクはいま、前進をもたらしてくれるのは、厄介《やっかい》な哲学的問題をあれこれ考えるのではなく、特定の問題を解こうと努力することだと悟った。さらに、こうした姿勢の変化は、つねに新たな考え方を考慮に入れるようにするのにも役立った。パウリの嘲《あざけ》りにも正しい点があったのだ。ハイゼンベルクには、自分の半整数の量子論がいかにばかげているかを理解できるだけの物理学の知識がなかったのである。それでもハイゼンベルクはかねてから、ゾンマーフェルトは慎重になりすぎるきらいがあるし、パウリは疑り深すぎるのではないかと思っていた。ずっとのちに、ハイゼンベルクはアメリカの卓越した物理学者、リチャード・ファインマンと知り合うが、そのファインマンは、もはや若手の物理学者たちには誤りを犯すという貴重な経験が許されなくなってしまったと嘆いていた。あらゆる不適切な推論は、花を咲かせる可能性を手にする前に、教師や同僚から猛烈に嚙みつかれてしまう。ファインマンはハイゼンベルクに、ふと浮かんだアイデアが理にかなっていないとわかっていても、「何としたことか、その発想が正しいと納得してしまうことがあるんです」と語った。[19]

ゾンマーフェルトの指導のもとで、ハイゼンベルクは非常に貴重な経験を得た。物理学における彼の最初の着想は刺激的だったものの異論も多く、公の場に投じられると、他の助けを借りずにやっていくしかないことがわかった。それが励みになった。批判を投げかけるのは、ハイゼンベルクをますますその着想に固執させるようなものだった。彼は自分が進む道を見つけた。古典物理学の秩序は崩れさりつつあり、ハイゼンベルクは新たな体系の探索に参画しようとした。政治のみならず物理学においても、この青年はかつての確実性なるものに何の郷愁ももっていなかった。

第七章　楽しいわけがあるものか

一九二二年の夏、ドイツは束の間の平穏を享受《きょうじゅ》していた。食糧は欠乏していたが、飢えに苦しむものはほとんどいなかった。金融は逼迫《ひっぱく》していたものの、パンや牛乳を買うために手押し車に何十億マルク分もの古びた紙幣を積んで持ち運ぶのを余儀なくされた超《ハイパー》インフレには、まだ火がついていなかった。ゲッティンゲンは素晴らしい気候に恵まれた。そして六月には、ここゲッティンゲンに何人もの理論物理学者たちが集まり、量子論の一連の講演を、この分野の先達にして巨匠と認められていたニールス・ボーアから聴くことになった。ゾンマーフェルトが参加したのは当然だが、彼は以前から何かと物議をかもしていた早熟の門下生、ハイゼンベルクにも是が非でも来るべきだと言っていた。比較的裕福だったハイゼンベルクの一家ですら他に回せる余分の金はほとんどなく、ゾンマーフェルトは自腹を切ってハイゼンベルクがゲッティンゲンへ行くための旅費を出してやった。ハイゼンベルクは他人のソファーで寝て、つねにひもじい思いをしていた。でも、こんなことは当時の学生には少しも珍しいことではなかったとハイゼンベルクは振り返っている。

パウリも来ていた。前年の秋にミュンヘン大学で博士号を取得したパウリは、ゲッティンゲン大学で冬学期を送った後、ハンブルク大学にポストを得ていた。今回はボーアに初めて会うために南へ旅をしたことになる。

ボーアの訪問は科学のみならず政治的にも重要なものだった。アインシュタインと同じく、ボーアもドイツの軍国主義と帝国主義をひどく嫌悪していたが、ドイツの科学界を世界から孤立させようとする戦後の企ては赦《ゆる》せなかった。怒りに任せて復讐にこだわっていては平和はやってこない。ボーアはかねてからドイツとのつながりの再構築に着手していた。一九二〇年にはプランクとアインシュタインの招きでベルリンを訪れている。ボーアが聳《そび》え立つような二人の物理界の巨人に会ったのはこのときが最初だったが、プランクもアインシュタインもこの若いデンマーク人が並みの人物でないことを見て取った。アインシュタインとボーアはこのあと、ちょっと恥ずかしくなるような短い手紙をやりとりしている。「そばにいらっしゃるだけでこれほど嬉しく思う方には、人生のなかでもそうめったにお目にかかるものではありません」とアインシュタインはボーアに宛てて書いた。「私はいま、あなたの素晴らしい論文に目を通しているところで、たまたまどこかで躓《つまず》いたりするとなのですが、私の前で微笑みながら説明しているあなたのやさしく若々しいお顔を思い浮かべるのを楽しんでいます」。「あなたにお目にかかってお話しさせていただけたことは、これまでの人生のなかでも飛びぬけて素晴らしい経験でした」とボーアは応えている。「ダーレムからご自宅までの道すがら、二人で交わした話を生涯忘れることはないでしょう(1)」。

二年後にボーアがゲッティンゲンを訪れたときには、ここの大学の古参の頭の固い連中の何人かはもういなかった。新たに理論物理学科の学科長になっていたマックス・ボルンは、八年前の戦前にボーアが訪れたときは、聴衆の後ろのほうで熱心に聴いていた若手の科学者の一人だった。ボルンはゲッティンゲンならではの数学的厳密さを好む性向がかなり強かったが、荒削りで首尾一貫していないにもかかわらず、ボーアの不思議な新物理学を喜んで受け入れた。

一九二二年の爽快な六月の気候のもと、ボーアは例の散漫でどうとでも取れる話の仕方で連続講演を行ない、コペンハーゲンで生まれた量子論の考え方を説明した。新たな知識に目を開かせた今回の催しの日々は、のちにボーア祭の名で呼ばれるようになる。ほぼ同時期にゲッティンゲンで開かれていたヘンデル祭をもじったのである。

窓は開いていて、静まりかえったセミナー室にも夏の喧騒《けんそう》が入り込んできた。聴衆のなかにいた地元の一人は、ゲッティンゲン大学の年配の教職員たちが前回と同じように前列のいちばんいい席を占めてしまい、若手の科学者たちは後方に固まっているしかないと不満を口にした。こんな後ろではボーアのゆっくりとした不明瞭な言葉を聞き取るのは一苦労だというのだ。それでもハイゼンベルクは魅了されてしまった。量子論はゾンマーフェルトから習っていたが、ゾンマーフェルト特有の研究スタイルは単純なモデルと簡単な計算に重きを置いていた。巨匠の言葉についてハイゼンベルクは、ゾンマーフェルトとは対照的に「それとなく言っているだけでけっしてすべてを明らかにしているわけではないが、一言一句からは、根底に長い一連の思索と哲学的考察があったことがわかる……ボーアの口から出ると、まったく違った印象を受ける」と述べている(2)。

ボーアは最近コペンハーゲンで助手［クラマース］とともに展開させているいくつかの考え方について話をした。ボーアの論文を読んでパウリと厳しい評価を与えていたハイゼンベルクは、向こう見ずにも部屋の後方から反論を述べ立てた。その声に前列にいたお歴々が振り返った。ボーアがハイゼンベルクの名前を知ったのは、彼にとってはむしろ忌わしい半整数の量子の研究によってだったが、ボーアは講演が終わるとこの青年を誘って長い時間ぶらついた。二人はゲッティンゲンの街を見下ろす小高いハインベルクの丘を散策し、一軒のコーヒー店に腰を下ろすと、量子論について詳細に論じあった。「私の科学での本当の経歴はこのときの午後に初めて始まった」。ハイゼンベルクは後年このように述べている。

ぼくは量子論とは要するに何なのかを知りたいんです、とハイゼンベルクはボーアに言った。知りたかったのは、巧妙な計算や複雑なスペクトル線が奇妙な量子数と規則に当てはまることをはるかに超えた根底的な概念であり、そもそも真の物理学とはどういうものなのかなのだ。ボーアは、系統的に量子の言葉に言い換えることのできる詳細な古典的モデルの必要性にはこだわらなかった。物理学者たちが手探りで進むときに携えていく考え方が不十分なものであることを前提にすれば、むしろモデルの要点は、原子について言えることをできるだけ多く体現することにあると話したのである。「原子について言えば、言葉は詩の中と同じようにしか使うことができません。詩人も現実を描写することに大きな関心があるとはとうてい言いがたく、彼らにはイメージを生み出したり心的な結びつきを築いたりすることのほうがはるかに重要なのです」。ボーアは謎めいたこんな言い方をして話を終えた。

ハイゼンベルクには、ボーアの言葉は驚きであると同時に啓示的でもあった。わずか一世代前、ボルツマンらの一派が精力的に主張したのは、実在の「もの」としての原子であり、理論上の抽象、ましてや詩的な引喩《アリュージョン》としての原子ではない。いまボーアは、物理学者には原子を正確に記述することなど望むべくもなく、類推《アナロジー》や隠喩《メタファー》で間に合わせなければならないと言っているのだろうか？　原子の本質的な実在には到達できないということなのか？　ひょっとすると、原子の本質的な実在について語ることとさえ意味がないということなのだろうか？

ボーアをはじめとするさまざまな人々との出会いを述べたハイゼンベルクの記述をどこまで信頼していいのかは、はっきりしない。実際の出来事から何年も経ってから執筆したハイゼンベルクは、延延とつづいた激しいやりとりを再構成し、熟慮したうえで、いくつかのまとまった段落のなかで提示したと言っている。ハイゼンベルクの回想では、ボーアはその物理観にふさわしい話をしたことになっているが、ボーアの物理観なるもの自体が、長い年月の間にハイゼンベルクが作りあげたものだったという思いをどうしても拭《ぬぐ》い去ることができないのである。確実に言えるのは、ボーアとの初めての出会いによって、量子論の意味に対するハイゼンベルクの見方が完全に変わったことである。

ボーアは量子論が古典物理学の法則に従わない可能性があることを理解していたとはいえ、そもそもから、日常世界の記述で見事な成功を収めている古典物理学の言葉が必要不可欠であることに変わりはないと主張していた。彼が量子論と古典論との溝を渡る手立て《ブリッジ》としたのは、対応原理と呼ばれるきわめて重要な考え方で、この原理によれば、原子の振舞いの古典的解析が有効であることがわかっている場合には、原子の量子論は切れ目を生じることなく連続的に古典的解析につながらなければならない。たとえば、原子核の近くにある低位置の軌道間での電子ジャンプが突発的で大きなエネルギー変化を伴うのに対して、量子数の大きな状態間での遷移（原子系のかなり外側の部分にある軌道間での遷移）では、エネルギーの変化は軌道自体のエネルギーに比べると小さくなる。量子ジャンプが穏やかになるにつれて、エネルギーの変化は古典的取り扱いが可能な漸増《ぜんぞう》的変化の類《たぐい》にますます似てくる。つまり対応原理によれば、右のような例の場合には、量子的振舞いと古典論的振舞いは同じ結果をもたらさなければならないということであり、実際ボーアはこの手の推論を利用して、自身の原子モデルの細部の肉付けを行なっていた。

もっとも、一般的に言えば、複雑な状況の中で対応原理を巧みに使いこなすには、使い手の側に一定の手腕が必要だった。一九二〇年代初期にH・A・クラマースとH・ホルストが共著で出版した教科書には、対応原理を「正確な定量的法則によって表わすことはできないが、〔それでも〕ボーアの手にかかると驚くほど多くの結果をもたらしてくれる」とある。この時代の物理学を扱った広範な著作のあるアブラハム・パイスは、「対応原理を実践的に利用するには芸術的手腕が必要だ」と謎めいた論評をしている。(3)これも物理学者だったエミリオ・セグレはかつての日々を振り返って、対応原理を正確に系統立てて述べるのは容易でなかったと認めたうえで、対応原理は実際には、「ボーアはこのように進もうとした」と言っているのに等しいと説明している。(4)

こうしてボーアの神秘性が醸成《じょうせい》された。ボーアが例の図式的・直観的なやり方で量子論の建設法を洞察《どうさつ》すれば、他の物理学者たちは、たとえボーアの目論見《もくろみ》を理解できなくとも、彼の範《なら》に倣わなければならないとされた。ボーアはゆっくりとした散漫な話し方と意図的に含みをもたせて構成した言い回しで講演をすることで有名になり、そのため彼の言葉には、聴衆の理解の範囲をわずかに超えた重要な意味があるように思われた。どういうわけか、ボーアの言わんとするところを汲み取るのはつねに聴き手の側の務めであり、ボーアには明瞭に話さなければならない義務などないのである。指導者《グル》と呼ばれるにふさわしいあらゆる人物と同じく、ボーアも曖昧《あいまい》で直截《ちょくせつ》的ではなかった。

ボーアに初めて会った後に故郷の両親宛に手紙を書いたハイゼンベルクが、自分はボーアに深い感銘を与えたと思っていたことは間違いない。ボーアもゾンマーフェルトと同様、半整数の量子という考え方にはまだ同意しかねる点が多いと表明したものの、ハイゼンベルクによると、二人ともハイゼンベルクが間違っていると証明することはできず、自分たちの異議は結局のところ「一般論であり、好みの問題になってしまう」のを認めざるをえなかったという。(5)ボーアはある講演でハイゼンベルクの研究を「とてもおもしろい」と述べたらしいが、まだボーアのこの慣用句《イディオム》に馴染《なじ》みのなかったハイゼンベルクは肯定と受け止めた。講演がすべて終わると、ボーアはハイゼンベルクに「しばらくコペンハーゲンで過ごしてみる算段をしたらいいんじゃないかな」と言った。

ボーアは新たな弟子を獲得した。

アメリカの学術界がますます急速に成熟しつつあることの表われだったのだが、ゾンマーフェルトは招きを受けて、一九二二年の九月に始まる学年度を広々としたウィスコンシン州のマディソンで過ごすことになった。量子の福音を熱意溢《あふ》れる新たな聴衆に広めるのは楽しみだったし、ドイツマルクがどんどん価値がなくなっていたから、いくばくかの外貨を稼ぐこんな機会をばかにすることはできなかった。彼はドイツを留守にしている間、まだ卒業していないハイゼンベルクがゲッティンゲン大学のボルンのもとで勉強をつづけられるように手配した。

ゲッティンゲンに行く前に、ハイゼンベルクは九月にライプチヒで開かれたドイツ自然科学者協会の年次会合に足を運んだ。この会合でとりわけ期待していたのは、アインシュタインに会うことだった。だが、反ユダヤ主義と反ユダヤ科学の組織的活動《キャンペーン》は勢いを増しつつあった。この年の六月、大成功だったボーアのゲッティンゲンでの講演からほどなくして、ベルリンの右翼の軍国主義者たちによって、ユダヤ人でアインシュタインの友人だったワルター・ラーテナウ外相が暗殺された。労働者、労働組合、社会主義者は団結して抵抗した。右翼は次にはいっそう声を大にして、共産主義者とユダヤ人に対する反感を喚《わめ》きたてていた。こうした細心の注意を要する危険な状況があったため、アインシュタインはライプチヒには行かないことにした。

ハイゼンベルクにとって、ライプチヒに来たことは現実に目を開く結果になった。最初の会合で無理やり手渡されたビラを見ると、それはドイツ科学運動の散らしで、文面はユダヤ思想の悪しき影響を公然と非難していた。回想記のなかでハイゼンベルクは、科学という厳格な世界に粗野な政治的策略や偏見が押し入ってきたことにショックを受けたと打ち明けている。だが、彼がこうした激しい憎しみにそれまで気づかずにいたとはまず考えられない。ハイゼンベルクが受けたショックは、彼らから距離をおくことなど望むべくもなくなり、彼らは理性の圧力によって潰《つい》え去る一時的な異常者だとは言えなくなってしまったことだった。科学者も通りを埋めた群衆と変わることなく、理性を失って罵声を浴びせるようになったり、ご都合主義的、利己的になったりすることがあるのだ。科学はハイゼンベルクが夢見ていたような最後の拠《よ》りどころではなかったのである。

初日の会議が終わって宿舎に戻ってみると、所持品がすべて盗まれていた。残ったのは着ている服と往復切符の帰り用の半券だけだった。ハイゼンベルクはそのまま急いでミュンヘンに戻り、しばらくしてからゲッティンゲンへ向かった。ここなら少なくとも、外部の世界の苦悩から知的に超絶していることを誇りとする大学の街の中に避難場所を見つけることができそうに思えた。

パウリは前年の冬学期をゲッティンゲン大学で過ごしていた。ボルンはアインシュタインに宛てて、「若いパウリには非常に触発されるところが多く、これほど素晴らしい助手には二度とお目にかかれないでしょう(6)」と書き送っていたが、パウリを一〇時半に起こすには毎朝メイドを使いにやらなければならないとわかってむっとしていた。加えて、パウリは無愛想で他人の指図を受けないうえに、歯に衣着せぬ物言いをしたから、穏やかで折り目正しいボルンに好かれるはずがなかった。パウリは厳格さと細部へのこだわりを過度なまでに謳《うた》い文句としていることに皮肉たっぷりに言及し、「ゲッティンゲン流の知識」と呼んでいた。何年ものちにボルンはパウリについて、「あの男には端《はな》から完全に驚愕《きょうがく》させられてしまった……やるように言ったことは絶対にしようとしない。自分流にやってしまうのだが、それでもほとんどの場合、間違っていなかった」と述べている(7)。

年とともにゾンマーフェルトが第一線を退くようになるのと時を同じくして、ボルンはミュンヘンに劣らず影響力のあったゲッティンゲンの量子論学派を取り仕切ることになるが、ゾンマーフェルトが広範な人々に抱かせたような敬意や親しみを獲得することはなかった。子ども時代のボルンは引っ込み思案で、些細《ささい》なことにもすぐに意気消沈していたが、成長して大人になっても、人と打ち解けないどころかおずおずしたところがあり、すねてしまうこともあった。そもそもは純粋数学者になるつもりだったのだが、挫折したのは、ゲッティンゲン大学で短期間大学生として過ごしてみて、周りの連中の数学の才能にはとうてい太刀打ちできないと感じたためである。物理学に移ったボルンは造詣《ぞうけい》の深さと多彩ぶり――ボルンが自分に与えた言葉を使えば好事家《ディレッタント》ぶり――を実証したが、才能に自信がもてないくせに自分の貢献が無視されるとたちまち嚙みつくのは、まったく変わらなかった。戦時中にベルリン大学の教授に任命された彼がアインシュタインと親しくなったのは、ちょうど一般相対論が登場したときだった。ボルンはのちに、「アインシュタインの考え方の素晴らしさに舌を巻いてしまい、この分野の研究はけっしてやるまいと心に決めた」と書いている(8)。

ボルンはよき教師、よき助言者になったが、パウリとの一件を見れば、自身が思っていた以上に学生たちから毛嫌いされていたうえに独断的であったことがわかる。ハイゼンベルクはパウリとは違って、朝ひとりで起床できたし、相応の敬意も示した。彼は、とボルンは思い起こし、「まったく違っていた。ここに来たときは田舎の幼い少年みたいで、とても大人しく、親しみのもてる照れ屋だった……すぐに、もう一人のあれと同じくらい頭がいいとわかった」と述べている(9)。

ハイゼンベルクは量子力学を展開させるための三つ目の姿勢をボルンから学んだ。ゾンマーフェルトは問題を解くことで着実に前進し、数学上の細かな点や哲学的な深遠さのどちらにもほとんどかかずらわなかった。ボーアは漠《ばく》とした概念とおぼろげにつかんだ考えを推し進めて筋の通る形にすることを心がけ、そのあとようやく数学的基礎探しに着手した。対照的にボルンは、きちんとした数学的形式に置き換えることができないうちは、いっさい口に出すのをためらった。本物の数学者になる希望は捨てていたが、ボルンの思考法には厳密な推論と一部の隙もない論理に憧れる数学者の気質が強く残っていた。

ゲッティンゲンにはかつての精神《エートス》の名残があった。物理学の理論に高度な数学がますます利用されるようになるのを見て、数学の天才のなかでも筆頭格のダーフィト・ヒルベルトは、物理学はあまりにも難しくなって物理学者の手に負えなくなっていると、まったくの冗談とは言いきれない発言をしている。暗黙のうちに言わんとしていたのは、この仕事をきちんとやると信頼していいのは数学者だけだということである。ボルンには少なくとも半分はうなずけるものがあった。彼は最初に考え方を導き出すことが重要だとするボーアの信念を持ち合わせていなかった。「かねてから、数学のほうがわれわれより賢いと思っていた。最初に正しい数学的表現形式を見つけてから、その哲学的意味を思索するべきだね」と彼は言う。(10) ハイゼンベルクはこれとは明確に異なる考え方を身につけた。「ボルンにはとても保守的な面もあった」とハイゼンベルクは言う。「数学的に証明できたことしか口にしようとしなかった……［彼は］原子物理学ではものがどのような振舞いをするのかについて、大してセンスがあるとは言えなかった」。(11)

これがなんとも不幸なボルンの役どころなのである。つまり、物理学者たちにとっては数学者でありすぎたし、数学者たちから見れば物足りなかったのだ。

それでも、ボルンのもとで過ごしたことで、ハイゼンベルクの数学の知識は新たなレベルに到達した。ボルンは意欲的な五、六人の学生を対象に、自宅で定期的に集中講義を実施してくれたからである。けれども、たかが大学生がすでに名を成している教授に下した評価であるとはいえ、こうした初期にあってすら、ハイゼンベルクにはボルンが科学を推し進めるのにふさわしい想像力の類を持ち合わせているとはとうてい確信できなかった。

ボルンの指導のもとで、ハイゼンベルクは半整数の量子数の体系をはじめとする自らの発想を、中性のヘリウム――二個の電子が電気素量の二倍の正の電荷をもつ原子核の周囲を回っている状態――に適用した。分光学的には、ヘリウムはありとあらゆる種類の複雑な現象を示した。ヘリウムには単一スペクトル線もあれば多重スペクトル線もあり、しかも電場ないし磁場を加えると、これらのスペクトル線は救いようのないほど複雑な分裂の仕方をする。ハイゼンベルクとボルンはほどなくして、たとえ現在広く利用されているボーア－ゾンマーフェルトの原子モデルをどのように拡張したり様々な要素を加えて飾り立てたりしたところで、ヘリウムを理解することはどうやってもできないとの結論を下した。ボーアの研究所でも同様の結論が明らかになっていた。

この間、すでに半整数の量子数の一件でハイゼンベルクの機先を制していたアルフレート・ランデは、この目論見をさらに精密なものにする仕事に取りかかっていて、その過程で、ゼーマン効果のさらに不思議な現象とよく似た図式を作り出すために、いっそう奇妙な規則を付け加えていた。パウリはこのやり方に失望した。ランデが考え出した仕組みと工夫が、複雑に組み合わさった様々な分光学のデータと一致するように見えることは否定できないが、根底にある理論の探究という点で言えば、パウリにはこうした努力はばかげていると思われた。

ハンブルク大学にポストを得ていたパウリは、ボーアから量子論を学べるコペンハーゲンで何か月かを過ごすために、すぐにゲッティンゲンを去る旨を申し入れた。重い足取りで通りを歩き回っていると、偶然、友人の一人に出くわし、機嫌が悪そうだなと言われたことをパウリは思い起こしている。「異常ゼーマン効果のことを考えていて楽しいわけがないだろ」[12]。パウリはぴしゃりと答えると、そのまま歩いていった。

かつてはゾンマーフェルトの手の込んだ原子モデルに熱狂したにもかかわらず、ボーアは量子数と奇妙な数字の体系をあらゆる種類のスペクトル線に闇雲に適合させようとするミュンヘンの手法《ゲーム》にだんだん愛想をつかすようになっていた。こんなことに汲々《きゆうきゆう》としても本物の知識をもたらすものは何も得られず、むしろその場しのぎの修繕ばかりをやることになり、スペクトルの新たな謎が登場するつど、理論を恣《し》意的に手直しして答えているように見えたのである。ハイゼンベルク、さらにパウリにも、一つのやり方で進んでも行き詰まってしまうように思える場合がしばしばだった。要するに、モデルにあれこれ付け加えていって有効性を保てるのにも限度があり、結局はモデルがもっていた考え方のうえでの完全性が崩れてしまうのである。ハイゼンベルクは「なかには、この理論がこれまで成功してきたのは、きわめて単純な系を利用したせいだったのかもしれず、もう少し複雑な系では行き詰まってしまうだろうと考えはじめるものもいた」と振り返っている。(13)

量子としての原子の気まぐれな性質を暴こうとしている物理学者たちは、まるで不合理性そのものに慰めを見出そうとしているかのようだった。

第八章　靴屋になったほうがまし

一九二三年九月、ボーアは初めて北米を訪れ、ハーヴァード、プリンストン、コロンビアなどの大学で話をした後、最後をイェール大学での六回の連続講演で締めくくった。『ニューヨーク・タイムズ』紙は、この件は記事にする価値が十分にあると考えたが、うかつにも講演者の名前の表記を間違えてしまった。その記事には、「ニルス（Nils）・ボーア博士が」説明するのは、「自らの原子構造の理論で、その考え方は多くの科学者たちから、これまでに提出されたなかでいちばんもっともらしい仮説と認められている」とある。(1)「ボーア　原子核が太陽に、電子が惑星に相当する原子像を提示」という親切な副題もついていた。

言うまでもなく、このときにはもはや、原子を微小な太陽系と見なす考えは大雑把《おおざっぱ》なアナロジーとしてもほとんど支持されていなかった。ボーアはイェール大学で原子理論の歴史を述べ、分光学が現代的な原子の構造を探る不可欠の手段になったいきさつを説明するとともに、原子内で電子がどのように存在し、どのような運動をしていると考えられるかを話し、さらに、理論家たちが現在直面している数多くの難問にそれとなく言及した。『ニューヨーク・タイムズ』紙が報じたところでは、ボーアは量子としての原子を普通の言葉を使って説明することができないことを認めていた。「ある種の実在を扱っているという印象をうまく伝えることができたのならうれしいのですが。実験で得られた証拠をつなぎ合わせ、新たな実験で得られる証拠を予見させる類《たぐい》の実在です。もちろん、自然哲学で使われているのと同じような類の描像を提示することはできません。これまでのやり方が役に立たない新たな領域に入り込んでおり、私たちはこれまでとは違う手法を打ち立てつつあるのです」[2]。

ボーアは時折新聞記事で注目されることはあっても、アインシュタインが手に入れた名声や魅惑的雰囲気《オーラ》を得ることはけっしてなかった。前年の一九二二年には原子構造を洞察《どうさつ》した業績でノーベル物理学賞を受賞していたが、このときですら、同じときに一九二一年度のノーベル物理学賞を遅れて受賞したアインシュタインの陰に隠れてしまった。アインシュタインは何年にもわたって一回も欠かすことなくノーベル賞の候補者に上げられたものの、用心深いノーベル賞委員会の面々は相対論をなかなか受け入れようとしなかった。相対論に厳しい批判を浴びせる者もまだいたし、相対論を支持する直接的な証拠が不十分なままだったからである。アインシュタインは一九二〇年度のノーベル賞を九分どおり受賞するはずだったが、ぎりぎりになって疑問が生じて合意が得られなかったため、委員会は代わりに、熱膨張率の小さいニッケル鋼（インバー）を発明したスイス生まれのシャルル・ギョームに授与することにし、精密測定におけるインバーの大きな有用性をその理由にあげた。ようやくにしてアインシュタインにノーベル賞が回ってきたとき、対象とされたのは、数年前にミリカンが実験で検証した光電効果の理論だった。たとえミリカン自身は光量子の実在を実証した自身の結果を受け入れようとしなかったとしても、アインシュタインは受賞することになったのである。

ボーアとアインシュタインにノーベル賞を与えたことは、はなはだしい矛盾を際立たせることになった。アインシュタインは何年も前から一貫して、光量子の実在を額面どおりに受け止めていたが、光量子によって物理学に非連続性と偶然性という不純物が入り込んでしまったことに不満をもっていた。きわめて対照的に、ボーアは原子モデルを考案して、原子が特定振動数の光を小さな塊として放出・吸収する仕組みを説明したが、その一方で、こうした光の塊が物理学の真の基礎となるものであることを受け入れようとしなかったために、厄介《やっかい》な事態にはまり込んでいた。

　受賞からわずか数週間後、疑問に決着をつけると思われる実験の知らせが新たにもたらされた。セント・ルイスにあるワシントン大学で、アーサー・コンプトンがX線を電子で反跳させることに成功し、量子モデルから予想されるとおりの結果を見出したのである。X線の量子が電子に衝突すると、跳ね返った量子のエネルギーは衝突前よりも小さくなる。だが、プランクの規則によれば、量子一個当たりのエネルギーはX線の振動数に比例するから、エネルギーの減少は振動数が低下したこと、すなわち波長が伸びたことを意味する。コンプトンによる精密な測定はこの予測を裏づけたのである。「いま手にしている公式と実験結果が見事に一致した以上、X線の散乱が量子的現象であることを疑う余地はまずありえない」とコンプトンは結論を下した[3]。

　マディソンで教鞭《きょうべん》をとっていたゾンマーフェルトは、この知らせをボーアに伝えるとともに、アメリカを回って量子論の講演をしながら、コンプトンの実験の重要性を聴衆に力説した。コンプトンの決定的な発見は、一九二三年五月にアメリカの『フィジカル・レヴュー』誌に載った。同誌は現在は世界的に傑出した物理学の専門誌だが、当時のヨーロッパではほとんど知られていなかった（ハイゼンベルクは一九六二年のインタビューのなかで、初期のころドイツでだれも『フィジカル・レヴュー』を読んでいなかったのは、言うまでもなく、この雑誌がそんな昔からは出ていなかったからだと振り返っている[4]が、同誌は実際には、一九二三年の時点で三〇年の歴史があった）。

　歴史の本では、コンプトン散乱は光量子を真摯《しんし》に受け止めなければならない決定的な証拠になったと取り上げられている。おそらく物理学者たちの大多数はゾンマーフェルトと同じように、この発表に強い関心をもって好意的に反応したと思われる。不承不承認めた連中もいた。だが、ニールス・ボーアの反応は懐疑的どころではなく、あからさまな敵意に等しかった。ばかと紙一重の頑迷《がんめい》さで、以前にもまして激しく光量子が実在する可能性などありえないと言い張り、光量子の役割をすべて否定する、原子による光の放出・吸収理論の概略を練り上げるのに一年の歳月を費やした。このエピソードはボーアの隠された一面を明らかにしてくれる。真実を理解できるのは自分だけだと確信していたボーアは、頑《かたく》なうえに尊大で、理に疎《うと》かったのだ。

のちに明らかになったのだが、コンプトンの発見に対するボーアの反感は、純粋な科学上の見解の問題だったのではない。数か月前に同じ考えを聞いていながら退けていたという単純な理由で、敵対的な対応を取ったのである。それは、彼の助手がコペンハーゲンで、コンプトン効果と呼ばれることになる理論を導き出したときのことだった。そのときボーアは腹立たしげにこの考えを潰《つぶ》してしまっていたから、コンプトンが結果を発表すると、待ってましたとばかりに戦いに乗り出したのである。

ボーアの助手をしていたのは、ロッテルダム出身のヘンドリク・クラマースである。クラマースは一九一六年にコペンハーゲンのボーアのもとにやってきた。物理学の学位をもち、量子論を学びたいという意欲に溢《あふ》れていた。二人の取り合わせは申し分のないものであることがわかる。のみこみが早く、数学に頭の切れるクラマースは、漠《ばく》としていて明確に表現できないボーアの考えを把握し、それを量的関係に基づく理論の言葉に変える力量を備えていたのである。クラマースは講義も明快だった。クラマースはコペンハーゲンに来てわずか二年のうちに、ボーアの非公式の「特命使節」的存在となり、まだボーアの話に得心がいかず疑問視している場合が多い聴衆に説得力のある話をした。クラマースが提示するのは正確な議論と具体的な計算であり、ボーアが好んだ曖昧《あいまい》な哲学的想念ではなかった。

パウリはボーアの助手のクラマースがとても気に入っていたのに、「ボーアがアラーで、クラマースはその預言者だ」と言った[5]。自負心はあるものの多少自分に自信がもてなかったクラマースは、怒りっぽくて皮肉っぽかったのだろう。パウリは自分とそっくりの気質を嗅ぎつけていた。

ボーアはこれまでほとんど注目されたことのない問題を調べるようクラマースをけしかけた。スペクトル線のもっとも顕著な特徴が波長ないし振動数であるなら、その次に目につく性質はスペクトルの強度だった。明るいスペクトル線もあれば暗いスペクトル線もあったのである。最初の説明らしい説明はアインシュタインの先見性に富む一九一六年の論文に見られ、そのなかでアインシュタインは、原子の遷移はラザフォードが放射性崩壊で見出したのと同じ確率則に従うことを示していた。ボーアはクラマースに、遷移の確率が大きくなればなるほど対応するスペクトル線の明るさも増すはずだとの考えを示した。

しかし、原子による突発的・確率的な光の放出の仕組みを検討したアインシュタインの解析は、光量子をまぎれもない物理的実体であると信じるさらなる根拠を与えていた。アインシュタインの例に倣《なら》って解析を進めたクラマースは、同じ教えを取り入れざるをえなかった。

クラマースの伝記を書いたマックス・ドレスデンが最近明らかにした話によると、一九二一年の一時期、クラマースは光量子と電子などの粒子との相互作用を考えていたはずだという。クラマースはすぐに素晴らしく簡単な衝突則を思いついた。その法則こそ、じきにコンプトンが利用してあの輝かしい成果を得ることになるものだった。クラマースの妻は歌手で、激しい気性から「嵐」のあだ名があったが、その妻の回想では、ある日家に戻ったクラマースは「気がふれたみたいに興奮していた」。次の日、夫は自分の大発見をボーアに持ちだした。するとボーアは夫の説得に乗り出した、とクラマースの妻は振り返っている。あの手この手を次々に繰り出して、光量子という考え方には賛成できない、物理学には光量子が入り込む余地などない、電磁気学の古典論の大きな成功を投げ捨てることになる、断じて役立つはずがないなどと再三再四説明したり力説したり言い張ったりしたというのである(6)。ボーアは容赦《ようしゃ》なかった。クラマースの単純明快な計算に対して、ボーアは有力な反対論をいくらでも提示することができたものの、いずれも捉えどころがなく、本質的には精神的、哲学的、歴史的なものだった。それでもボーアには、完全には筋が通っているとは言えない場合でも、強烈に人を納得させてしまう特技《トリック》があった。ボーアが、印象的だが謎めいた推論の力によって数学者や計算機械よりも早く正しい答えを見抜くつど、量子論の霊能者だという評判は増す一方だった。ボーアは誤った考えを追究しているときも同様の執拗《しつよう》さを見せ、そんなときには無骨で取るに足りないただの嚙みつき屋になってしまうこともあった。

精神的な負担はたいへんなもので、クラマースは体調を崩して数日間病院に籠もってしまった。病院から出てきたときにはボーアの意思に完全に屈していた。やがてコンプトン効果の名で呼ばれることになる自らの発見の公表を取りやめ、草稿を破り捨ててしまったほどである。光量子を公然と批判して嘲《あざけ》ることにかけては、クラマースはボーア以上ではないとしても、ボーアと同じくらい激烈になってしまった。コンプトンが実験結果を発表すると、いまコンプトンが世間に提示した結果とまったく同じものをすでに計算で出していたにもかかわらず、クラマースは自分の知識をいっそう抑えつけてしまい、ボスといっしょになって許容できない結論への抵抗をつづけるための方策を探すのである。

正直なところ、この問題でのボーアの頑迷さはいまもって理由がはっきりしない。どうやらボーアは、離散的な光量子を認めてしまえば古典的電磁気学の波動論が致命的なまでに損なわれてしまうとの固定観念をもつようになってしまったと見える。アインシュタインを筆頭とする他の研究者たちは、粒子と波動という二つの観点には根本的な食い違いがあることを十分に理解していたが、これは物理学がさしあたっては棚上げにしておいたほうがいい問題で、最後にはこれらの新しい考え方のすべてをもっとうまく取り込めるようになるだろうと判断した。

いずれにしても、ボーアとクラマースは自分たちの見解を救い出すことに専心していた。三人目の若き共同研究者がこの網に吸い寄せられた。そのジョン・C・スレーターは、ハーヴァード大学で博士号を取得した後、一九二三年の秋にヨーロッパに旅立ち、ケンブリッジに数か月滞在してからコペンハーゲンにやってきた。スレーターも若い物理学者の大多数と同じく、躊躇《ちゆうちよ》することなく光量子を受け入れたが、古典的な電磁波理論発祥の地であるケンブリッジにいる間に、ぼんやりとながらも、どうすれば光量子を受け入れる一方で、光波によってもたらされた否定しようのない見事な成果を放棄しなくてすみそうかが見えてきた。光量子と光波のどちらも存在するにちがいないと考えたのである。彼は古典論の線にほぼ沿う形で放射場を思い描いたが、目論見《もくろみ》は従来とは異なっていた。彼の考えた放射場は、光量子をあちこちへ導くとともに、光量子が原子と容易に関わりをもてるようにするために存在する。

コペンハーゲンに着いたスレーターは、形になりだしたばかりの自分の仮説が好意的に受け止めてもらえることを知った。なかでもボーアとクラマースが飛びついたのは、理由はともかくも原子と相互作用し、原子がいつどのように光を放出・吸収するかを決定する根源的な場があるという考え方だった。もっとも、二人はこの放射場は光量子の移動も司るというスレーターの考えには大して熱意を示さなかった。二人は若い訪問者の説得に乗り出し、入れ替わり立ち替わり休みなく議論をふっかけて、スレーターの独創的な発想を受容可能な理論に作り変えるにはどうすればいいかを繰り返し述べ立てた。彼らは三人で論文を書く取り組みに着手した。つまり、ボーアが口に出しながらじっくり考え、クラマースが精一杯の速さでメモを取り、スレーターは期待に胸を膨らませながら横で見ているのだ。スレーターは故郷に宛てた手紙に、自分の発想がほかでもないボーアその人に真剣に受け止めてもらえたことにとても興奮していると書いている。(7) そして、自信たっぷりに、もう間もなく論文の最終稿を確認することになるでしょうと書き添えていた。その論文は一九二四年の一月に発表に回された。ボーアの名が付されたものとしては、驚くほど速い仕上がりである。ボーア、クラマース、スレーターが筆者名の記載順序だった。

特徴をよく表わしていたことに、このBKS論文(ボーア、クラマース、スレーターの三人の頭文字をとってこう呼ばれる)が提示していたのは綿密に構成された定量的モデルではなく、数学によらない大まかな描像で、考えられる理論の大筋だった。論文にはきわめて簡単な数式が一つ入っているだけである。むしろこの論文は新種の放射場を純粋に定性的観点から述べたもので、原子を取り巻いている放射場が原子による光の放出と吸収に影響を及ぼし、原子と光との間でエネルギーを伝達するとしていた。

論文には、BKS理論本来のものではなく、以前の考え方から取り入れた新たな要素も入っている。ボーアがイェール大学で聴衆相手に説明したように、もはや惑星のように原子核の周囲を回る電子という考え方は額面どおりに受け取ることができなくなっていたものの、だれ一人として、もっと妥当な記述を提示していなかった。そこでBKS論文では一種の抜け道を利用した。原子を「仮想振動子」の集まりと想像し、それぞれの振動子が特定のスペクトル線に対応するとしたのである。簡単に言えば、すべてが単純な振動子――振り子、ばね上の錘《おもり》、勢いよく周回している電子のようなもの――で、基本的には同一の数学的法則に従う。詳細に立ち入らないようにするために、三人は振動系を扱う標準的な物理学の手法を利用したが、想定上の振動子を、原子内で電子がどのように運動するかを述べた明確な描像に結びつけることはしなかった。このやり方はまさに彼ら三人の心意気にふさわしいものだった。目指していたのは、可能性のある理論の輪郭《ブループリント》を提示することで、完成したモデルを与えることではなかった。

ＢＫＳ論文のまとめの文言を見れば、彼らの提案が本質的には漠たるものであることがわかるし、じれったくなるほど捉えどころのないボーアの散文調の言い方も見て取ることができる。「われわれは、ある特定の定常状態にある所与の原子は時空の機構《メカニズム》を通して他の原子と絶えずやりとりをしていると仮定することにしたが、この機構は実質的には放射場と等価であると想定すれば、古典的理論をもとに、放射場は考えられる様々な定常状態への遷移に対応する仮想調和振動子から生じることになるだろう(8)」。

どうやらボーアは法律家と同じで、文章を切ってしまうのは曖昧さを生むことにしかならないと考えていたと見える。やはり驚いてしまうのは、よく読んでみると、何が言いたいのかはっきりしなくなってしまうことだ。きわめて重要な主張が仮定法の構文形式で表明されているうえに、「やりとりする」、「時空の機構」、「実質的には等価」等々の故意に曖昧にした言い回しを拠《よ》りどころにしているのである。どの言葉も細心の注意を払って何度も書いては手直ししたことは明白なのに、ボーアが自分の考えを慎重に述べようとすればするほど、意図とはかけ離れてしまうという不思議な結果になっている。かつてアインシュタインが述べたように、ボーアが「自分の考えを話すときは、絶えず暗中模索しているかのようで、決定的な真実を手にしていると信じている人の話し方とはまったく似ても似つかなかった(9)」。褒《ほ》め言葉のつもりだったことは確かだが、のちにボーアの共同研究者になったある人物は、ボーアの流儀にはマイナス面があったことを認めている。「ボーアに明確なことを言わせようなんて、どだい無理な話でね。はぐらかしているという印象を与えてしまうのが常で、彼のことを知らない外部の人にはひどくお粗末に見えたんじゃないかな(10)」。

BKS論文が気ままにあげている腹立たしいほど曖昧な提案のなかで、一つの率直な結論が目を引く。彼らの理論によると、エネルギーは必ずしも保存されないのである。エネルギーの放出と吸収は確率則に従って進行するから、従来の形式の因果律によっては一つの出来事が別の出来事と厳密に関連づけられない場合でも、ある場所で消失したエネルギーが別の場所に再び姿を現わす――逆に、ある場所にエネルギーが現われると別の場所でエネルギーが消失する――ことがありうるというのである。彼らの謎めいた放射場はエネルギーの預託口座のような役割をし、したがって合計額は長期的には辻褄《つじつま》が合うが、短期的には一時的に貸し越しになる場合もあれば借り越しになる場合もある。

ボーアがこれほどしゃかりきになってアインシュタインの光量子にいっさい言及すまいとしたのは、古典的な波動論をそのままにしておきたかったためである。彼はその代わりに、古典論のエネルギー保存則を完全に投げ捨ててしまった。明らかに、これら互いにあいいれない考え方を両立させるうまい手はなさそうだった。

いつもとはちがって不安を表に出していたボーアは、おそらくは返ってくる答えがわかっていたからだろうが、アインシュタインに直接働きかけることはせず、あの男がBKS理論をどう考えているか探り出してほしいとパウリに頼んだ。パウリは「まったく不自然」で「不愉快の最たるもの」（アインシュタインはdégoûtantとフランス語を使った）ですらあるというのがアインシュタインの評価ですと伝え、念のために申し上げておくと、私もこの理論には全然賛成できませんと言い添えていた。(11) さらにアインシュタインはボルンへの手紙で、これが理論の目指す方向であるなら、「物理学者なんか辞めて靴屋になるかカジノで働くほうがましです」と書いている。(12) ボルン自身、ずっとのちにBKS理論について訊かれると、インタビューの聞き手にそっくりそのまま投げ返してこう言った。「BKS理論がどんなものなのか、説明してくれませんか？　私には一度も正しく理解できたことがない代物なんでね」[13]。

BKS理論は短命でしかなかった。ボーア、クラマース、スレーターは、コンプトンが得た結果は統計的真理にすぎないものを証明したのだと主張せざるをえなかった。X線と電子との個々の衝突では必ずしもエネルギーは保存されないが、多数の衝突全体ではどんな食い違いも帳消しになるというのである。しかし、コンプトンらが新たに行なった実験によって、すぐにこの主張が誤りであることが明らかになった。個々の衝突も予測されていた規則に正確に従っており、エネルギーは厳密に保存されていたのである。

一九二五年の春には、ボーアはBKS理論の破綻《はたん》を認めた。スレーターはのちに、自分の着想がずたずたにされ、実際には承認していなかったものに変えられてしまったいきさつに対して、生涯にわたって変わることなく苦々しい思いを抱いていたと語った。クラマースにとってBKS理論でのしくじりは、自らのコンプトン散乱の発見をむりやり押し殺してしまったあとだっただけに、いつかは自分の手で真に偉大な物理学を生み出そうという希望のいっさいに終止符が打たれてしまったように思われた。彼の伝記作者によれば、クラマースは軽い鬱《うつ》状態に落ちこみ、以後は科学的想像に頼るのを前よりも控えるようになったという。

こうした事情があったにもかかわらず、ボーア、クラマース、スレーターの提案は転換点を示している。この理論が実際には何だったのかの解釈次第で、BKS理論は量子論に古典論の基礎を与えようとした企ての最後のあがきとも言えるし、そのような骨折りがことごとく無駄に終わることとの最初の証拠だったとも言えるのである。

BKS理論でもっとも大きな影響を及ぼしたのは、いま振り返ってみると、別の難問を回避するための一種の策略――プランクによるエネルギー量子のもともとの提案とは異なって――として議論の中に持ち込まれた要素だった。すなわち、明確な定義をしないまま調和振動子を利用したことである。これは原子による光の吸収と放出を語る一方で、原子の内部で電子がどのような振舞いをしているかの精確な議論については、意図的にいっさいしないですませるための方策だった。

クラマースはこの考え方を発展させ、ほどなく、BKS理論の概念をぼんやりと作り上げたのに比べればはるかに数学的に厳密なやり方で、振動子という描像が巧妙な方策どころではないことを明らかにした。原子と光との相互作用は光の波長がどうあれ、仮想振動子の適当な組み合わせから完全に算出できることを実証したのである。今回は必要とされる物理学がすべてそろっていた。

だとすると、これまでの電子の軌道のイメージは完全に無用の長物ということになるのだろうか？ クラマースはそうは考えなかったらしい。彼は、仮想振動子は根源的な原子モデルの詳細な記述の暫《ざん》定《てい》的代用品にすぎず、根源的な原子モデルは、ほぼ従来の考え方に沿ってうまく機能するはずだと考えていた。

正反対の見解をとる人々もいた。パウリはボーアに宛てて手紙をしたため、決定的な問題を持ち出した。「いちばん重要な問題は次の点にあると思われます。そもそも電子の明確な軌道という言い方がどの程度まで可能なのかということです……私の見るところ、ハイゼンベルクがこの点に関してまさしく正しい立場にいるのは、彼は明確に定まった電子の軌道を語ることなどできないのではないかと疑っているからです。これまでクラマースは、そのような疑問が合理的なものであると私に認めたことは一度もありません」(14)。

仮想振動子を扱ったクラマースの理論を見たハイゼンベルクは、事実、すぐにその画期的な含意に気づき、同じくらいすぐに、その発想を従来の拠りどころから解き放とうと決意した。ほかでもないハイゼンベルクこそ、この考え方のうえでの大胆な新機軸をまったく新たな原子の理論――実際には、まったく新たな物理学——に変貌《へんぼう》させることになるのである。

第九章　考えられないことが起こった

一九二三年の春にゾンマーフェルトがマディソンから帰ってくると、ハイゼンベルクは博士号を取得するためにゲッティンゲン大学からミュンヘン大学に戻った。取得に向けて進めていた研究課題は数理流体力学であり、量子論とは何の関係もない無難なテーマだった。にもかかわらず、学位試験ではさんざんな目に遭った。理論のみならず実験でも物理学全般に精通していることを示さなければならなかったため、ハイゼンベルクは嫌々ながらも、ミュンヘン大学の実験物理学の教授だったヴィルヘルム・ヴィーンの監督下にある実験課程に登録していた。ヴィーンは優秀な研究者で、彼による電磁放射のスペクトルの注意深い測定は、プランクが一九〇〇年に量子仮説を導入するうえできわめて重要な役割を果たした。けれども、へそ曲がりで、政治だけでなく科学でも保守的だったヴィーンは、プランクの新たな思いつきに懐疑的で、同僚のゾンマーフェルトが作りあげつつある原子の量子論をあからさまに嫌悪していた。

したがって、ヴィーンがゾンマーフェルトのところのいちばん新入りの神童にいささかの敵意を示す向きがあったのは当然で、この若者が実験に関する事柄を軽視しているのがばれてしまったことは、情況をいっそう悪くしただけだった。七月に行なわれたハイゼンベルクの口頭試問で、ヴィーンはこの志願者に実験室でやっていた仕事に関する質問を浴びせた。簡単に答えられていいはずだったのに、なおざりにして関心もなかったために、ハイゼンベルクは答えられなかった。(1)ウィーンはある光学装置の解像力のことを尋ねたのである。ハイゼンベルクは教科書の公式を思い出すことができず、その場で導き出そうとして間違えてしまった。ウィーンは唖然《あぜん》とした。ゾンマーフェルトとの緊迫したやりとりがあった後にようやく、彼はしぶしぶとではあったけれども、ハイゼンベルクには物理学の広い範囲にわたる十分な知識があると認めることになる。優秀な若者は博士号を取得したが、合格すれすれの成績だった。

面目丸つぶれのハイゼンベルクは、以前に話を決めていたとはいえ、次の年をゲッティンゲン大学で過ごすという計画を今でもボルンが受け入れてくれるかどうかを確かめるために、すぐにゲッティンゲンに赴《おもむ》いた。了解を得たハイゼンベルクはその直後に、ファートフィンダー団の仲間とともにフィンランドへ向けて旅立った。北の湖と森に囲まれたなかで気分を一新させようとしたのである。彼は九月にはゲッティンゲンにあって、学位試験のことは実験物理学に多少関心がある振りをしていたことともども過去のこととして忘れ、量子論を行き詰まらせてしまう恐れのある一連の込み入った難問に専念しようと意気込んでいた。

ハイゼンベルクは手がかりを集めようとしていた。翌一九二四年の三月に初めて短期間コペンハーゲンを訪れてみると、ボーアとクラマースはBKS理論の目論見《もくろみ》に夢中になっている真っ最中だった。ハイゼンベルクは考え方自体には戸惑いを覚えたものの、この大まかな理論の一部をなす仮想振動子のことが印象に残った。この時点では、原子中の電子がどのような振舞いをするのかについては、多少なりとも筋の通った説明すらなかった。したがって、電子の軌道に関するこうした細部の厄介《やっかい》な問題をすべて棚上げにして、代わりに、原子を適当な分光学的振動数に調整された振動子の集まりと考えるのはうまい作戦のように見えたし、ひょっとすると単なる策略以上のものかもしれないと思えたのである。

振動子をどのようなものと考えればいいのか、だれ一人として詳細な物理学の言葉で語ることはできなかった。だが、このことがまさに大事な点だったのだ。振動子を導入した目論見は、観測された原子の性質をうまく表現することにあったのであり、従来の手法によるモデルの構築が容易にできそうもない――ボーアは一時期、曖昧《あいまい》な言い方でこう仄《ほの》めかしていた――原子の内部構造を捉えることではなかったのである。このような振動子に置き換えて考えることで、理論家たちは多少とはいえ思案を巡らす余地を手にすることができた。

一方、ゲッティンゲンではこの間、ボルンが独自の目論見を温めつつあった。彼が発表した論文は「量子力学」(2)という新たな体系の必要性を訴えていた。この初お目見えの量子力学という言葉でボルンが言わんとしたのは、量子の諸規則で構成される一種の体系のことで、量子の規則は独自の論理に従い、古典的なニュートン力学の従来の約束事には必ずしも従わない。ボルンから見れば、BKS理論のような大雑把《おおざっぱ》な仮説や現実離れした類比には何の利点もなかった。先に進む道を照らし出すために数学を拠《よ》りどころにした彼は、独特の巧妙な手法を考えていた。

古典物理学の言語は微分法であり、この計算法は連続的な変動や漸増《ぜんぞう》的変化を扱うために、ニュートン、および彼とは独立にライプニッツによって考案されたものである。けれども、原子の営みを理解しようとするなかで、物理学者たちは突発的かつ自発的で、連続性のない現象に直面した。原子はある状態にあるかと思えば、次の瞬間には別の状態になっている。二つの状態間での滑らかな移行は存在しない。従来の微分法は、こうした不連続な変化に対処できなかった。そこでボルンは、不満足であることは承知のうえで、差分法で代用するという考えを提案した（差分法は数学の一手法で、この場合で言えば、状態そのものではなく状態間の差を根源的要素と見なすことになる)。

ハイゼンベルクは、ボルンの考え方はクラマースが進めている試みと多少関係があると見て取った。どちらの取り組みも状態間の遷移を中心舞台に据え、根底をなす状態そのものは脇に追いやっていた。彼らの着想を熟考したハイゼンベルクは、自身とランデが少し前に経験に基づいて予言した奇妙な半整数の量子数の公式の一つを理論的に正当化する独創的な論拠を思いつく。小さな一歩で、どの程度の重要性があるのかも定かでないが、たぶん、正しい方向への一歩になるだろう。

このあと、一時の中休みが訪れる。ハイゼンベルクは一九二四年の夏、再びファートフィンダー団の仲間とともに、今度はバイエルンに出かけた。ここ何年も自身の新たな研究所の設立と運営に奮闘してくたびれきっていたボーアは夏休みを取り、スイスのアルプス地方とコペンハーゲン郊外の田舎屋でくつろいでいた。けっして怠け者ではなかったラザフォードも、じっくり骨休みをする分別を持ち合わせていたとボーアを褒《ほ》めている[3]。一九二四年の残りの期間、そして翌年に入っても、量子力学はその姿を現わさずにいた。

アインシュタインはかねてから、ボーアやクラマースやスレーターが広めようとしている類の物理学と付きあうくらいなら靴屋になったほうがましだとボルンに語っていた。仕事を辞めるなどと穏やかならざることを口にしていたのはアインシュタインだけではなかった。パウリは同僚宛に一九二五年の五月に書いた手紙でこんなふうに愚痴《ぐち》っている。「まさにいま、物理学はまたしてもひどい混乱状態だ。いずれにしてもぼくには手強すぎる。喜劇俳優かなんかになって、物理学のことなどけっして耳にすることがなければいいのにと思ってしまう。いまのせめてもの願いは、ボーアが新たに着想を得てぼくらを救い出してくれることだ」[4]。(当時のドイツでは、チャーリー・チャップリンの映画が大当たりをとっていた)。

だがボーアには、必要に迫られている新しい発想がどこから出てきそうか、彼なりの考えがあった。そのころコペンハーゲンを訪れていたアメリカの科学者に、「いまや、すべてはハイゼンベルクの掌中《しょうちゅう》にある。この困難な状況から抜け出す道を見つけるためのすべてが」と言ったのだ。(5)

ハイゼンベルクはようやく一九二四年九月に、数か月間の滞在を目的にコペンハーゲンに赴《おもむ》いた。彼がコペンハーゲンに着く日時を選んだのは、いまならクラマースがいないと知っていたからである。ハイゼンベルクよりも七歳年上で、立ち居振舞いと外見はもっと年上に見えたクラマースは、ハイゼンベルクを少しは怯えさせた唯一の若手物理学者だった。ハイゼンベルクがピアノを弾けたのに対して、クラマースはチェロとピアノが弾けた。ハイゼンベルクは悪戦苦闘の末にデンマーク語と英語を身につけた。かたやクラマースは、造作なく数か国語を話せた。クラマースは単に知識があるだけでなく、独断的でもあった。パウリがクラマースはとても愉快だと思っていたのに対して、ハイゼンベルクにとっては、それは人を見下したような態度だった。クラマースのことを回想しながら(歯軋《はぎし》りしている音さえ聞こえてきそうだ)、ハイゼンベルクは、クラマースは「あらゆる点で完璧な紳士だった。紳士すぎて手に負えなくて……」と言っている。(6)

さらに、クラマースはもう何年もボーアと親しい関係にあったから、ハイゼンベルクがうらやましいと思うしかなかったのも当たり前だった。

ハイゼンベルクはコペンハーゲンで研究テーマに着手したものの、すぐにボーアとクラマースに邪魔されてしまう。二人とも研究所から出る出版物のすべてを詳細に吟味しており、ハイゼンベルクが投稿したいと思っていた論文の欠陥を長々と並べ立てた一覧表を手渡したのである。「まったくショックだった」とハイゼンベルクは思い起こしている。(7)「ほんとうに頭にきた」。だが彼は抵抗した。

個人的な事柄に関してはあいかわらず引っ込み思案だったものの、自分の科学を守ることとなれば喧嘩も厭《いと》わない断固たる決意でいたのだ。彼は反論を打破して退けると論文を書きあげ、今度はボーアも（再度の修正という腹立たしい段取りはあったものの）発表していいと承知した。この一件でハイゼンベルクは自信を得たし、さらに、ときには自分の考えをしばらく伏せておくのが賢明であることも学んだのである。

ハイゼンベルクが初めてコペンハーゲンに赴く直前にパウリがボーアに宛てて書いた手紙があるが、そのなかの一つの段落は、ハイゼンベルクの科学面での性格を見抜いているがゆえに引用しておくに値する。

ハイゼンベルクに関しては、いつも非常に不思議な状況になってしまいます。彼の着想について考えていると、恐ろしいという印象を受けてしまい、手をつけずにいた自分に悪態をついてしまうのです。彼はまったく非哲学的です。つまり、明確な原理を導き出したり、そうした原理を既存の理論と結びつけたりすることにはいっさい注意を払いません。それでも、話をしていると素晴らしく好感をもちますし、彼には――少なくとも胸のうちには――これまでにないあらゆる種類の論理があることがわかります。そんなわけで私は、人柄の面でとてもいい男であることに加え、ほんとうに傑出していて天才ですらあると実感しており、彼なら間違いなく、再び科学を前進させることができると思っています……あなたと彼がいっしょになれば、必ずや原子理論で大きな一歩を踏み出すことになるでしょう……さらに、ハイゼンベルクが哲学的な姿勢で思考するようになって戻ってくるものと期待しております。(8)

たしかにハイゼンベルクは変わった——ともかくもほんの少しは。クラマースとの煩《わずら》わしい短期間の共同作業の間に、ハイゼンベルクは原子を調律された振動子の組み合わせとする描像を以前にもまして真剣に受け止めるようになった。原子の理論の要件に対する彼の見方は、急速な進化を遂げつつあった。古典力学に支配された明確な軌道を電子がたどるゾンマーフェルト流のモデルは、いまや完全に過去のものだった。もちろん、ハイゼンベルクはまだこうした考え方に代わる何ものも手にしていない。だが、彼の焦点が変わっていくのを押し止めることはできなかった。原子がどうなっているかなど大して気にしなくていい。どんな振舞いをするのかをもっと考えるのだ。

しかし、見方を変えたといっても、そのことが実際の理論につながらなければ意味はない。ハイゼンベルクは進化しつつある自分の考えを筋の通る形にまとめるために、何らかの手立てを見出さなければならなかった。再びゲッティンゲンに戻って熟考に熟考を重ねた彼は、一気に過去へとさかのぼることで、前へ進む道を見つけた。あっちへふらふらこっちへふらふらしていた彼の心を今回捕らえたのは、一世紀もの歴史をもつ数学のための手法、フーリエ級数だった。

目新しさはないけれど、わかりやすい例をあげれば、バイオリンの弦の振動は、たとえどんなに耳障りで不快に聞こえようとも、弦の純音に何らかの重みづけをして足し合わせたものにほかならない。つまり、基音と倍音の組み合わせになっているのである。ハイゼンベルクは、いまでは原子を振動子の組み合わせとして考えていた。ここにきて彼の心に浮かんだのは、この比喩《ひゆ》的イメージをとことん引きずっていくことだった。「この考え方自体がすでに示唆していることですが」と彼は三〇年後に行なった講演で述べている。「力学の法則は電子の位置と速度についての方程式としてではなく、フーリエ展開をした電子の振動数と振幅についての方程式として書き表わさなければならないのです(9)」。

ハイゼンベルクの素っ気ない言い回しでは、この目論見がいかに突飛で過激なものかはまったく伝わってこない。古典物理学では、位置と速度は粒子がもつ決定的な性質であり、力学の法則を適用する基本的な要素である。ところが、原子内の電子についてハイゼンベルクはいま、依然として仮説でしかない振動子の振動数と振動の激しさ（振幅）が新たな計算法の根本的要素であり、したがって電子の位置と速度は振動子の強度によって二次的に定義するしかなくなると言い出したのだ。これは革命的な逆転だった。ボーアとゾンマーフェルトに始まる前期量子論の中心にあった考え方は、原子内で電子がどのように運動するかを解き明かし、その電子の運動をもとに原子の分光学的振動数を導くというものだった。ハイゼンベルクはこの論法を完全にひっくり返した。特徴的な振動数が彼の原子物理学の基本的要素となり、電子の運動は間接的に表現されるだけなのである。

「この考え方自体がすでに示唆している」。ハイゼンベルクは何年も経ってから右の事実をこんな風に述べたが、彼にとっては示唆していても、ほかの人たちにはそうではなかった。ここでのハイゼンベルクの飛躍は、アインシュタインが成しとげた例の飛躍を思い出させる。あのときアインシュタインは、自明と思われていた時間と場所の観念をもう一度じっくり検討したから、相対論へと導かれたのだ。当然とされていることを疑問視するのが、おそらくは天才のしるしなのだろう。

けれども天才には不屈の精神も必要である。ハイゼンベルクにとって、電子の位置と速度を原子の基本振動の組み合わせで表わして、方程式として型どおりの数学による手法で書き留めるのは容易だった。だが、いくつもの要素からなるこれらの式を力学の標準的な方程式に代入すると、とんでもないめちゃくちゃな結果が生じてしまった。たった一つの数字だったものが数字の羅列になってしまった。単純だった数式は何ページにも膨らんで、ごちゃごちゃになって同じものが繰り返し出てくる始末だった。何週間もの間、ハイゼンベルクは別の計算法を試み、フーリエ級数を代数的にさんざん弄《いじ》り回したり、無駄な足掻《あが》きをしてみたりしたが、そのあと急ブレーキがかかったかのように突然中断してしまったのは、ひどい花粉症に襲われて頭の働きが鈍ってしまったためだった。

六月七日、ハイゼンベルクは夜行列車に乗ってドイツの北海岸へ向かった。顔は赤く腫れあがっていて、次の朝、朝食をとるために立ち寄った宿の女主人は、この人はだれかに殴られたのだと思ったほどである――一九二〇年代半ばのドイツならありうることで、突飛な考えではない。このあと彼はフェリーに乗船して、北海の沖合い約八〇キロに浮かぶヘルゴランド島という緑の乏しい小さな島に向かった。第一次大戦中は軍の前哨基地だったヘルゴランドは、このときには保養地になっており、きれいな海と澄んだ空気と日常との隔絶を求める人々が多数訪れていた。

ハイゼンベルクは一〇日間ほど逗留《とうりゅう》し、ごつごつした岩だらけの海岸に登ったり、静かにくつろいだり、ゲーテの本を読んだりしたが、人と話をすることは滅多になく、考えてばかりいた。四六時中思案を巡らしていたのだ。ハイゼンベルクにとって、かねてから逃避とは自然の中に籠もることだった。山や森や水辺に行くのである。頭が徐々に冴《さ》えてきた。一人になれたこの土地で、ハイゼンベルクは自分の心を物理学に釘付けにすることができた。

ハイゼンベルクを行き詰まらせていたのは概念上の大きな難問ではなく、掛け算に関わる初歩的な問題だった。彼は位置と速度を単一の数から多数の成分の和の形に変えていた。異なる二つの数を掛け合わせれば別の数が得られる。数が並んでいる二つの数表を掛け合わせると、考えられる項は第一の数表のそれぞれの数に第二の数表のそれぞれの数を掛けたものになるから、ページを埋めつくすほどの項が生じてしまう。そのうちのどの項が重要で、どのように加算すれば意味のある結果が生まれるのだろう?

この混沌とした状況を何とか論理的に整理しようとしていたハイゼンベルクは、数学ではなく物理学に集中することで答えを見出す。彼が用いていた代数計算の基本的な成分は振動であり、それぞれの振動は一つの状態から別の状態への遷移を表わしている。このような二つの要素の積は、ある状態から第二の状態を経て第三の状態へ移る二重遷移を表わすにちがいない、とハイゼンベルクは見抜いた。ここにきてハイゼンベルクが導き出した掛け算表の配列法は、同一の始状態および終状態に対応する成分をひとまとめにし、考えられる中間状態のすべてにわたる計算をするというものだった。こう理解した――多少骨を折ったあとだったことは確かだが――ことで、彼は重要な鍵を手に入れ、処理が容易で実用性のある積の演算則を編み出すことができた。

ある日の朝三時、眠れないままに小さな宿のベッドに横たわっていたハイゼンベルクには、手がけている新たな力学での計算を可能にする手段を手に入れたことがわかっていた。たとえば、何らかの系の力学的エネルギーを例の奇妙な計算で表わして数学公式に書きとめることができる。もっとも、満足のいく結果が得られる保証はなかった。あの手の込んだ手法からは、意味をなさないものが飛び出してくるかもしれない。

そこで彼はベッドから起き上がって計算を始めた。興奮していたためにしょっちゅう見落としや誤りを繰り返し、何度も初めからやり直さなければならなかった。だが、ようやく答えに到達したとき、これほどの結果が得られるとは、ハイゼンベルクも夢にも思い描いていなかっただろう。彼は嬉しさと戸惑いを覚えながら、自分の奇妙な数学がまさしく、系のエネルギーについて首尾一貫した結果をもたらすことを見出したのだ――もっとも、そうなるのは、エネルギーが限定された一連の値のどれかを取る場合に限られていた。ハイゼンベルクの新たな力学形式は、実際には量子化された力学の一形式だったのである。

これは驚きであると同時にまったく不可解なことだった。原子の量子論を目指した従来の試みでは、いずれの場合も途中のどこかで、プランクが最初に思いついた量子化の規則ないしはそれに近い別の規則を取り込まなければならなかった。そんなことをハイゼンベルクはいっさいしていない。彼は単純な力学系を表わす標準的な方程式を書きとめ、位置と速度を表わす例の不思議な複合式を代入し、あの斬新《ざんしん》な積の演算則を適用した。すると、このような変換を行なっても数学的に問題がないのは、エネルギーが特定の値を取る場合に限られていたのである。

言い換えると、彼の体系は自然に量子化されるようになっていて、さらに量子化を推し進める必要はいっさいなかったのだ。四半世紀前にプランクが放射は量子化されているにちがいないと見抜いたように、今度はハイゼンベルクがまったく異なるやり方で、力学系のエネルギーも同じように量子化されているにちがいないことを明らかにした。当惑を覚えるのみならず驚嘆すべき発見だった。

神経が昂《たか》ぶって眠れなかったハイゼンベルクは、もう朝がきてうっすらと明るくなっていたなかを海岸まで歩いていき、岩に登って新たな一日の始まりとなる日の出を待った。この発見は天が与えてくれたものだと彼は思った。約束されていたわけでもなく、予想すらしていなかった大発見だった。暖かい陽光を浴びて岩の上に横になった彼は、あの奇妙な計算が見事に首尾一貫していたことに驚愕《きょうがく》を覚えた。そしてひそかに考えた、と彼は後年思い起こしている。「まあ、ふつうでは考えられないことが起こったんだ(10)」。

不安を覚えることが一つあった。例の積の演算則には交換則が成り立たないのである。要するに、xにyを掛けたものは必ずしもyにxを掛けたものに等しいとは限らないということである。ハイゼンベルクはこれまで、こんなものに出くわしたことは一度もなかった。だが、これこそがハイゼンベルクが必要としていたものだったし、新たな物理学の要請だったのである。

ゲッティンゲンへの帰途、ハンブルクに立ち寄ったハイゼンベルクが熱くなりながらパウリに助言を求めると、パウリはその発想をすぐに詳しくまとめるといいと熱心に促した。そのあとの数週間にパウリ宛に書いた何通かの手紙のなかで、ハイゼンベルクは、なかなか捗《はかど》らない、さっぱり見えてこない、どうひねり出せばいいのかわからないなどと愚痴をこぼしている。それでも、同じころに最新の成果として、量子力学について展開しつつある自らの見解の屋台骨となる一連の考え方と結論をパウリに伝えていた。七月上旬には自分で「突拍子《クレージー》もない論文」(11)と呼んだ論考を書き終え、明らかにした事実を順序だてて説明した。写しの一通をパウリに送ったハイゼンベルクは、友人の評価を心待ちにする一方で恐れてもいた。彼はパウリに、古典論的な位置や速度の考え方を一掃した点では正しい道を歩んでいるという自信はあるが、これらの重要な考え方の自分流の変形版が正しいという確信はいまもてずにいると伝えた。論文のこの部分は「見てくれだけで説得力に欠ける」ように見えますが、と彼は正直に打ち明けている。「それでも、私よりわかっている人なら、もしかするとそこから筋の通るものを生みだせるかもしれません」。彼はパウリに、「完成させるか焼き捨てるかのいずれかにしなければなりませんので」、草稿についての返事を二日以内にしてほしいと頼んでいた。(12)

ゲッティンゲンではハイゼンベルクはボルンに草稿を渡し、自分で下した評価をあまり信用するわけにはいかないので、この論文が発表に回す価値があるのかどうか自分にはわからないと言った。ボルンはすぐに夢中になり、この論文を『ツァイトシュリフト・フュア・フィジーク』誌に投稿した。垢抜けしないやり方で表現されていたハイゼンベルクの奇妙な計算は、数学に対するボルンの鋭い知性に驚きと興奮を呼び起こし、最初は理由がわからなかったものの、評価できるという漠然《ばくぜん》とした認識のきざしのようなものを生じさせた。数日後ボルンはこの件をアインシュタインに伝え、ハイゼンベルクの研究は「たいへん不可解に見えるとはいえ、正しく、核心を突いていることは間違いありません」と知らせた。(13)

コペンハーゲンでの一件で懲りていたハイゼンベルクは、八月末になってようやく論文のことをボーアに打ち明けた。「おそらく、クラマースから聞き及んでおられると思いますが、私は量子力学の論文を書くという大それたことをしでかしてしまいました[14]」。彼は詳しいことは教えずにこう書いていた。ハイゼンベルクがヘルゴランド島から戻ったとき、クラマースはたまたま数日間ゲッティンゲンにいた。クラマースとハイゼンベルクが話をしたのは確かだが、クラマースは二人の間であった話の内容をいっさいボーアに知らせなかった。自分の考えにまだ確信がもてなかったうえに、かねてからクラマースを用心していたハイゼンベルクは、ごくわずかなことしか話さず、そのためにクラマースには理解できなかったということも十分考えられる。

ハイゼンベルクは大胆な宣言で論文を書き出している。「ここに一つの試みを行なうのは」と彼は書いていた。「原則として観測可能な量の間の関係だけに基づいた量子理論的力学の拠りどころを得るためである[15]」。観測が可能なこと――それがこの新たな力学が前面に押し出している原則だった。電子の振舞いを直接説明しようと懸命《けんめい》になっていたことなど忘れ、代わりに、知りたいと思うものを見えるもの――原子の分光学的特性――によって表わすのである。

根本的な変革をもたらす結果を含んでいるにもかかわらず、ハイゼンベルクの論文が説明している内容は奇妙なほど具体性に欠けていた。型どおりの言葉で定義された単純な力学系について述べているだけなのだ。実際の原子や電子の議論はどこにも出てこない。この論文は量子力学の基礎であって、本体そのものではなかった。この新たな取り組み方が本物の物理学理論につながるかどうかはまだ不明だった。

パウリは数週間後に、これも物理学者だった人物に手紙を書き、ハイゼンベルクの着想は「ぼくに生きる喜びと希望を与えてくれた……再び前へ進むことができる」と述べた[16]。この短い論文を読んだとき、アインシュタインはまったく別の受け止め方をした。彼はすぐに同僚に宛てて、「ハイゼンベルクは量子論でとんでもないことをやらかしました。ゲッティンゲンの連中は大成功だと信じていま す（私は大しくじりだと思っています）」としたためた。[17]

おそらくハイゼンベルクは、自分でも言っていたように、量子力学について書くという大それたことに手を出してしまったのだろう。それに対する評決はまだ下されていない。いずれにしても、ハイゼンベルクがやがて知るように、こんな非道な振舞いを犯したのは彼だけではなかった。

第一〇章　かつての体系の精神

一九二四年一一月、パリ大学の理学部の教職員が集まったのは、ある学位論文の試問に出席するためだった。志願者のルイ・ド・ブロイは三二歳だった。科学の道に進んだのが遅れたのは、そもそもは一家の伝統のせいだが、そのあとの戦争のせいもあった。ド・ブロイ家は何代にもわたってフランスで政治家、行政官、軍人を輩出していた。ルイの父も議員を務めており、ルイも将来は外交官になるつもりでソルボンヌ大学で歴史を学んだ。彼にはかなり歳の離れた兄、モーリスがいたが、この兄は一八九〇年代にX線に夢中になり、父と祖父の期待に背いて科学者としての人生を歩むことになった。モーリスは弟の頭に放射線や電子のおもしろい話を山のように詰め込んだ。ルイもまた科学に転じた。

第一次大戦中に移動無線通信隊の軍務についたルイは、古典的電磁波理論の実用面での有用性をじかに学んでいた。兄からは、異論の多い考え方だった光量子の話を聞いていた。光についての二つの見方が一見矛盾していることに気づいた科学者はルイだけだったわけではないが、それでも彼の場合は、これまでだれも考えたことのない角度からこの問題に取り組んだのである。

一九二三年の後半、素朴な考えが彼の頭をよぎった。アインシュタインの言う量子の形態の光が、少なくとも考え方のうえでは粒子の流れのように見える作用の仕方をするのなら、粒子も波動としての性質を示していいのではないだろうか？

ド・ブロイは急ごしらえとはいえ独創性に富む推論をまとめ、放射に関するプランクの量子則と運動している物体に関するアインシュタインの有名な式 $E = mc^2$ とを組み合わせることで、波長を高速で運動しているあらゆる粒子と結びつける、論理的に首尾一貫した議論を提示することができた。粒子が高速で運動すればするほど、この波長は短くなるのである。

けれども、これは単なる代数公式の域を越えたものなのだろうか？　この波長は実際に何らかの波動のような振舞いを暗示しているのだろうか？　量子論の深い知識の足枷《あしかせ》がなかったド・ブロイが、自分の考えを時代後れもはなはだしいボーアの原子モデルに適用してみると、驚くべき結果が現われた。原子核の周りのいちばん内側の軌道を回っている電子の場合、彼が計算で求めた波長は軌道の円周の長さとぴったり同じだったのである。次の軌道――先の軌道よりもエネルギーが大きく、半径も大きい軌道――の電子では、軌道の円周の長さは電子の波長の二倍だった。三番目の軌道は波長の三倍の円周があるというふうに、簡単な数列になっている。

バイオリンの弦の基音と倍音が、波長の整数倍が弦の長さになる振動に対応しているのとまったく同じで、ボーアの原子モデルで許される軌道は、電子の波長の整数倍がほぼ円周の長さになっているのである。もしかすると、量子化が不可解だといっても、結局のところは振動している弦の物理学と同じ程度でしかないのかもしれない。

ド・ブロイは一九二三年の暮れに出た二篇の論文で自身の考えを発表したが、この論文はほとんど注意を引かなかった。一年後にもっと完成された形にして学位論文の試問に提出すると、慎重な反応が返ってきた。試験官たちから見ると、電子の波という考え方は単純化のしすぎであると同時に、あまりにも空想的すぎた。ド・ブロイの数式には文句を言えなかった。何か物理的な意味があるのかどうか、彼らには判定しかねたのである。それでも試験官の一人はド・ブロイの論文の写しをアインシュタインに送った。大きな影響力を秘めた単純な考え方を好んだアインシュタインの評価は曖昧《あいまい》だった。霧が晴れ出した、と彼は述べたのである。(1)

だが、ほかにはだれも大して注意を払わなかった。

一八九二年生まれのド・ブロイは、ゲッティンゲンなどで新手の物理学を創造しつつあったハイゼンベルク、パウリらの冒険心に富む若者たちよりも一〇歳ほど年上だった。そのド・ブロイよりさらに年長だったエルウィン・シュレーディンガーは一八八七年に、裕福ながら多少厳格さに欠けるウィーンの一家に生まれた。彼の家系はオーストリア人のみならずイギリス人も祖先にもっていた。一人っ子だったエルウィンはウィーン中心部の豪奢《ごうしゃ》なアパートで成長した。一家は音楽にはほとんど興味がなく、一九世紀末期の痛快で扇情《せんじょう》的なウィーン演劇が大好きだった。エルウィンは女手——神経質な母とその二人の妹——で育てられた。ギムナジウムでも彼が目立ったのは、だれの目からも明らかな知的能力のせいのみならず、自信たっぷりに愛嬌を振りまくちょっと怪しい仕草のせいでもあった。

シュレーディンガーがウィーン大学に入学したのは一九〇六年の秋で、ボルツマンの自殺から数週間後のことである。大戦中は実戦を体験し、勲章をもらっている。彼にいちばん大きな影響を及ぼした師のフリッツ・ハーゼンエルルは戦死した。ハーゼンエルルを失ったことが、数年後にパウリが勉強をするために故郷を離れてミュンヘンへ赴《おもむ》くことになった主たる理由の一つだった。二十代に数え切れないほどの色恋にうつつを抜かした末に、シュレーディンガーは一九二〇年に彼を敬愛して面倒を見てくれていた一人の女性と結婚する。彼はこの女性を、自分を育ててくれた女性たちの代わりとして頼りにするようになったとはいえ、結婚によって自分の自然な衝動が妨げられなければならない理由はいっさい理解できなかった。結局、彼は別の三人の女性との間に三人の子どもをもうけたが、妻との間には子どもは一人もいなかった。

シュレーディンガーは一九二一年に、そこそこ満足できるチューリヒでのポストを受諾することにした。戦後のウィーンに比べれば、ここのほうが暮らしやすかったからである。彼はこのときまでに固体の原子レベルでの性質、宇宙線、拡散とブラウン運動、一般相対論の研究を発表していて、それぞれ高い評価を得ていたが、どれ一つとっても特別際立つものではなかった。当時議論になっていた問題を研究したとはいえ、シュレーディンガーにはどこか伝統を重んじるところがあった。彼は、ボーア゠ゾンマーフェルトの原子では、電子は一つの軌道から別の軌道に突発的にジャンプするという考え方が嫌いで、このような類《たぐい》の不連続性は物理学にふさわしいものではないと考えていた。なぜなら、アインシュタインも不満を口にしていたように、こうした不連続性によって、多少とはいえ予測不能性がもちこまれ、認められる理由もないのに物事が生じてもいいことになってしまうからである。

ド・ブロイが電子軌道を定常波として解釈しなおしたという話が少しずつ漏れ伝わるようになると、シュレーディンガーは一、二年前に発表した自分の理論面での成果が、同じ内容をはるかに漠然《ばくぜん》とした形で述べていたことに気づく。ド・ブロイが理論に関しては生半可だったのに対して、シュレーディンガーには数学の手法を高度に操れる専門知識があった。ド・ブロイの直観的で大まかな構図に着目したシュレーディンガーには、ここから本物の理論を作れるはずだとの考えがあった。

一九二五年の半ば、ハイゼンベルクが北海に浮かぶ岩だらけの地に留《とど》まって例の奇妙な新たな計算法を工夫していたころ、シュレーディンガーはド・ブロイの電子波を敷衍《ふえん》して一篇の論文を書き、そのなかでついでに触れるという形で、粒子は実際にはいささかも粒子などではなく、根底に横たわる波動場の現われ、彼が言うところの波動場の「波頭」[2]であるという考えを述べた。この考え方はシュレーディンガーの物理的世界観にぴったりだった。ひとたび粒子の存在とエネルギーの離散的な塊の存在を受け入れてしまうと、不連続性、自発性をはじめ、それらに関係する同じような面倒のすべてが避けられなくなる。だが、粒子は実際には根底にある波動や場が表面に姿を現わしたものだと考えれば、連続性を復活させることができるのである。

シュレーディンガーがド・ブロイ波からもたらされる驚くべき結果の素晴らしさを何度となく繰り返して強調すると、はるかに懐疑的だったチューリヒ大学の同僚たちは異議をぶつけてきた。もしも、こうした波動が、言ってみれば未来に生ずるものの波動だということになれば、その波動方程式はどうなるのか、というのである。ド・ブロイの議論は、一つの波長をある速度で動いている電子に割り当てただけだった。その波動の正体、何がその形を決めるのか、さらに、たとえあるにしても、物理学的にどんな意味をもつのかについては何も述べていなかった。広く認められている古典論の波の運動では、いずれの場合――電磁波であろうと海の波であろうと音波であろうと――も、数学によって表わされた方程式は、振動している「もの」を振動の原因となる力や影響と関係づけている。ド・ブロイ波の場合にはそのような波動方程式は存在しなかった。この時点では、ド・ブロイ波は現実の波動ではなく、むしろ波動についての実体のない考え、ないしは波動を抽象化した考え方だった。

一九二五年のクリスマス休暇、シュレーディンガーは妻のもとを離れて愛人とともにスイスのダヴォス郊外の保養地で数日間を過ごした。愛人がだれだったのか、名前は記録に残っていない。ともかくも、ある物理学者がのちに「彼の人生における遅蒔きながらの欲情の暴発」[3]と表現した状況のなかで、シュレーディンガー（もう四〇に手が届こうとしていた）は捜し求めていたものを見出した――ド・ブロイが直観的に得た結果をきちんとした形式で表現した方程式である。（本当のことを言えば、このときの情事はシュレーディンガーの人生に何回もあった「欲情の暴発」の一つでしかないのだが、重要な物理学理論をもたらしたのは今回だけだった）。

シュレーディンガーの方程式は、一種のエネルギー関数を表わす演算子によって決定される場を記述していた。この方程式を原子に適用すると、限られた数の解が静的な場のパターンとして得られ、それぞれが、ある特定のエネルギーをもつ原子の状態を表わしている。量子化を実現させるやり方は、嬉しいくらい古典論の手法に似ているように見えた。原子の状態に対応する記述を得るために、シュレーディンガーは数学者が述べているかのように、解は遠方ではゼロに近づくものでなければならない——さもないと、空間のごく一部を占めている物体に対応しない——と規定したのである。この条件をおいたために、彼の方程式から得られたのは、とびとびのエネルギーをもつ一連の安定した配置だけだった。これは少しも不思議ではないとシュレーディンガーは考えた。両端を固定したバイオリンの弦の場合に、限られた数の振動の組み合わせが得られるのと何も変わるところはないのである。

さらに好ましいことに、シュレーディンガーは一九二六年に発表した数篇の論文のうちの一つで、ある状態から別の状態への遷移である量子ジャンプは、いまでは突発的・非連続的な変化としてではなく、ある定常波のパターンから別の定常波のパターンへの滑らかな移行として理解することができ、移行の際に波動は急速に配置を変えるものの、変化は連続的に生じると示唆した。

かの保守派の大物は喜んでいた。アインシュタインはシュレーディンガーに熱烈な手紙をしたため、余白に「あなたの論文の考え方を見れば、本物の天才であることがわかります」と走り書きしているのである。[4] アインシュタインとプランクは、すぐにシュレーディンガーをベルリン大学に招いた。アインシュタインは再度シュレーディンガーに手紙を書き、「あなたが決定的な前進を成しとげられたと確信しているのですが……それと同じくらい自信をもって言えるのは、ハイゼンベルクとボルンのやり方は間違った方向に進んでいるということです」と告げた。(5) 古典論の秩序が突如として回復されたかのようだった。

アインシュタインがハイゼンベルクとボルンのやり方と呼んだのは、シュレーディンガーのそれとは対照的に、風変わりでわかりにくく、近寄りがたさを感じてしまう数学体系のことで、ハイゼンベルクがヘルゴランド島で得たひらめきが急速に実を結んだものだった。七月一九日、あいかわらず、ハイゼンベルクの奇妙な計算がおぼろげながらも親しみを感じさせた理由を解明しようと苦闘をつづけていたマックス・ボルンは、ドイツ物理学会の会合に出席するために列車に乗ってハノーファーに向かった。客室に座って本を読んだり走り書きをしたりしていると、徐々に見覚えがある理由がわかってきた。ハイゼンベルクが思いつきでやっていた計算は、行列代数の名で知られる、数学でも難解な分野の範疇《はんちゅう》に入るものだったのだ。ボルンは何年も前、まだ純粋数学者になろうとしていた時分に行列代数を多少勉強したことを思い出した。このときにいたるまで、彼は行列を実用的な目的に利用したものに一度もお目にかかったことがなかった。

行列《マトリックス》というのは、数字を横の行と縦の列に並べて配列したもので、行列代数は行列どうしを一貫したやり方で加え合わせたり掛け合わせたりするための演算則のことである。ボルンはいまになって、ハイゼンベルクの計算で使われる要素は同じように正方形の配列形式に書くことができ、配列したそれぞれの位置によって、原子がある状態から別の状態へ移る遷移を表わせることを知った。きわめつけは、ハイゼンベルクがあれほど苦心して編みだした乗法の規則が、少数の数学者たちには以前からお馴染《なじ》みの行列の乗法の規則そのものだったことである。言うまでもなく、ハイゼンベルクはそんなことは知らなかった。物理学に対する鋭い洞察《どうさつ》があったがゆえに、彼は必要としていた答えに到達したのである。

ボルンはこのとき、量子力学におあつらえ向きの数学分野が、完全な形で以前から存在していたことに気づいたのだ。ハンブルクから南に向かっていたパウリが途中で列車に乗り込んできて、偶然ボルンを見つけた。ボルンは見出した結果に興奮し、いましがた理解したことを説明したくてうずうずしていた。パウリはまったく感心しなかったわけではないが、かなり辛辣《しんらつ》だった。「冗長で複雑な形式主義がお好きなことは知っています」。ボルンはパウリがこう言ったのを思い起こしている。「あなたの不毛な数学は、ハイゼンベルクの物理学の発想をだめにしてしまうだけですよ」(6)。じきに行列力学と呼ばれることになる分野はこのようにして世に迎えられた。

けれども、ボルンがかつての教え子の皮肉で思い止まることはなかった。ゲッティンゲンに戻ると、新たに助手となったパスクワール・ヨルダンとともに、行列代数のきちんとした用語を用いてハイゼンベルクの体系の完全な記述を作りあげた。このあと、ハイゼンベルクがケンブリッジへの旅とファートフィンダー団の仲間たちとの鋭気を養うための小旅行から戻り、ボルン、ヨルダンに加わって「三者論文《ドライメンナーアルバイト》」と呼ばれることになる試みに取り組み、行列力学をさらに洗練されたものにするとともに、扱える範囲を広げた。ハイゼンベルクは物理学における自分の直観が大いに役立ったことを喜んでいたが、にもかかわらず、少なくとも友人のパウリの懐疑的な態度に心の痛みを感じてもいた。彼は「行列力学」という名前が嫌いだった。あまりにも純粋数学を思わせる名だし、大半の物理学者にはなおのこと馴染みがなく、取っつきにくさを与えてしまうような言い回しに思えたのである。

くすぶりつづける諍《いさか》いはこのときに根を下ろした。ボルンは生涯にわたって、量子力学に果たした自分とヨルダンの貢献が過小評価され、ひいては見過ごされてすらいるとの憤懣《ふんまん》を抱きつづけるのである。実体を知らないままに行列代数を思いついたのは、「ハイゼンベルクが恐ろしいほど頭の回転が速かったからだ」とボルンは認めているが、(7)それでも、ハイゼンベルクが成しとげた概念上の飛躍がどれほど大きなものだったのかは理解できなかったように思われる。ボルンは、彼とヨルダンがハイゼンベルクの発想を数学的厳密さによって整然とした形にしたとき初めて、ハイゼンベルクの発想は真に理論と呼べるものになったと信じていた。いかにもボルンらしい考えである。物理学の洞察力に欠けていたボルンには、科学的な直観が自分以外の人間のなかでどれほど大きな力になるのかを正しく評価することができなかった。ハイゼンベルクは「恐ろしいほど頭の回転が速かった」という言い方は、ボルンがこの若い同僚を、思いがけない幸運が天から降ってきたぼんくらな学者のようなものと考えていたことを示しているように思われる。

いずれにしても、行列力学が物理学者たちの世界から熱狂的な歓迎を受けたわけではなかった。まず、馴染みのない数学分野を学ばなければならず、学んだとしても、今度は行列が物理学的に何を表わしているかを理解するのに悪戦苦闘しなければならなったからである。行列代数の姿をまとった量子力学は、恐ろしいほど込み入っていた。それと同時に、行列力学は主として形式上の成果のように見えた。数理物理学者たちは行列力学が論理的に正しく、量子論にまとわりついている不可解な記述の多くをうまく表現していると断言した。それはそれでたいへん結構なことではあるけれど、行列力学を用いて何ができると言うのだろう。

パウリはあいかわらずどっちつかずの態度をとっていた。ボルンとヨルダンの論文が発表された直後に、彼は同僚に宛てて「今すぐやらなければならないのは、ハイゼンベルクの力学が形式を重んじるゲッティンゲン流の学問によってこれ以上薄められないようにすることと、物理学的本質をいっそう明確に引き出すことです」と書いていた。(8)ハイゼンベルクは一時、パウリの批判的な態度に冷静さを失い、怒りもあらわに「いつまでもコペンハーゲンとゲッティンゲンのことで不満を漏らしているのには、心底がっかりしてしまいます。私たちが意図的に物理学を台なしにしようとしているのでないことは、あなたも認められるはずです。物理学的な面では何も新しいものを提示していないのだから、あいつらはどうしようもない大ばか者だと文句をつけているのなら、たぶん、あなたの言われるとおりでしょう。けれどもそれなら、あなただって負けず劣らずの大ばか者なのではないでしょうか。あなたも何も成しとげてはいないのですから[9]」。

かちんときたパウリは研究に専念し、一か月もしないうちに、行列力学の威容を誇る姿を変えることなく巧みに利用して、水素原子のスペクトル線のバルマー系列を導き出した。何年も前にボーアが自ら考案した最初の簡単な原子モデルでやったのと同じことをやってのけたのである。パウリの計算は離れ業であり、行列力学が数学における形式主義に留まるものではないことを力強く文句なしに実証していた。「言うまでもないことですが」と、いまでは怒りも収まったハイゼンベルクは書いている。「新しい水素の理論にとてもわくわくしていますし、あなたがこんなにも早く解き明かされたことにたいへん驚いています[10]」。

一方で、パウリによる証明はだれもができるような簡単なものではなかった。手に負えない数学が、あいかわらず物理学者の多くを怖気づかせていた。行列力学は知的な面で意味深いと言ったところで、論証の過程をたどれなければ何の意味もないのである。

さらなる混乱は一九二五年の一一月に、ケンブリッジ大学の若き物理学者、ポール・ディラックによる洗練された論文の形をとってもたらされた。ディラックはハイゼンベルクがほんの少し前にケンブリッジを訪れた際には顔を合わせなかったらしいが、ハイゼンベルクが送り届けた論文の写しを見ていた。ハイゼンベルクの卓見を理解して自分のものにしたディラックは、量子力学を厳密な数学によって表わす独自のやり方を思いついた。ボルンとヨルダンが考え出したものに似ていたが、基礎はちがっていた。ディラックは古典力学に戻って、あまり注目されることのなかった周辺部分に手を伸ばし、ハイゼンベルクの乗法の規則にも従う微分演算子［ポアソン括弧《かっこ》］を探し出した。ディラックの計算法からは行列によく似た成分が出てくるが、これらは副次的に現われるだけだった。

万事うまく収まるように見えた。だが大きな当惑を覚えたのは、量子力学は二つの数学体系による装いが可能なことで、両者は関係がありそうだとはいえ、まったく別物だったのである。ゲッティンゲンで行列が好まれたのは当然だったが、コペンハーゲンではディラックの洗練された解析が賞賛を勝ちとった。こちらのほうが一般的で、威力を発揮することが明らかになったからである。

その間、これら特別な集団の外部にいた物理学者たちは、だれか自分たちにも理解できる形の量子力学を作ってくれないものだろうかと思っていた。だからこそ、シュレーディンガーの波動方程式は、一九二六年の初めに登場したとき、あんなにも歓迎されて受け入れられたのである。波動方程式は奇妙な代数などいっさい含んでおらず、まさに昔ながらの微分方程式だった。シュレーディンガーは、行列力学をどう受け止めているのかを忌憚《きたん》なく述べていた。「恐ろしくて近づかなかったのは」と彼は書いている。「跳ね返されたからではないにしても、行列力学の一般常識を超えた代数学の手法のためであり、私にはきわめて手強いように思えた(11)」。

ゾンマーフェルトもやはり波動方程式の利点を見て取った。彼の考えでは、行列力学は「非常に込み入っていて、恐ろしいほど抽象的だった。いまでは、シュレーディンガーがやってきてわれわれを救いだしてくれた(12)」。

けれども、シュレーディンガーにはもっと大きな課題があった。量子力学をわかりやすくした別形式を普及させるだけでなく、量子力学がもたらした弊害《へいがい》を一部なりとも取り除きたいと思っていたのである。一九三三年のノーベル賞講演のなかでシュレーディンガーは、波動方程式を生み出そうと苦闘していたときに最優先に考えていたのは、力学の「かつての体系の精神」を守ることだったと話している。

シュレーディンガーは、粒子は微小なビリヤードの球ではなく、個別の物体の幻影を作りだすいくつもの波動がぎっしり集まった塊なのだと主張する。基本的にはあらゆるものが波動に帰着するのである。根底には連続体があり、不連続性もなければ離散的な実体もない。量子ジャンプなど存在せず、ある状態から別の状態への滑らかな移行があるだけなのだ。

もっとも、このなかにはシュレーディンガーの波動方程式から直接導かれるものは一つもない。自分の波動方程式からもたらされると期待していただけだったのである。一九二六年七月、彼は自分が打ち立てた量子力学の波動版を演題にした講演をミュンヘン大学で行なった。ハイゼンベルクもミュンヘンにいた。両親を訪ねるとともに、シュレーディンガーの話を直接聴くという二つの目的でコペンハーゲンから戻ってきたのである。ハイゼンベルクは波動力学の実用面での有用性、つまり、簡単な計算を可能にした手法を賞賛していた。だが、かなり大雑把《おおざっぱ》なシュレーディンガーの主張が気に入らず、聴衆のなかから立ち上がって二、三の異議を唱えた。物理学が再び完全に連続したものになってしまったら、光電効果やコンプトン散乱はどうすれば説明できるのでしょう、と彼は質問した。いまではどちらの現象も、光が不連続なまぎれもない塊としてやって来る直接の証拠になっているのではないでしょうか？

この発言に、ウィルヘルム・ウィーンがいらいらしたようにやり返した。ほんの三年前の博士号の口頭試問でのハイゼンベルクの受け答えが、救いようのないほどひどかったことを記憶に鮮明に留めていたことは疑いない。ウィーンはシュレーディンガーが口を開くよりも前に話に割り込み、ハイゼンベルクが思い起こしているところによると、「ハイゼンベルクには私の残念な思いがわかっているだろうが、量子力学が量子ジャンプなどのあらゆる無意味なものを道連れに消え去ろうとしていて、私が述べた難題も、シュレーディンガーによってもう間もなく解決されてしまうことは疑いない」と述べた。(13)

だが、ゾンマーフェルトもシュレーディンガーの話を聞いてから疑問をもつようになった。彼は直後にパウリに宛てて、「波動力学が賞賛に値する微小世界の力学であることは確かですが、量子の根本的な難問を解決するには程遠いというのが、私の全般的な印象です」と書いている。(14)

ハイゼンベルクが波動力学に異議を唱えたのは、単に細部の問題をめぐってのことではない。波動力学の構成の仕方に賛同できなかったのである。行列の背後にある考え方を体系的に表現するにあたって、ハイゼンベルクは観測可能な要素——遷移する際の振動数と強度——に中心的役割を担《にな》わせ、検知することのできない個々の電子の運動はそのまま舞台裏に置いておいた。シュレーディンガーの波動が追い求めていたのは、かつての見方を復活させることだった。シュレーディンガーによれば、粒子は根底にある波動の現われにすぎないのだが、これらの波動は根源的なものなのに、直接検出するのは不可能なように思われた。波動力学は姿を見せない量を理論で最優先すべき地位に押し上げており、ハイゼンベルクは、これは量子力学を打ち立てる正しいやり方ではないと心の底から信じていた。

シュレーディンガーの波動の見かけ上の単純さは大いなる誤解だし、物理学者たちがシュレーディンガーの手法は古典論の意義が蘇《よみがえ》ったことを示していると考えているのなら、それは思い違いというものだ、とハイゼンベルクは考えていた。この疑念が裏づけられるまで、大して時間はかからなかった。

第一一章　決定論を放棄したい

行列力学を誕生させたのはゲッティンゲンである。波動力学が生まれたのはチューリヒだった。このほかにも、コペンハーゲンとケンブリッジから声が上がって議論に加わった。その間ベルリンでは、アルバート・アインシュタインとマックス・プランクが、彼らにふさわしく大所《たいしょ》高所から事の成り行きを眺めていた。アインシュタインはあと数年で五〇歳、プランクのほうは七〇歳目前だった。いまでは二人とも本質的には保守派だった。あいいれそうにない量子力学の数学形式をめぐる混沌とした状況があり、それと同時に理論の物理学的意味が明確になっていない以上、どちらの人物も、古典論の精神に近い理論がこれから登場するかもしれないという願望にしがみついていることができた。

混乱をもたらしていた側面の一つは、驚くほどあっけなく、たちまち解消された。一九二六年の春、シュレーディンガーが波動力学と行列力学には結局のところ本質的な違いのないことに気づいた。外見はあいいれないように見えても、両者は実質的には同じ理論であり、著しく異なる数学で体裁を整えられているだけだった。簡単に言えば、シュレーディンガーの波動を使って行列代数に従う数字を計算することができるし、行列代数を適当な量に適用すれば、シュレーディンガーの波動方程式を得ることができるのである。この注目すべき同等性に気づいたのはシュレーディンガーだけではない。

パウリもヨルダンに宛てた手紙のなかで実証していたが、どうもその証明は、彼が課していた公表のための厳格な基準に達していなかったらしい。そのすぐ後には、同様の議論が『フィジカル・レヴュー』誌の論文に登場した。著者はドイツ系アメリカ人の理論家、カール・エッカートで、創設から間もないとはいえ前途有望な教育施設、カリフォルニア工科大学と称していた大学の出身だった。

けれども、量子力学の二つの形式が数学的に同等であることを示したこれらの証明は、元は同じなのにあれほど異なる二通りの物理学の描像が生まれた理由をいっそう理解しがたいものにしてしまった。物理学者たちはあいかわらずシュレーディンガーの波動に親しみを覚えて満足しており、行列力学のほうは不可解で馴染《なじ》みのない代物のままだった。物理学を語るのにもっとも適した手法は一つしかないのだろうか。それとも、結局は好みと使い勝手のよさの問題ということになってしまうのだろうか？

劇的な展開を見せる状況に取り残されまいとしていたアインシュタインとプランクは、主役を張っている人々をベルリンに招いた。ハイゼンベルクは初めて「ドイツにおける物理学の本丸」[1]と呼んでいたところにやってきたが、量子力学では地方のほうが勢いが盛んで、首都は活気を失っていることを知っていた。ハイゼンベルクがベルリンの著名な教授たちを相手に行なった講演は、彼からすれば特別心に残るものではなかったらしい。はるかに忘れがたかったのは、初めてアインシュタインと徹底的に話しあったことだった。ハイゼンベルクは四年前にライプチヒでアインシュタインに会えるものと期待していたが、アインシュタインはラーテナウ外相が暗殺されると会議への出席を取りやめ、ハイゼンベルクも盗難に遭ったあとすぐにライプチヒを後にした。当時を振り返れば、ハイゼンベルクは弱冠二一歳で、あいかわらず少し引っ込み思案のところがあり、うさんくさい半整数の量子に取り組んでいた。あれから四年が経ち、アインシュタインは当時のままで、一般の語り草となっている、例の髪をくしゃくしゃに長く伸ばしてよれよれの服をまとった人物になりつつあったが、ハイゼンベルクのほうは、あのときの若者とはまったくの別人だった。ゾンマーフェルト、パウリ、ボーアと議論しても引けを取らなくなっていた。量子力学の鍵となるものも見つけていた。外見はあいかわらず小ざっぱりした装いの気取らない人物で(2)（ゲッティンゲンで初めてハイゼンベルクに会ったとき、ボーアは農家の子どもみたいだと言ったし、コペンハーゲンでは大工の見習いみたいだと言った者もいた(3)）、これは従来から一貫して変わることはなかったけれど、次第に自信を深めるようになっていた。量子力学ではハイゼンベルクが専門家で、アインシュタインは評論家だった。

　講演のあと、二人は通りを歩いてアインシュタインの家へ行き、同じことを何度も蒸し返して議論した(4)。アインシュタインは行列力学のわかりにくさにはっきりと異を唱えた。位置と速度を、言わば部屋の後方に追いやって、得体が知れず、馴染みのない難解な数学量を前面に持ち出すやり方に賛成できないというのである。ハイゼンベルクは承服せず、こうした奇妙な成り行きを受け入れざるをえないのは、私がいま打ちたてようとしている理論は、物理学者たちが原子について実際に観測できるものをもとにしており、未知であるばかりか、おそらくは知ることのできない原子内部の動力学に基づいたものではないからです、と言い返した。いずれにしても、とハイゼンベルクは尋ねた。もう何年も前に特殊相対論を思いつかれた際、本質的にはこれと同じ手法を利用して、あれほどの素晴らしい成果を得られたのではなかったのでしょうか？

　これに対してアインシュタインは不満げにぶつぶつ答えるのがやっとで、ハイゼンベルクが語っているところによると、「おそらくその類《たぐい》の論法を利用したと思いますよ……それでも、このやり方は無意味ですよ」と述べた(5)。

　アインシュタインは相対論を考案するなかで、空間と時間を一から新たに構成し直した。彼の出発点は同時性の意味を詳細に検討することだった。ニュートン力学では時間は絶対的であり、二つの出来事が異なる場所で同時刻に生じたなら、その生起の同時性は客観的な事実で、議論の余地のない与件《ディタム》だった。しかしアインシュタインは鋭くも、二つの出来事を見た観測者どうしはどうすれば同時に起こったと知ることができるのかと問いかけた。戦争映画に登場する人物がよく言う台詞だが、観測者はお互いの時計を合わせなければならない。つまり情報をやり取りするということであり、光を発したり無線で話をしたりするのがその手段となる。だが、こうした信号は最大でも光速でしか伝わらず、アインシュタインは異なる観測者が出来事の生じた時間と場所を実際にはどのようにして確定するのかを詳細に追っていくことで、一般的には、同時性について観測者間の意見は一致しえないことを明らかにした。ある観測者にとっては同時に起こった二つの出来事でも、別の観測者には前後して起こったと見えてしまうのである。

これとほぼ同じことで、神のような絶対的な眼で原子の内部を見通せると考えるのは完全な誤りだとハイゼンベルクは言い張った。さまざまな手段で観測できるのは原子の振舞い――吸収したり放出したりする光――だけで、原子の内部で何が起こっているのかを推測するのがせいぜいだというのである。

アインシュタインは受け入れようとしなかった。相対論では観測者間の意見は異なるかもしれないが、出来事には明確で議論の余地のない実体性が備わっている。観測者が集まって記録を比較すれば互いに納得のいく合意が得られるのは、特殊相対論が個々の観測者の申し立ての食い違いを説明するからである。したがって、根底にある客観的事実は不変のままだというのだ。

アインシュタインは、こうしたことが量子力学にはほとんど当てはまらないと見ていた。アインシュタインの考えでは、ハイゼンベルクは原子の構造や振舞いの首尾一貫した記述を求めることすらばかけているると言おうとしているようだった。とりわけ行列力学は専横にも、電子の性質について質問をするのは見当違いもはなはだしいと見なしている。アインシュタインにはそう思えた。こうした問いを発することこそ、物理学者たちが一貫して自らに与えてきた権利だった。それゆえアインシュタインは、自分にはどこまでも問いただす権利が十分にあると固く信じていた。

ハイゼンベルクは押し返した。相対論がなかなか認められなかったのは、物理学者たちがそれまでつねに空間と時間に関して発していた古くからの問いを土台から掘り崩し、新たな問いを発せざるをえなくさせたからなのだ。だからといって、空間と時間が無意味になってしまったわけではない。われわれの仲間は同じことを原子でやろうとしている。発すべき正当な問いを考え出そうとしているのだ。古い部類に属す知識が失われるのは確かだろうが、新たな知識がしかるべき地位を占めるようになるだろう。

とはいえハイゼンベルクは、まだすべてを明らかにしたわけではないことを認めざるをえなかった。量子力学はいまなお継続中の営みなのである。結論には達しないまま会話は途絶えてしまった。

対照的に、シュレーディンガーの波動力学はアインシュタインに希望を与えたように見える。原子中の電子を定常波として表わした描像には、実在のような雰囲気がまとわりついていた。ハイゼンベルクに会ってからほどなくして、アインシュタインはゾンマーフェルトに手紙をしたため、「量子の法則をさらに掘り下げて系統的に述べようとする近年の試みのなかでは、シュレーディンガーのやり方がいちばん気に入っています……ハイゼンベルクとディラックの理論には感嘆させられるほかないのですが、それでも彼らの理論には実在性を感じさせるものがありません」と伝えた。(6)

このころ、シュレーディンガーもベルリンを訪れている。アインシュタインはシュレーディンガーに非常に好感をもった。ウィーン生まれのシュレーディンガーは上品で温かく、垢抜けていた。アインシュタインもシュレーディンガーも、結婚したのは世話を焼いてくれる人がほしかったからで、楽しみは家庭の外に見出し、妻もそのことを気持ちよく認めてくれていると信じていた。アインシュタインはもう何年もベルリンで過ごしていたが、「よそよそしい金髪のプロイセン人たち」[7]のなかでは、どうしてもくつろいだ気分にはなれなかった。ハイゼンベルクは南ドイツのバイエルンの出だったが、彼の一家の文化や習慣は北ドイツのそれだった。ハイゼンベルクには形式を重んじて礼儀正しく振舞う向きがあり、そのために堅苦しくてよそよそしいという印象をアインシュタインに与えていた。対照的にシュレーディンガーは、アインシュタインにとって一緒にいてほっとできる人物だった。

けれども気が合うからといって、そのせいでアインシュタインが物理学に対するシュレーディンガーの野望に潜む欠陥を見逃すことはなかった。ベルリンで講演を行なったシュレーディンガーは、自分の方程式における波動が結局は電子をはじめとする実在——粒子そのものではなく、空間内で質量と電荷が凝集したもの——の文字どおりの物理学的描像になるという考えを詳細に語った。アインシュタインは好意的ではあっても慎重だった。シュレーディンガーは願望を表明したのであって、実証可能な論拠を述べたのではないことは明白だった。アインシュタインには容易に、希望的観測にすぎないと見て取ることができた。

ハイゼンベルクはもっとあからさまな言い方をした。彼はパウリに宛てて、シュレーディンガーの物理学については「考えれば考えるほどむかついてきて……私から見ると……まったくひどいのですが、この異説のことは大目に見て、もうこれ以上口にすることは止めにします」と書いているのである。[8]

シュレーディンガーは自分の解釈を裏づけるための簡潔な論拠を発表していた。真空中を進んでいる粒子に対応する波形がいつまでも壊れないことを示したのである。シュレーディンガーは、この物理的な完全無欠性のおかげで、一団となった波動を従来の粒子に代わるものとして受け入れることができると主張する。

だが、この結果は特別な例であって、ふつうはこうはならない。マックス・ボルンは波動力学を利用してもっと複雑な例である二個の粒子の衝突をじっくり検討し、まったく異なる結論に行き着いた。彼が見出したのは、衝突した後、跳ね返った粒子に対応する波動が池に生じた波紋のように広がっていくことで、これはシュレーディンガーの解釈に基づけば、粒子そのものがあらゆる方向に薄く広がった状態になることを意味しているように思われた。これではまったく意味をなさない。粒子は、たとえ波の運動が凝集したものであるにせよ、最終的には古典的な意味で同一のものと見なせなければならない。ボーアの言葉を使えば、衝突の量子的記述は最後には適切な古典論の記述につながらなければならないということである。さらに根本的なこととして、ボルンが得た結果はまさに常識に関わる問題だった。粒子はどこかに存在していなければならず、空間全体に一様に行き渡ることなどありえない。衝突の最終的な結果は、二個の個別の粒子がそれぞれ明確に定まる方向に動いていくというものでなければならない。これがコンプトン効果で生じることなのである。

この方向で考えを進めたボルンは素晴らしい結論に到達する。衝突地点から広がっていく波動が表わしているのは実際の粒子ではなく、その確率であると提案したのである。言い換えれば、波が強い方向は跳ね返った粒子が出現する可能性が高いということになる。反対に、波が弱い場所では粒子が見つかる可能性が低くなるのである。

もしそのとおりなら、シュレーディンガーの方程式がもたらすのは古典論の波動ではなく、波とはいってもこれまでとはまったく別のものだった。原子内の電子の場合、波動が表わしていなければならないのは、物理的に広がっている質量や電荷といったものではなく、電子がここやあそこやその他の場所に見つかる可能性なのである。

この捉え方は確かに奇妙だったが、行列力学とは矛盾しなかった。ハイゼンベルクは以前から電子の位置の定義の仕方を逆転させ、原子の電磁気学的特性の合成されたものが原子の位置であるとしていた。ある意味では、ハイゼンベルクはこうすることで、電子の物理的存在は電子がどこにあるのかを明確に示すものではなく、想定される電子の振舞いが組み合わさったものであると捉えていたことになる。

波動力学が扱っているのは確率であるというボルンの認識は、シュレーディンガー方程式の意味を明らかにしただけではない。純粋に数学的に見た場合とは裏腹に、波動力学と行列力学との間に物理学的なつながりがあることもすぐに明らかになった。このような理解に達した代償は、確率が新たな形を取って物理学に入り込んできたことだった。

しかしながら、この結論は厳格だった量子物理学者たちの世界でもいつの間にか当たり前のものとなり、喧伝《けんでん》されることはなかった。だれもボルンの議論に特段の注意を払わなかったらしい。得られた結果を発表した直後にほとんど注意を喚起できなかったことも、後年のボルンが苦々しい思いを抱くもととなる。ほかの物理学者たちはこのときのことを振り返って、波動の意味についてのシュレーディンガーの考え方は明らかに誤っているとわかっていたし、そればかりか、波動には確率が伴っていることも理解していたと言う場合が多い。なかでもハイゼンベルクは、行列要素に確率の意味があることはそもそもからわかっていた――もっとも、そんなことをどこかに書きとめようなどとはさらさら思わなかったが――と言うのが常だった。[9] 量子力学の教科書には、この分野が誕生した直後に書かれたものでさえ、確率の定義を述べているくせに確率が何に由来するのかにはいっさい触れずにすませる傾向がある。それ以上説明する必要のないほどわかりきっている扱いだと言わんばかりなのである。

一方、ボルン自身は後年のインタビューで、得られた結果が画期的なものであったことを当時はたぶん完全には理解していなかったと思うと認めている。当時の物理学者たちならだれでも一九世紀の統計力学を理解していたし、統計に由来する不確実さはさらにひどくなるかもしれないという考え方に手を染める者も多かった。手がかりとしては、アインシュタインによって最初に明確にされた事実があった。原子のスペクトル中の輝線の強度は、原子内部におけるそれぞれの遷移の起こりやすさと何らかの関係がなければならないのである。エネルギーの保存は結局のところ、統計的にしか成り立たないのではないだろうかという切羽詰まった考えも繰り返し現われた。ボルンが述べているように、「統計の観点から考えるのがごく当たり前になっていたので、この考え方をもう一段深く掘り下げて、より根源的なものにすることが非常に重要だとは思えなかった」のである(10)。

しかしながら、後年になってから述べたこの所感が偽りであることは、彼の一九二六年の論文の言葉から明らかになる。その論文では、衝突の結果がどうなるかを明確に言うことはもはや不可能になったと記している。生じうるさまざまな結果の確率を特定できるにすぎないというのである。「ここに、決定論にかかわるすべての問題が生じてくる」とボルンは書いている。「量子力学では、個々のケースにおいて衝突の結果を決定する量は何一つ存在せず……私としては原子の世界では決定論を放棄したいと思う(11)」。

決定論は古典物理学の要《かなめ》であり、因果律に不可欠の要素だった。ボルンはいま、アインシュタインがいちばん恐れて何年もの間繰り返し表明してきたことを口にしていた。古典物理学では何かが起こるのは起こるべき理由があってのことだった。なぜなら、何かが起こるのは、それを導く出来事が先立って生じ、生起のための条件を整えて起こらざるをえなくするからである。だが、量子力学では生じる結果はまさに様々で、生じる理由も知ることができないようだった。

ボルンが自分の見出した結果の意味に困惑していることを表明しても、アインシュタインは絶対に戸惑いを見せまいとした。アインシュタインは一九二六年の終わりにボルン宛に、例のよく知られた言葉を使った手紙を書いた。その言葉が有名になったのは、とりわけ書いた本人がたびたび繰り返したからで、アインシュタインは自分でもこの言い回しがとても気に入っていて、ことあるごとに持ち出したのである。「量子力学には大いに目を見張らされるものがあります」とアインシュタインはボルンに伝えた。「それでも、私の内なる声の教えに従えば、量子力学は正真正銘のヤコブ［本物］とは言えません。量子論からは多くのことが導かれますが、この理論では神の秘密には一歩たりとも近づくことができないのです。少なくとも私は、神が賽《さい》を投げることはないと信じています(12)」。もしも確率が因果律に取って代わることになれば、アインシュタインの考えでは、物理学を築くための理にかなった基礎は一掃されてしまうのである。

けれども、もっと若い世代の物理学者たちは例によって、そんな形而上学《けいじじょう》的な事柄に頭を悩ますのはばかげていて何の値打ちもないと考え、すぐにシュレーディンガーの波動を確率の測度と見なすことを手の内に入れてしまった。いまでも先導する立場にあったボーアは満足だった。だが、手を引くことにした連中もいた。注目すべきことに、波動力学を考案したルイ・ド・ブロイとシュレーディンガーもそのなかに入っていた。早くから粒子は波動としての性質をもつに違いないという洞察に達していたド・ブロイは、その結果として一九二九年に当然のようにノーベル賞を手にするものの、量子力学への重要な貢献はこの他には何もしていない。彼は生涯を通して、確率解釈は誤りだと主張しつづけた。

シュレーディンガーも同じように、このとき以降は量子力学に寄与するよりも批判を向けるようになった。ハイゼンベルクがクラマースの後をついでボーアの助手となって間もない一九二六年九月、シュレーディンガーはコペンハーゲンを訪れた。ボーアはシュレーディンガーに、直接考えを聞いてもっとよく理解したいと思っていると言った。とどのつまり、ボーアはシュレーディンガーがコペンハーゲンに着いた瞬間から、考えを詳《つまび》らかにするよう執拗《しつよう》に迫り、いつもの調子で延々と質問を浴びせつづけた。科学の探究ではごく当たり前の日常的な行為だとボーアは見なしていたけれど、シュレーディンガーにはカフカが描くところの逃げ場のない厳しい取り調べのように思われた。シュレーディンガーは疲れきって体調を崩し、ボーアの研究所で床についてしまった。ボーア夫人が気を遣ってお茶やケーキを運んできても、ボーアのほうは昼も夜もベッドの端に座って、「でもシュレーディンガー、きみは少なくともこのことは認めなければならないよ……」(13)と言いどおしだったことはまずまちがいないように思われる。

ハイゼンベルクはこのときの知性と知性のぶつかり合いに加わっても、もっぱら表に出ないようにしていた。彼はシュレーディンガーが諦めきれないように、量子に頼らずに電磁放射のスペクトルに関するプランクの一九〇〇年の公式が得られる何らかの手法が見つかるかもしれないという考えを述べたことを振り返っている。(14)「そんなことは望むべくもない」。ボーアはこのときばかりはきっぱりとシュレーディンガーに言いきった。シュレーディンガーが負けてなるものかと、「量子ジャンプという考え方そのものがまったく意味をなさない結果につながっているんですし」、「この忌わしい量子ジャンプを甘受しなければならないのなら、これまで量子力学に何らかの形で関わってきたことを残念に思います」とボーアに告げると、ボーアは「みんなが波動力学をとてもありがたいと思っているのは」、その明快さと簡潔さのゆえなのだから、と言ってシュレーディンガーを宥《なだ》めた。

歩みよりはまったくなかった。シュレーディンガーは腹を立てたが、穏やかな言い方ながらも止まるところを知らないボーアの猛攻に何も言い返せなかった、とハイゼンベルクは述懐している。へとへとになったシュレーディンガーは、考え方を変えないままチューリヒに逃げるように帰っていった。

不安を感じていたアインシュタインは、異議を表明しつづけた。一九二六年の終わりに今度はゾンマーフェルトに宛てて、シュレーディンガーの方程式は取り扱いのうえでは大きな成果をもたらしたとはいえ、その成果のゆえに、もっと根本的な疑問、つまり自分が異常なほど「現実の出来事」と見なすことに固執しているものの完全な描像を与えているのかどうかが曖昧《あいまい》になってしまいがちだと書き送った。アインシュタインは「ほんとうに謎の答えに近づいているのでしょうか」と憂いを帯びた調子で尋ねていた(15)。

アインシュタインはだんだん、後年の彼を有名にした、あの含みのある暗示的な話し方や書き方をするようになっていく。他の物理学者たちは、創造主の秘密、賽子《さいころ》遊びをしない神、巧妙ではあっても意地悪ではない主について、知りたいと思っていない内容まで聞かされることになる。アインシュタインは自分だけが自然の内なる真理を知ることができるかのように話をした。アインシュタインの不満に答えようがないのはこのためだった。アインシュタインは物理学に確率が現れることに異議を唱えたが、どうすれば取り除けるかは皆目見当がついていなかった。しかも、この問題はさらに不愉快なものになろうとしていたのである。

第一二章　ぴったりの言葉がない

ハイゼンベルクとシュレーディンガーが支持者と批判者を巻き込みながら、それぞれが作り上げようとしている物理学の意味をめぐって激しく争っていたとき、四一歳のニールス・ボーアは指導的権威としての役割を手放してはいなかった。もっとも、ほかの物理学者たちはますますボーアの見解に疑問をもつようになり、はっきりしない物言いに苛立ちを覚えるようになっていた。コペンハーゲンでのとんだ災難から立ち直ったシュレーディンガーは、ボーアとやり合ったときの憤懣《ふんまん》を打ち明けている。「話はほとんど一瞬にして哲学的な問題のほうへ行ってしまいます」と彼は友人に宛てて書いた。「すぐに、自分が本当に彼から攻撃されている考え方をしているのかどうか、彼が擁護しようとしている考え方を本当に攻撃しなければならないのかどうか、もうわからなくなってしまうのです[1]」。

　九月には、ポール・ディラックが半年間の滞在を目的にコペンハーゲンにやってきた。引喩《いんゆ》を多用することで有名だったボーアの講演についてディラックは、聴衆は「かなり魅了されていた」と認めながらも、彼から見ると「［ボーアの］議論は大体が感じを伝えるという性格のもので、私には実際のところ、裏にあるものをはっきり突き止めることができなかった。方程式で表わせる提示の仕方をしてほしかったのに、ボーアの研究ではそんな提示の仕方にはめったにお目にかかれなかった」と不満

を漏らしている。(2)

醒《さ》めていて口数が少なく、他人と群れるのが嫌いだったディラックと社交的なボーアとは、月とスッポンだったと言ってもいい。伝説にもなったディラックの寡黙ぶりのそもそもの原因は、帰化してイギリス人になったスイス出身の父が、自分の息子なら夕食の席ではフランス語で話をするのが当たり前だとしょっちゅう言い張っていたことにある。後年ディラックが理由を述べているように、「フランス語では言いたいこともうまく言えないとわかっていたし、英語を喋るよりはじっと黙っているほうがましだった。だから、あのときに非常に口が重くなったわけで、つまり、ずっと昔に始まったことなんですよ(3)」。加えて、両親には友人がいなかったらしく、人を訪れたり招いたりすることもなく、若いころのポールには英語で些細な話をする機会もめったになかったようである。

ディラックはボーアを尊敬していたが、彼を前にして憧れの目を向けたり畏《かしこ》まったりすることはなかった。もしかすると、まさにこの理由のゆえに、ボーアはこの背の高いイギリス人を高く買っていたのかもしれない。ボーアが包括的な哲学的概念を言葉で表わそうと悪戦苦闘したのに対して、ディラックはほとんど口に出すことなく純然たる数学の論理の中に徹底した明晰《めいせき》さを追い求め、細部まで確信がもてたときにはじめて、系統立てて表現した自身の——やや無味乾燥だとしても精確な——考えを公にした。それでもディラックは、量子論を数学によって体系的に完璧に表現しても、それで事が終わるわけではないことを理解していた。例のぶっきらぼうな調子で述べたように、「解釈の仕方を手に入れるほうが方程式を導くよりはるかに厄介《やっかい》だった(4)」のだ。

ディラックは自分の役割に徹することに概《おおむ》ね満足していて、どう解釈するかの問題は他人に任せた。こうした「後はお好きに《レッセ・フェール》」式の姿勢はハイゼンベルクの性に合わず、気がついてみると、彼はますます師のボーアと張り合うようになっていた。二人は気の抜けない微妙な議論にのめり込み、どちらも相手の言いなりにはならなかった。なんと言っても量子力学を生み出したのはハイゼンベルクだったのだから、彼が、どう表現してどのように用いるかは自分の裁量の範囲でとやかく言われる筋はないと考えなかったはずがない。一方のボーアは、ハイゼンベルクはややもすると科学に対する考え方が未熟で、恐ろしいほど想像力に富んでいる場合があるものの、強情で軽はずみなことも同じくらいちょくちょくしでかすという第一印象を完全に拭《ぬぐ》い去ることができなかった。勝負のこの段階で必要とされるのは分別で、それにふさわしいのはどちらだろうか、とボーアは思った。

コペンハーゲンでは、二人は一日何時間もいっしょに過ごしたものだった。ボーアがいつもの調子でひっきりなしに執拗《しつよう》に喋りまくり、ハイゼンベルクは刺激されて頭に血をのぼらせながら、懸命《けんめい》にボーアの真意を理解しようとした。(5) 夕方になると研究所に隣接した公園へ行き、一面草に覆われた気持ちのいい敷地をぶらつきながら議論をつづけることもしばしばだった。ボーアが夜遅く、ハイゼンベルクの居室になっている研究所の屋根裏部屋のドアをノックすることもよくあったが、それが、以前からうまい言い方を探していたことに些細な説明や訂正を施すためだけだったということすら珍しくなかった。ときには、昼間の議論に付随しているとはいえ、こうした本題とは別の話が深夜にまで及ぶこともあった。ボーアは決められた時間にはいっさい縛られようとしなかった。言わなければならないことは何であれ、その時にその場で言わなければならない。何週間も激しいやりとりを重ねた二人は、議論にも相手にもうんざりしてきた。

一九二六年後半のこの時期に、二人がくる日もくる日も議論に明け暮れていたのは、さまざまな形を取ってはいても、いずれも連続的なのか突発的なのかにまつわる問題だった。当然ながらシュレーディンガーは、すべてが波動に帰着し、離散的な粒子とその気まぐれな振舞いは幻影にすぎないことが明らかになるのを望んでいた。ハイゼンベルクとボーアはともかくも、その考えはありえないということでは同意見だった。しかし、旧来の手法を捨て去るのに躍起になっていたハイゼンベルクは、彼らしいといえば彼らしいのだが、反対の極に走り、どんな代償を払ってでも、もっとも過激な考え方を喜んで受け入れたがっていた。量子力学によって物理学者たちはこれまでとはちがう考え方をせざるをえなくなり、新たな言葉を学ばなければならなくなった。申し訳ないが、とハイゼンベルクは言う。物理学者たちには慣れてもらうしかないのだ。

ボーアからすれば、そのような態度は思い上がりだった――というか、さらに悪いことには浅はかだった。ボーアが繰り返し力を込めて指摘したように、位置や速度をはじめ、古典物理学でこれまで揺るぎないものとされていたすべてが、突如としてまったく役に立たなくなってしまったわけではない。原子の外の世界では、あいかわらず旧来の考え方が有効なのである。つなぐものがなければならない、とボーアは言い張った。量子の世界の不連続性と離散性から出発して、馴染《なじ》みのある古典論の世界の滑らかな連続性に到達できなければならないというのである。

ハイゼンベルクはボーアの態度に失望した。わざとそんな態度を取っているとすら思え、まるでフラストレーションは願ってもない状態で、賞賛に値する目標であるかのようだった。ボーアはあたかも、量子力学を古典物理学の言葉で語る術を見つけだしたいと思っていると同時に、一方ではできっこない――そんなことをやれば、少なくとも矛盾をきたしたり一貫性を損なったりすることにならざるをえない――と率直に認めているかのようだった。けれどもボーアは矛盾を積極的に歓迎していた。矛盾こそ、ボーアの内面でのソクラテス的対話の材料だったのである。

ハイゼンベルクが自分には量子力学の仕組みがわかっている、あるいは少なくとも確実に利用できると言い張るつど、ボーアはそれならこっちも確実さでは同じだと言わんばかりに曖昧《あいまい》な点を見つけ出し、論理的明快さに欠けることを指摘した。「時として」とハイゼンベルクは振り返っている。

「ボーアは本当に私を窮地に陥《おとしい》れようとしているという印象をもった……そのことにいささか腹を立てたこともあるのを覚えている」(6)。それでも彼は後悔しながら、もしボーアが微妙な問題をあれほど確実に突き止めることができなかったら、おそらく二人とも結局はのっぴきならない状態になっていただろうと認めている。

意見のぶつけ合いがそう長くつづくはずもなかった。ボーアとハイゼンベルクは、どちらも自分の考えをもううんざりするほど繰り返し述べていたので、一九二七年の初めには、相手のことなどお構いなしに話をするようになっていた。どうしようもないほど鬱積《うっせき》した状態になり、どちらも相手の言い分を認めることができなかった。というか、どうあっても認めようとしなかった。二月に入ると、ボーアはしばらくスキーをして過ごすためにノルウェーへ出かけた。最初はハイゼンベルクとの二人での旅を計画していたが、いざそのときなると、一人で行ったほうがいいように思われたのだ。その間ハイゼンベルクは、ボーアにぴったりつきまとわれることなく、夕方の早い時間に一人きりで公園をぶらぶら歩き回ることができた。

それでも、ボーアの言った言葉がいつまでも消えないこだまのように残っていた。ボーアはこう言っていた。位置と速度は、たとえ物理学者たちがかねてから想定していた従来の意味とは異なるにしても、やはり意味をもちつづけなければならないというのが正しいとしたらどうだろう。その新しい意味はどんなものになるのだろう？　どうすれば到達できるだろうか？

今まで議論を戦わせたなかで、ハイゼンベルクとボーアはこの一件を理論上の問題として扱っていた。古典力学は適用する際の一連の約束事があってはじめて有効な働きをし、量子力学にはまた別の約束事がある。どうすればこの二組の規則を折り合わせることができるのだろうか？　ディラックの言い回しを借りれば、それは解釈の仕方を手に入れるという問題であり、数学が何を伝えようとしているのかを理解することだった。実際、ディラックは重要な手がかりを提示していたが、ハイゼンベルクはすぐにはその重要性を見抜けなかった。

ディラックはコペンハーゲン滞在中に、量子力学のきわめて重大な提案を行なうための最後の仕上げを施し、発表した論文で、問題を古典力学で扱いながら量子力学的に等価なものを定めるにはどうすればいいかを、完全に一般性のある形で明らかにした。さらに彼は逆の場合も提示することができた。すなわち、量子力学の系を古典力学的に記述することにあくまでもこだわった場合、その系がどのような姿になるかを示すことができたのである。だが、このような変換を行なうと、興味深い食い違いが生じることがわかった。たとえば、粒子からなる何らかの量子力学的な系から出発すれば、粒子の位置が基本的な要素になる古典論の描像を得ることができる。あるいは、位置の代わりに粒子の速度——というか、むしろ物理学者にとってはより基本的な量である運動量、すなわち、質量と速度との積——で言い表わすことにしてもかまわない。ところが不可解なことに、位置による描写と運動量による描写とは一致しなかった。両者がもともとの系の代替可能な記述の仕方にすぎないのなら、一致してしかるべきなのだ。まるで、位置に基づく記述と運動量に基づく記述は、理由はともかく、同一の系を異なるやり方で描いているのではなく、二つの異なる量子力学の系を描き出しているかのようだった。

パウリもこれと同じ厄介な事態に出くわしていた。彼はこの問題についてハイゼンベルクに手紙を書いていて、その中ではpを運動量の一般的な表記として用い、pの次にくるqの文字で位置を表わしている。「pの視点で世界を見ることもできますし」とパウリは書いていた。「qの視点で見ることもできますが、両方の視点で同時に眺めるとわけがわからなくなってしまいます」[7]。

量子的粒子は本性をはっきりさせようとしない。あいいれない描像を生じさせてしまう。それはハイゼンベルクが懸命に取り組んでいた謎だった。量子力学の隠された秘密を強引に暴き出し、量子の世界で何が起こっているのかを教えてくれる手立てを見つけることができるだろうか？

できるはずがない！　ある日の夕方、物思いに耽《ふけ》りながら重い足取りで公園を歩き回っていたハイゼンベルクの頭にひらめいた答えがこれだった。ヘルゴランド島で量子ジャンプを古典物理学の連続的な言葉で言い表わすことはどうしてもできないと気づいたのとまったく同じように、今度も同様の教えが彼の目をさらに大きく開かせた。量子力学の系をどう扱っても、古典物理学で明確な意味をなす記述をもたらすことはできないのだ。

なるほどもっともではあるけれど、これは何とかボーアにわからせようと何か月もの間言いつづけてきたことではなかったのか？　唯一ちがっていたのは、いまではハイゼンベルクに、ボーアの考え方の核心が見えてきたことだった。曖昧さのない記述を提示することはできないかもしれないとボーアは言っていた。だがハイゼンベルクが今まで考えていたのとはちがって、これは努力を諦めて次の問題に移るしかないということではない。量子力学の系について語る何らかの手立てを見つけなければならないという意味だったのである。

ハイゼンベルクはついに、これまで彼もボーアも理解していなかった問題の核心を捉えることができた。決定的な問題は理論についてのものではなく、ましてボーアがしょっちゅう考えていたと思われる哲学的なものではなかった。結局は、実践にかかわる問題だったのである。

量子的物体の位置と運動量を、古典物理学の規則のもとでも意味をもつように語ることはできないかもしれない。けれども、あいかわらず可能なのは、物理学者たちが常日頃からやってきたことだ、とハイゼンベルクはここにきて気づいた。つまり、測定によって位置と運動量に意味をもたせることはできるのである。理論の混乱を切り抜ける道は、現実には何ができるのかに注目することだった。

洞察《どうさつ》を平易な形にするには簡単な例を考えるだけでよかった。そこでハイゼンベルクは、おそらく数年前にコンプトンが行なった鮮やかな実験のことが心の底にあったからだろうが、拍子抜けするほど単純な例を思いつき、そのおかげで彼の名は一種の表象《イコン》として扱われるようになる。一個の電子が空間を飛び回っているとする。観測者は電子に光を当て、ものすごい速さで動いている電子に跳ね返された光を検出する。この散乱光の振動数と方向を測定することで、光が当たった瞬間の電子の位置と運動量を導き出そうとするのはかまわない。だが、ハイゼンベルクが見出したように、事態が興味深いものになるのはこの場面なのである。

光を構成しているのは量子である——ハイゼンベルクが洞察を得る少し前に、アメリカの物理化学者、ギルバート・ルイスによってつけられた名は光子だった。光の中の光子一個と飛び回っている電子との衝突は量子的出来事になる。ボルンが証明したように、こうした衝突では結果がどうなるかは明確には定まらず、得られるのは生じる可能性のある結果の範囲であり、それぞれの結果が様々な確率をもつことになる。この論法を逆転させることで、ハイゼンベルクはすぐに、観測者には測定結果をもたらした唯一無二の出来事を推定することはできないと気づいた。むしろ、可能性のある光子と電子との衝突の仕方がすべて起こったのも同然なのである。ハイゼンベルクは、これは電子の位置と運動量がどうなっているかを一義的に推測するのが不可能であることを意味しているにちがいないと理解した。

パウリは以前、位置を詳しく調べることは可能だし、運動量を詳しく調べることもできるが、両者を同時に調べることはできないと言っていた。ハイゼンベルクはこの問題を綿密に考え、それほど単純ではないことに気がついた。どちらを取るかということではなく、どうしてもほどほどのところで手を打つしかないのである。観測者が電子の位置の情報を得ようとすればするほど、電子の運動量を正確に知ることができなくなり、逆もまたしかりなのである。ハイゼンベルクが述べたように、結論のなかには必ず「不正確さ（Ungenauigkeit）」が入ってしまう。

ハイゼンベルクが簡潔だが驚くべき結果に確信をもったのは、ボーアがコペンハーゲンを留守にしている間だった。彼は経験から、ボーアが新しい考え方を徹底的に精査するのに用心しなければならないことを学んでいた。パウリには長文の手紙を書いて思いついた内容を説明したが、ボーアにはごく短い手紙を送って、戻られたときには面白いことになっていますよ、と簡単に知らせるだけにしたのである。ボーアが戻ってきたときには、ハイゼンベルクはすでに発表するために論文を投稿してしまっていた。目を通したボーアはだんだん興味をそそられていったが、そのあとすぐに大きな当惑を覚えた。

ハイゼンベルクは光子と電子の二つの粒子の衝突を記述し、不正確さが生じるのは、どのような衝突が起こったのかが予測不能なためであることを見出した。当然のこととはいえ、おもしろく思っていなかったボーアは、この問題の別の見方を思いついた。光子を検出する観測者は、光子を粒子として測定するのではなく、波が集まった小さな束として測定する。さらに古典光学では、波動には解像力の限界がある、とボーアはハイゼンベルクに注意した。つまり、ある波長の光は、その波長より小さい物体の像を鮮明に与えることはできないのである。像がぼけてしまうのだ。だから、これできみが見出したこととの説明がつく、とボーアは言った。不正確さが突如として現われるのは、波動の測定から得た情報を利用して粒子の特性を推測するという行為においてなのである。

ボーアが与えた新たな説明にハイゼンベルクは憤慨した。一つには、ボーアが再度波動を持ちだそうとしたからで、これではシュレーディンガーの名で汚されることになってしまう。もう一つには、ボーアが主張しているのは古典光学の限界についてであり、量子的出来事の予測不能性を論じていないように思われたからである。

いや、そうじゃない、とボーアは言い返した。どちらも当たっていないというのだ。ほかでもなく、同一の基準では比較できない二つの概念――粒子と波動、量子的衝突と光学の解像力――を一緒くたにするからこそ、不正確さが忍び込むのだ。不正確さは量子論の原理と古典物理学の原理との間に内在する食い違いが外部に現われたことを示している。この解釈はたまたま、ボーアがノルウェーに一人でスキーに出かけたときに思案を重ねていた考え方にきわめてうまく当てはまった。ボーアは包括的な新原理を導いていて、やがて「相補性」と呼ばれることになるこの原理によれば、量子的物体がもつ波動としての側面と粒子としての側面は、欠かすことができないものの互いに矛盾する役割を果たしている。問題によってどちらか一方が前面に現われるのは確かだが、どちらの側面も完全に無視することはできないのである。ハイゼンベルクが見出した不正確さは、どうやっても二つの側面が一致しえないことの明白な証拠なのだ、とボーアは断言した。

ハイゼンベルクは唖然《あぜん》とした。自分は明快な結果を直截《ちょくせつ》に導き出した。それなのにボーアはいま、はっきりしない比喩《ひゆ》的な表現をまとわせて押し隠したがっている。ボーアにはお気に入りのやり方でも、ハイゼンベルクには非常に不愉快だった。彼は話を進めて、自分の発見を公表したかった。ボーアはハイゼンベルクに専門誌と連絡を取らせて論文を保留扱いにさせ、その間に二人で物理学的本質の最善の提示法を練り上げたいと思っていた。ハイゼンベルクは拒んだ。するとボーアは、今度はハイゼンベルクの解析に技術的な誤りがあることを見つけ出した。ハイゼンベルクにとってははなはだ屈辱的だったことに、その誤りは何年も前の博士号の口頭試問で、ヴィルヘルム・ヴィーンの質問に何とか答えようとしたときにしでかした失敗を思い出させるものだった。ハイゼンベルクは大した問題ではないと言い張って事を推し進めた。五月に入ってようやく、論文が印刷に回される直前に、ハイゼンベルクは不本意ながらも補注を加えることに同意し、その中で、曖昧さを取り除いてくれたことに対してボーアに謝意を表するとともに、観測における「不確定性」――いまではボーアが好んだこの言葉を使っていた――をもたらす正確な原因は、おそらく著者である自分の提案が示唆しているのとはちがって、それほど明白ではないかもしれないと認めることにした。

このようなにがい経験を伴う論争がらみの形で、ハイゼンベルクの有名な不確定性原理は登場した。ボーアとハイゼンベルクが、この原理をどう言い表わすのが最善なのかをめぐってああでもないこうでもないと苦闘していたとき、いかんともしがたい障害は、ハイゼンベルクに言わせると「ぴったりの言葉がない」ことだった。(8)

いくつかの言葉はとりわけ面倒を引き起こした。ハイゼンベルクはパウリに手紙を書き、うんざりしたように、「論文で述べた結果がすべて正しいことは確実で、ボーアも私もそのことでは同意見なのですが、二人の間で唯一、『anschaulich』という言葉については大きな好みの差があります」と述べていた。(9) この形容詞はドイツ語圏の物理学者たちにとって悩みの種となり、他国語に翻訳しなければならない場合はなおさらだった。ハイゼンベルクは不正確さを扱った論文の表題を"Über den anschaulichen Inhalt der quantentheoretischen Kinematik und Mechanik"としていたが、anschaulichは「知覚的」「物理的」「直観的」など様々な言葉に訳されており（たとえば、知覚的を用いれば「量子論的運動学と力学の知覚的内容について」となる）、まるで一つの言葉が具体的なものと抽象的なもののどちらをも表わすことができるかのようである。

ドイツ語のanschauenという動詞には「……を見る」という意味がある。したがって、「anschaulichなもの」とは、見ることのできるものということになる。ハイゼンベルクの目論見《もくろみ》は、原理上は物理学者が観測できる現象について語ることであり、それゆえanschaulichは知覚的、すなわち知覚可能なという訳になる。だから「物理的」という訳にもなる。この言葉が言わんとしているのは、従来の慣習では実験的に意味のある量のことだからである。さらに、ここからもう一飛びすれば「直観的」に行き着く。なぜなら、物理学者たちにとって意味のある量とは、たとえば位置や運動量のように、慣れ親しんだ明白な意味をもつ量のことだからである。(この場合の玉に瑕《きず》は、ニュートンが運動量の概念を考案し、そのおかげで後世の科学者たち全員が共有する常識の一部になるまで、だれ一人として運動量を直観的に認識できるとは考えていなかったことである)。

もっと有名な言葉で、同じようにややこしいものがある。物理学に持ちこまれたあと、さらに広い範囲で知られるようになった語である。実験による測定について述べるなかで、ハイゼンベルクは執拗なまでにUngenauigkeit(不正確さ)という語を使っている。だが、論文の一節、系を理論的に記述する際に生じる曖昧さについてディラックとパウリが理論面から主張した内容に言及しているところでは、ハイゼンベルクは決定するという意味のドイツ語の動詞bestimmenに由来するUnbestimmtheitに変えている。つまり、実験結果の不正確さと数学的記述が一義的に定まらない非決定性とを区別しているのである。補注にきてようやく、突如としてUnsicherheit、すなわち不確定性という言葉が現われる。この語はボーアが選んだもので、ボーアを通して英語圏の物理学者の語彙《ごい》のなかに入っていったのである。

実際のところ、「不正確さ」という言葉はハイゼンベルクの発見した事実を適切に言い表わしているとは言えない。というのも、この言葉では、ハイゼンベルクが特定した新たな測定不能性を、以前からどんな場合にも必ずあった障害、すなわち正確な測定の難しさと区別することができないからである。少数とはいえ、昔かたぎの物理学者たちは、いまでも英語では「非決定性原理」という言葉のほうを好んでいるが、言い方としてはこちらのほうが適切である。(マイケル・フレインは戯曲『コペンハーゲン』のあとがきで、もう少し的を射た「決定不能性」という言い方を提案している）。ドイツ語圏の物理学者たちはうまい言葉を選んだもので、今では die Unschärfe Relation（不鮮明性関係）と呼んでいる。「鮮明さ」（Schärfe）はよく撮れた写真の質を意味する言葉でもあるから、Unschärfe はぼけてはっきりしないこと、すなわち不鮮明という意味になる。「不鮮明性関係」という言葉を用いれば、言外に含まれる意味をそれとなく指し示すことができる。つまり、眼を細めて凝視すればするほど、見分けようとしている対象がますますはっきり見えなくなるということである。もっとも、かなりの時間が経ってしまった今となっては、「不鮮明さ」がドイツ語以外の英語などの科学用語集に取り込まれるほど申し分のない言葉でないことも確かである。

　ぴったりの言葉がない、とハイゼンベルクはボーアに伝え、次から次に言葉を変えてみたのは、どの言葉も自分が得た考え方を完璧に捉えていないと思ったからだろう。だが、どうやらボーアは、探す努力をつづけさえしていれば適切な言葉や言い回しが見つかると考えていたらしい。彼は量子力学を馴染みのある言葉で表現しなければ、物理学者たちには量子力学が数学的関係の寄せ集めどころではないことが理解できないと言い張った。

　一九二七年の六月にパウリがコペンハーゲンを訪れたのは、争っている二人の主役の仲を取りもちたいと思ってのことだった。ハイゼンベルクはボーアが止めどなく浴びせつづける質問に思わず泣き出してしまうこともあった。いらいらのせいで、怒りも露に激しく言い返したこともある。ボーアはこんなことがあっても、前にシュレーディンガーと渡り合ったときと同じように平静さを失うことなく、癪《しゃく》に障るくらい落ち着いていたように思われる。パウリはハイゼンベルクの気持ちを多少和らげたとはいえ、論争が完全な決着を見ることはなかった。

　いずれにしても、ハイゼンベルクはライプチヒ大学の教授に就任するために、コペンハーゲンを離れようとしているところだった。苦痛だったボーアのもとを離れたハイゼンベルクは、ライプチヒでそれまでの数か月のことを思い起こし、しばらくしてからボーアに宛てて、申しわけなかったとの思いで手紙をしたため、自分が恩知らずに見えたにちがいないことを悔やんでいた。この年の終わりに彼が短期間コペンハーゲンを訪れたのは、関係を修復する一助となった。

もっとも、ハイゼンベルクがボーアの助手をしていた時期のように、二人があれほど密着して、苦しみながら、というよりむしろ必死になって知的に渡り合うことは、もう二度となかった。まだ二六歳だったにもかかわらず、ハイゼンベルクは自らの力で教授としての安定した地位を手にしており、これは他の何にもまして、息子は才能をつまらないことに無駄遣いしているとしょっちゅう嘆いていた父の心配を軽くすることになった。一方、ボーアは、もしかすると、ハイゼンベルクが一人で研究に当たり、物理学者たちが長きにわたって大切にしてきた原理を脅かしそうな大胆かつ当惑を覚える新たな論拠を思いついたことが多少おもしろくなかったかもしれないが、彼が次に選んだ仕事は、この「不確定性」という馴染みのない概念を理解するための適切な哲学を体系的に表現することだった。

第一三章　ボーアの恐るべき呪文のような用語の繰り返し

やがて広く知れ渡るようになるにもかかわらず、不確定性原理が登場しても、物理学と哲学に携わる集団のなかにすぐに不安や激しい反発の動きが生じたわけではなかった。シュレーディンガーの波動が確率を表わしていることに気づいていたボルンは、かねてから決定論は消え去らなければならないと言っていた。パウリとディラックも、外部の世界への量子力学の現われ方には異様なものがあることを理解していた。ハイゼンベルクはその異様さの原因を突き止めて数字で表わし、さらに――彼にとってはいちばん重要だったと思われるが――シュレーディンガーなら例の波動を用いて、物理学に古典論の実在性のようなものを取り戻してくれるかもしれないという根強い願望をことごとく打ち砕いてしまった。

だが、実際に関わったごく少数の選りすぐりの物理学者から見れば、こうした議論は量子力学の内部に秘められた仕組みを問題にしたものだった。相補性という新たな哲学的原理を案出したボーアでなければ、量子力学の現象がもっと一般的な文脈で理解されるようになるにはどういう手法を取らなければならないかに敢然と取り組むことはなかっただろう。ボーアにとって、相補性は対応性という考えの流れを汲むものだった。対応性によれば、量子論の世界は途中で断絶することなく、古典論の世界、すなわちわれわれが身の回りのいたるところで眼にしている世界へと形を変えていかなければならない。相補性のほうは、物理学に従事している大勢の研究者たちに量子力学を理解しやすく実用性のあるものにするはずだった。わかりやすく言い換えようとしたこの試みのなかで、量子力学の真に革命的な側面が突如として大舞台にその姿を現わすことになるのである。

ハイゼンベルクがコペンハーゲンを去ってライプチヒに赴《おもむ》いたあと、ボーアは不確定性原理を自分なりに解釈してまとめあげる作業に着手したが、遅々として進まず苦労していた。新たに助手となったオスカー・クラインを筆記者にして、声に出しながら考えを巡らせ、自身の見解を繰り返し表明するのだが、次の日には前の日にクラインが必死に書きとめた内容を破棄してしまい、一からやり直すのである。夏に家族でコペンハーゲンの北にあるデンマークの海辺の別荘に出かけたときも、クラインがついてきた。困難で遅々として進まないまとめの作業が中断することはなかった。ふだんは快活で取り乱すことのない妻のマルグレーテ・ボーアが泣きだしてしまったこともある。ハイゼンベルクの場合のように物理学の見方をめぐって夫と言い争いをしたからではなく、夫があいかわらず心ここにあらずで、家族で休暇を過ごすはずだったことなど眼中になかったからである。この時、ボーア家には可愛らしい子どもが五人いた。すべて男の子である。翌年には六番目の男の子が生まれることになる。

どう表現すればいいのか迷ってはいても、根底にあるボーアの確信が揺らぐことは一度もなかった。量子的物体の性質や振舞いを現実的に述べるのなら、その記述はどんなものであれ、究極的には古典論の言葉で表現されなければならない。そのことに議論の余地はなかった。どんな実験結果もまがいのない事実であることは必然であり、もやもやした確率の寄せ集めではないのである。

ボーアは、シュレーディンガーの波動が生みの親の期待とは異なり、いささかも古典論の構造を備えていないことが不確定性と相補性によって明らかになると考えていた。形式のうえでは、シュレーディンガーの波動方程式は従来の意味で決定論的である。つまり、ある時刻における系の波動関数がわかれば、以後の任意の時刻における波動関数を正確かつ曖昧さなく算出することができる。ただし、これには条件があって、途中でいっさい観測を試みなければの話である。測定という行為が、ボルンが提示した波動の確率解釈を有効にするもとになる。つまり、さまざまな結果が起こりうるようになり、それぞれが異なる可能性をもつことになるのである。

ハイゼンベルクの不確定性原理は、測定が可能であっても、何かを測定した結果と別の何かを測定した結果との間にはどうしても対立が生じてしまうことを明らかにした。観測者は測定対象をあれこれ選ぶことはできても、得られる結果が同一の水準に達しないことを甘受するしかない。しかも、不確定性は系の未来の展開にも入り込んでくる。量子の波動関数が変化するのは、ある特定の測定結果が生じ、それ以外の可能性は現実にならなかったためである。このことが今度は、その後の測定で得られる可能性のある結果に影響を及ぼしてしまう。相補性は、これら互いに対立するすべての可能性を一つの考え方のなかに矛盾なく包含させようとしたボーアなりの手立てだった。

ボーアが何よりも重視していたその哲学的原理を発表したのは、電気学の先駆者であるイタリア人のアレッサンドロ・ヴォルタの死後百年を記念して、一九二七年にイタリア北部のコモで開かれた会議の場だった。歴史的に見れば、ボーアがここで行なった講演をなおのこと特色づけているのは、測定は客観的世界を記述する受動的な行為ではなく、測定対象と測定方法とがわかちがたく結びついて測定結果に影響を及ぼす能動的な相互作用であるという考え方を科学のなかに正式に持ちこんだことである。もっともこのときには、ボーアが無理やりひねり出した回りくどい主張は概《おおむ》ね不評だった。ボーアはどうしたわけか、わかりきったことをわざわざ不可解大して当惑を覚えなかった人たちも、な形で言おうとしているだけだと思った。

ボーアは科学誌の『ネイチャー』用に、コモで話した内容をまとめた解説を作成した。思い悩んでは書き直しをしたために何か月もかかってしまったうえに、編集者からの注文があったり、パウリが手助けを買って出たり、ボーア自身がつまらない釈明を加えたりしたことで、作業はさらに遅れてしまった。こうして完成した原稿がようやく翌年四月に印刷に回されたときには編集付記がついていて、そこでは、物理学の古典的原理が復活する可能性をボーアがとことん打ち砕いてしまったことを嘆きながら、その代わりとしてせめても、ボーアのわかりにくい言い回しが「この問題を述べるのにもっともふさわしい言葉」ではなく、「[物理学者たちが]この先首尾よく、量子論の基本原理を具体的なイメージがわいてくる形で言い表わせるようになること」を願っていた。[1]

たとえばボーアは、われわれは「感覚から借用されたわれわれの直観形式を、だんだんに深まっていく自然法則の知識に適合させようとしている」[2]と述べているが、この一文など、辛《かろ》うじて文法面での精査に耐えるという代物で、平均的な『ネイチャー』の読者や自然をごくふつうに解釈している人たちは、ただただ呆然とするしかなかったことは疑いない。

しばしば言われていながらほとんど理解されていないのだが、ボーアの考え方が明らかにしたのは、測定は測定対象である系を攪乱《かくらん》するということである。それどころか、ボーアが説明しようとしたように、いかなる測定も測定対象に攪乱を与えてしまうのである。量子力学に関してボーアが納得させたいと思っていた新たな事実は、実を言うと、測定は測定対象を限定してしまうということだった。測定によって何が得られるかは測定対象に何を選ぶかによって決まる。このこと自体は新発見でも何でもないが、ハイゼンベルクがすでに明らかにしていたように、系の一つの側面を測定すれば、それ以外のものを明らかにすることは不可能になり、したがって、以後にどんな測定を行なっても、得られる情報は必然的に制限されてしまうのである。

コモの会議では、ボルンは席から立ち上がって概ねボーアと同じ考えだと手短に述べた。非常に重要なのは、ハイゼンベルクも同意見だったことである。彼とボーアがこれまで何か月もの間、反感を抱きながら緊迫したにらみ合いをつづけていたことを知っていたのは、内輪の一人か二人だけだった。どうやら、ここにきてすべてが決着を見たようで、ハイゼンベルクには師への賞賛と感謝の気持ちしかなかった。

かくして、いわゆる量子力学のコペンハーゲン解釈が勢いを得て、全体を引っ張っていくようになるのだが、こうした事態にいたったことに、物理学者のみならず歴史家や科学の社会学の研究者たちも頭を悩ませている。そこには仕組まれたような節があるからである。内部では多くの意見の食い違いがあるにもかかわらず、仲間に入っていない連中の批判を抑えつけて黙らせるために、ボーア陣営は外部に対しては一致団結したように思われる。とりわけハイゼンベルクは、我慢して異議を呑み込み、涙を拭《ぬぐ》いさって従順に仲間に従っていた。

ハイゼンベルクはかつてのクラマースの場合と同じように、ボーアの圧倒的な力に屈服したのだろうか？　それとも、ボーアがどこまでも議論の種に尽きることがないのを目の当たりにして、気力が萎《な》えてしまったのだろうか？　あるいは、一部で言われているように、ドイツで教授の地位を得たいというハイゼンベルクの強烈な願望が、ボーアの見解まで後退することを余儀なくさせたのだろうか？　つまり、自分が分別を弁《わきま》えた信頼するに足る同僚で、せっかちでも一匹狼でもなく、周りと力を合わせて事に当たる人物であることを示すためだったのだろうか？

いずれの推測も当たっているようには思えない。何と言ってもハイゼンベルクは、ボーアがまだ正式に容認していないのに、不確定性を扱った論文を発表すると言い張って譲らないだけの粘り強さを備えていることを実証していたのだ。そもそも二六歳のときに、量子力学を生み出すことになったきわめて重要な洞察《どうさつ》をもたらしたのだし、いまでは飛びぬけて不安を与えるものの影響の大きな量子力学の帰結も導いていた。物理学がどうあるべきかでは根本的に意見を異にしていたとはいえ、ハイゼンベルクはアインシュタインとプランクから賞賛されていた。ハイゼンベルクが、職を得るには自分の見解を伏せておく必要があると思っていたとは考えにくい。

単純な説明が必ずしも誤っているとは限らない。コペンハーゲンを離れたあと、ハイゼンベルクは自分の振舞いを振り返って、ボーアに対して抱いた反感のなかには思い上がり同然のものがあったことに気づいたのだろう。不満を抱いたのは、不確定性に対するボーアの見方が自分と完全には一致しなかったからだった。パウリはもっとボーアの考え方を検討するようハイゼンベルクを窘《たしな》めた。普遍性を追い求めていたことと相補性に曖昧さが付随していたことがハイゼンベルクには気に入らなかったかもしれないが、それでも、物理学者たちがどのようにして量子力学を理解しようとするのかに関して言えば、ボーアの戦略が重要な真理を捉えていることは否定できなかった。簡単に言えば、有効だったということである。

要するに、ハイゼンベルクが考えを変えたのは、ボーアが先に進むためのもっとうまい手立てを提示していると見て取ったからだった。彼は実利を優先するタイプだった。ハイゼンベルクが本心を隠していたと信ずるに足る理由はいっさいない。

だれが見てもコモの会議が重要性を欠くものになってしまったとすれば、理由の一つは、アインシュタインとシュレーディンガーの両者が出席していなかったことにある。一九二七年春のあるとき、アインシュタインはシュレーディンガーの波動の現実的解釈（つまり、確率的解釈ではないということである）を論じた論文を投稿したものの、結局撤回してしまったのは、どうやらハイゼンベルクと話を交わしたあとのことだったらしい。アインシュタインは不確定性を嫌っていたが、反駁《はんばく》するための根拠を見出そうとした企ては何ら進展がなかった。やきもきしながらも落胆していたアインシュタインがベルリンを離れなかったのは、間もなくシュレーディンガーが学部の同僚として加わることになっていたからである。プランクはすでに正式に退官しており、陽気だが科学に関しては保守的なシュレーディンガーは、もっともふさわしい後任としてベルリン大学にやってきた。

表面的に見れば、アインシュタインは相補性という考え方が気に入ってしかるべきだった。ただ一人、光子の実在性を主張していた一九〇九年の時点で、アインシュタインはすでに「理論物理学は、波動の理論と放射の理論〔すなわち、光子の理論〕との一種の融合と解釈することが可能な新たな光の理論をもたらすにちがいない」と述べていたのである。(3) さらに、ハイゼンベルクが不確定性という考えを世に解き放つ直前には、対立する見方を統合する必要性についてベルリンで講演を行なっていた。だが、アインシュタインにとって、そのような統合は根底にある対立を必然的に消し去るはずだった。対照的にボーアの相補性は、その生みの親と同じように、矛盾を積極的に歓迎しているように思われた。

コモの会議の閉会からわずか数週間後、出席していた物理学者たちの大半が物理学の第五回ソルヴェー会議のために再びブリュッセルに集まった。テーマに取り上げられたのは「電子と光子」である。ベルギーの化学者だったエルネスト・ソルヴェーは熱狂的な科学の愛好者で、炭酸ナトリウムの工業的製法を開発したおかげで財を成していた。原子と放射の物理学の登場に興味をそそられたソルヴェーは一九一一年に、招待者だけを豪勢なメトロポル・ホテルに集めて行なう会議のための基金を提供した。このときにはアインシュタイン、プランク、ラザフォード、キュリー夫人をはじめとするお歴歴二〇人が集まって、ゆったりとくつろぎながら、もっとも差し迫った問題について議論を交わしている。

初回が好評だったので、ソルヴェーは自らが主催する会議を三年おきに開くことにした。第一次大戦による中断はあったが、その後再開されたソルヴェー会議は、戦後期における非常に複雑かつ重要な科学討論の場となった。あいかわらず招待者だけの催しで、参加する科学者は毎回二、三〇人にすぎなかった。

大戦後はドイツの科学者たちが排除されていたため、一九二七年の第五回ソルヴェー会議になってようやく、真の意味で世界を代表する面々が再び一堂に会することになる。アインシュタインが戻ってきたし、一九二四年の会議を病気で欠席したボーアも初めて参加した（ソルヴェー自身は一九二二年に死去している）。そして、この第五回ソルヴェー会議では、議論すべき重要な事項があった。量子力学と不確定性原理であり、どちらも三年前には姿を現わしていなかった。

保守派と若手中心の進歩派にはっきりと二分されることが明らかになったが、ボーアだけは例外で、いかにも彼らしく、いずれの陣営にもおとなしく属そうとはしなかった。若手の中でもとりわけハイゼンベルクとパウリとディラックは、原子、光子、放射に関連した未解決の問題に量子力学を適用して前進することしか望んでいなかった。彼らは何であれ、哲学や意味論、衒学《げんがく》の色合いを帯びたものには我慢できなかった。一方、ド・ブロイは、シュレーディンガーが科学的に受け入れられる量子力学の形式を考案したことを称えて前衛派の連中を抑えようとしたが、シュレーディンガーのほうは、自身の量子論的波動概念の擁護論をかなり不明瞭な言い方で提示し、波動の確率解釈を受け入れようとしなかった。シュレーディンガーの話はとりわけボルンとハイゼンベルクから鋭い批判を浴びることになり、以後シュレーディンガーは会議が終わるまでずっと目立たないようにしていた。

例によって自身の見解に対してしか答えを与えようとしなかったとはいえ、守旧派の筆頭格として旗幟《きし》を鮮明にしていたアインシュタインは、公式の意見はいっさい発表しなかった。量子力学についてどう考えているかを話してほしいと要請されていたが、しばらくためらっていたあと、この問題についてはじっくり検討しているものの、まだ自分が望んでいるほど徹底的に調べていないので、座って聞いているほうがいいと言い訳めいたことを言って断わっていた。会議での話の間、アインシュタインは口をさしはさむのを控えている場合がほとんどで、不安を感じていることを隠していた。時折席を立って話をするときも非常に弁解じみた言い方をし、おそらく量子力学を十分詳細に調べたとは言えないので、自分の言っていることに確信がもてないと認めた。

それにもかかわらず、アインシュタインは存在を印象づけた。食事のあとや会議のあと、はては夜遅くなってから、量子力学の提唱者たちにそれぞれの見解を正確に話すよう強要するとともに、自分の異議を押しつけたのである。その異議は直観的、哲学的で、完全に理にかなっているとは言えなかったが、それでも重みがあった。互いに自分たちの見方を提唱して相手の反論を斟酌《しんしゃく》しなかったから、話が嚙み合わないことなどしょっちゅうだった。途中で、ボルツマンの最後の教え子の一人でアインシュタインの親友だったパウル・エーレンフェストが、「創世記」のバベルの塔について語った一節を取って、「主はそこで全地の言語を乱した」と黒板に書き綴った。(4) ハイゼンベルクとパウリはこの古豪の繰言《くりごと》に無関心を装っていた。(5) 恭《うやうや》しく耳を傾けてほとんど口をきかなかったが、案ずることなどあるものか、結局は万事うまく行くことになるんだから、とぶつぶつ独り言を口にしたのを聞かれてしまったかもしれない。

他方、ボーアは個人的にアインシュタインを尊敬していたこともあり、さらに自身も哲学的な懸念にはまり込んでいたために、この旧知の友人の異議を無視することができなかった。量子力学を守るという任を引き受けたのはボーアであり、まるでほかの連中には量子力学を全力で擁護しなければならないことがほんとうはわかっていないと言わんばかりだった。だが、ボーアが個人的に認めているように、アインシュタインが何に対してあれほど強硬に反発しているのかは、彼も完全には理解していなかった(6)。

アインシュタインは、お気に入りの趣向の一つである思考実験を持ち出した。彼は集まっていた全員に、非常に単純なことを思い浮かべてほしいと頼んだ。電子線が不透明な衝立《ついたて》の穴を通過する場合を考えてほしいというのである。電子には波動としての性質があるから、像を記録するために第一の衝立の後方においた第二の衝立上に、明るい環と暗い環が交互になった、いわゆる回折パターンが生じるはずである。（この現象は、フランスの科学者、オーギュスタン・フレネルが一九世紀の初めに光に対して予測したもので、光が波動であることを支持する決定的な証拠の一つだった）。

量子力学では、個々の電子が衝立のここかしこにぶつかる確率しか予測できないとされている。衝立の穴を通り抜けて確率に従う形であちこちへ分散していく個々の電子は、それぞれは独立しながらも、生じなければならない回折パターンを忠実に作り上げていく。だが、電子が一個だったらどうなるかを考えてほしい、とアインシュタインは促した。電子が衝立のどこか一か所にぶつかった瞬間に、他の場所にぶつかる確率はゼロにならなければならない。新たに生じた状況を表わすために、波動関数は突如として変化しなければならないのである。これでは、電子がぶつかったまさにそのときに、衝立の全範囲にわたって何かが一瞬のうちに生じたことになってしまうのではないだろうか、とアインシュタインは主張した。

ここには、アインシュタインが量子力学に繰り返し浴びせることになる反論の萌芽《ほうが》がある。実際に何をやりとりするのかを推し量るのが難しいことは確かだとはいえ、量子力学は光速よりも速く伝わるものがあることを暗示していたのである。残念ながら、アインシュタインとボーアとの激しいやりとりを具体的に記しているのは、二十数年後にボーア自身によって書かれた解説のみである。[7]これを見ると、なんとなくアインシュタインの主張がわかりにくいという感じを受けるが、その後につづくボーアの詳細な応答も根本的な点は避けて通っている。

アインシュタインは光速よりも速い現象を容認することができなかったから、（ボーアによると）量子力学だけで話が済むというわけにはいかないと言い張った。単なる量子力学よりもさらに壮大な理論には電子の振舞いを詳細に計算する手立てがあるにちがいなく、その結果、個々の電子すべてについて、最終的にはどこに到達するかを正確に予測できるようになるはずだというのである。この場合には、量子力学に伴う確率は、結局のところ熱の運動論の中心に位置する確率と同様のものであることが明らかになるだろう。熱の運動論では、原子はつねにはっきりと定まった特性をもち、建前としては、完璧に予測可能な振舞いをする。ただし、物理学者はすべての原子の実際の振舞いを正確に知ることは望むべくもないので、どうしても統計的記述に頼らざるをえないのである。量子力学も同じ方向に向かわなければならないとアインシュタインは主張する。量子力学は、その内部では従来の意味で決定論的でなければならない。つまり、確率が入り込んでくることは物理学の決定論の根本的な破綻を示しているのではなく、物理学者たちがまだ完璧な描像を描ききれていないということにすぎないのである。

アインシュタインへの反論として、ボーアは生まれたばかりの不確定性原理を利用し、アインシュタインの思考実験では電子に関してさらなる情報を取り出す術がないことを明らかにした――取り出せば、どうしても、形成されつつある回折パターンを壊してしまうことになる。衝立にぶつかる個々の電子の軌道の一部始終を知るか、もしくは回折パターンを得ることはできるが、両方を手に入れることはできない。

返ってきたこの答えを前にして、アインシュタインがどれほど苛立ったかは想像にかたくない。言うまでもなく、量子力学は得たいと思っている情報のすべてを与えることができない。これこそ、アインシュタインが明るみに出したいと思っていた問題にほかならない。ボーアはこの厄介《やっかい》な問題を打破するどころか、さらに手強いものにしてしまった。量子力学だけですべてが終わるはずがなかった。

エーレンフェストがソルヴェー会議の直後に書いた手紙は、興奮を抑えきれないといわんばかりに、電信文のような調子で事の顚末《てんまつ》を伝えていた。「チェスを指しているようだった」と彼は報告している。「アインシュタインは常に新たな議論を用意していた。ボーアはそのつど、もやもやした哲学の雲の塊のようなものから道具を見つけてきては、一つまた一つと叩き潰していく。アインシュタインはまるでビックリ箱のようで、朝がくるたびに新しいものが飛び出してくる。なんと楽しかったことか(8)」。エーレンフェストは、アインシュタインが量子力学について理不尽な言い方をしていると見て遺憾に思っていた。アインシュタインの批判者が相対論を論じたときのやり方だったのである。彼はアインシュタインに面と向かってそう言った。それでも一方でエーレンフェストは、アインシュタインが不満を抱いているせいで自分も不安になったことを認めてもいた。さらに、彼はボーアに味方していたとはいえ、「ボーアの恐るべき呪文のような用語の繰り返し」への不満を抑えることはできず、「あれではだれも要約できるわけがない」とこぼしていた(9)。

こんな芝居がかった言い方で会議のことを振り返っている参加者は他にはいない。アインシュタインとほぼ同じ見方をしていたディラックは、「議論は聞いていたけれど、話には加わらなかった。なぜって、そもそも大して関心がなかったからね(10)。正しい方程式を得ることにはるかに関心があったんだ」とこともなげに語った。さらに、相補性が「それまで手にしていなかった方程式をもたらしてく

れるわけでもないし」とも言っている。(11)

第五回ソルヴェー会議での衝突は、アインシュタインにもボーアにも不満だらけの結果になった。どちらも、自分の見方を相手にうまく伝えることができなかった。ハイゼンベルクとパウリはもっぱらボーアの肩をもった。ずっとのちになってからハイゼンベルクは、量子力学の共通の見方を確立したという点でソルヴェー会議は重要だったと断言したが、しつこく訊かれると、合意を形成していたのはボーアとパウリと自分だったことを認めた。一九二九年にシカゴで講演をした彼は、ボーアの影響力の大きさとコペンハーゲン精神のことを感服しきったように語っている。支持する側、異議を唱える側のいずれにとっても、コペンハーゲン解釈は量子力学の標準的な見解となりつつあった。その解釈は何十年にもわたって大きな影響を与えてきたくせに、とらえどころがなくわかりにくいままである。支持者たちはコペンハーゲン解釈の深遠さと威力を口にしながらも、言葉で述べるのは容易でないと認めている。それこそが問題なのだ、と批判者たちは言う。だれ一人として実体をはっきり言うことができないように見えるにもかかわらず、コペンハーゲン解釈は事実上のお墨付きを得てしまったのである。

アインシュタインは軟化しなかった。ソルヴェー会議から一年後、彼はシュレーディンガー宛に、「心の安らぎを与えるハイゼンベルク‐ボーアの哲学――宗教と言ったほうがいいでしょうか――はたいへん巧妙な工夫が凝らされていますから、いまのところ真の信者には寝心地のいい枕となってしまい、ちょっとやそっとのことでは目を覚まさないでしょう。ですから、そういう手合いはそっとしておいてやりましょう」と、軽蔑を込めながらも諦めをにじませた手紙を書いている。(12)言うまでもないが、アインシュタインが他人様《ひと》の宗教的信条を槍玉にあげるのが皮肉なのは、量子力学を嫌悪する彼の根拠は「神」についての考え方に直接訴えることで導かれたものだったからである。

第一四章　もう勝負はついた

一九二八年の夏の終わりに、二か月にわたるゲッティンゲン大学の夏期講座を終えたばかりのロシア人青年がコペンハーゲンに立ち寄ったのは、レニングラードに戻る前にボーアに面会したいと思ってのことだった。ボーアはその日の午後に時間を取り、このひょろ長い青年、ジョージ・ガモフが、長い間謎とされてきた問題に明快だが一風変わった答えを与えたいきさつを説明するのに熱心に耳を傾けた。ボーアがここにはいつまでいるつもりなのかと尋ねると、ソ連の当局が支給してくれたつましい旅費が底をついてしまい、今日発たなければならないとのことだった。もし、この研究所での一年間の奨学金の手筈《てはず》を整えることができたら、残る気はあるかね？　ガモフは息を詰めながら、もちろんですと言った。(1)

ボーアの注目を引いたのは、放射性崩壊にまつわる古くからの謎に対するガモフの説明で、その不可解な現象は、はるか以前の一八九八年にマリー・キュリーによって言及され、一九〇二年にはラザフォードとソディーが定量的にはっきりと示したものだった。彼らはいずれも、放射性崩壊が文字どおりランダムな経過を辿《たど》ることに気づいたのである。つまり、不安定な原子核のいずれにも、ある時間内に崩壊を起こす一定の確率があるということである。真に予測不能な現象が物理学に入り込んだ最初の例だったのだが、その重要性はすぐには物理学者たちの注意を引くところとはならなかった。アインシュタインがボーアの原子モデルにおける電子ジャンプも同様の確率則に従うと述べた一九一六年の時点ですら、物理学者たちは理論の現場にこれまでになかった厄介《やっかい》な現象が入り込んでしまったことを完全には理解していなかった。ましてや、放射能と電子ジャンプとの間になんらかのつながりがある理由に気づくはずもなかった。

ガモフがボーアと出会ったときは、原子核の物理学についてはほとんどわかっていなかった。陽子が実在することはわかっており、電気的に中性の相方が存在するに違いないという考えがますます強くなっていた。だが一九三二年になってようやく、中性子が実際に発見されてこの疑念が確証されることになるのである。物理学者たちは何が原子核を一つにまとめ上げているのか見当もつかなかった。中性の相方があろうとなかろうと、正の電荷をもつ陽子が密に集まれば、静電気の斥力のせいでたちまちものすごい勢いで飛び散って、ばらばらになってしまうのが当然だからである。

当たり前のこととはいえ、ガモフに思い描くことができたのはα崩壊のいたって単純なモデルにすぎない。彼は、ヘリウムの原子核と同一のものであることがわかっているα粒子は、重くて不安定な原子核の内部に初めから存在していると考え、原子核を一体にしている力が何であれ、その同じ力がほとんどの場合、α粒子が飛び出すのを押し止めていると想定した。この構図を量子力学の観点から眺めることで、ガモフは驚くべきと同時に納得のいく結論に到達した。

古典論で考えれば、α粒子を原子核内に止めておけるほど強力な力なら、α粒子を永遠に原子核内に押し込めておくはずである。浅い鉢の内面伝いにぐるぐる回っているビー玉を考えてみるといい。鉢の縁を越えて飛び出せるだけのエネルギーをもてば、ビー玉はたちまち飛び出してしまう。しかし、縁に到達するだけの速度がなければ、どうやっても縁を越えることはできない。この二つのケースの区分ははっきりしている。

しかし、ガモフはシュレーディンガー方程式を用いて、原子核内のα粒子を従来のスタイルの粒子としてではなく、量子波動として描写した。彼は数学的な理由から、この波動が原子核の境界で突然消えてしまうわけではないことを見出した。境界を越えてもつづいていて、遠く離れるに従って弱くなっていくのでなければならない。だが、波動が原子核の外にまで及んでいる以上、α粒子が原子核の外部に現実に存在しうる確率は、無視できない大きさをもつはずだ、とガモフは気づいた。量子力学を用いたガモフの解析によれば、α粒子の存在は、厳密に原子核内だけに限られる必要はないのである。

別の言い方をすると、α粒子には原子核の外に姿を現わす一定不変の確率があるということである。そして、ひとたび原子核外に出てしまうと、今度は静電気の斥力が作用するようになり、α粒子を加速させて放り出すことになる。ガモフの単純なモデルは、α崩壊が起こる理由を教えただけでなく、ラザフォードとソディーが四半世紀前に発見した確率則にも説明を与えた。

コペンハーゲンに着いたときには、ガモフはすでに発表するための論文を投稿していた。偶然にも、二人のアメリカの物理学者、エドワード・コンドンとロナルド・ガーネイもそれぞれ独立に同じ着想を得ていて、やはり一九二八年に論文を発表している。

このα崩壊のモデルは、トンネル効果の名で呼ばれる広範な量子力学現象の最初の例として引き合いに出される場合が多い。閉じ込めておこうとする力が作り出す障壁は、古典論の見地からは貫通不可能でも、α粒子はこっそり通り抜けることができるというわけである。しかしながら、この「通り抜ける」という表現は、古典論では起こりえない現象を馴染《なじ》みのある言葉で言い換えようとした試みとしては、あまりいただけたものではない。粒子が囚われ場所の中をあちらこちら転がり回ったあげく、ついには自然に壁をすり抜けて跡形もなく姿をくらましてしまうというイメージを思い浮かべてしまうからだ。シュレーディンガーの波動ともハイゼンベルクの不確定性とも矛盾しない量子条件のもとで、α粒子が古典論のイメージに伴う明確な位置や運動量をもつことはありえない。むしろ、α粒子は原子核の外部でも、部分的とはいえ常に存在する状態を保っているのである。

ここから厄介な問題がもち上がる。どんな場合にも、α粒子には原子核の外に存在する一定の確率があるのなら、実際問題として、ある瞬間にすり抜けて別の瞬間にはすり抜けないのはなぜなのだろう？

電子はどのように決断するのか？　ラザフォードは何年も前に、電子がなぜある瞬間に新たな軌道に飛び移り、別のときには飛び移らないのかが理解できなくて、こうした疑問のことごとくをボーアに尋ねていた。今度はα崩壊で同じような疑問がもち上がった。原子核はどのようにしていつ分裂するかを決めるのだろう？

ガモフが与えたα崩壊の説明を見れば、この二つの疑問の答えが同じであることがわかる。もっと正確に言えば、答えようがないのは同じ理由からなのである。量子力学は確率しか与えることができない。それだけのことなのだ。事がいつ、あるいはどこで起こるのかを的確に予測するよう要求するのは、量子力学が与えることのできる以上のものを求めることになる。古典論で言えば、何かが生じるのであれば、それを導く直接の原因がなければならない。量子力学ではこの一見当たり前のように見える従来の約束事は、もはや当てはまらない。なぜアインシュタインがこれを科学的説明ではなく敗北の容認だと受け取ったのか、その理由を理解するのは難しくない。

このときガモフは二四歳で、ほんの少し前にレニングラード大学を卒業したばかりだった。あと二年早かったら、彼も量子力学が華々しい展開を見せていた時期に間に合った。二年前にはハイゼンベルク、シュレーディンガー、ディラックたちが、油断なく目を光らせたボーアの指導のもと、アインシュタインからは懐疑の目を向けられながら、新たな物理学をまとめ上げていたのである。量子力学はガモフのみならず、最新世代の物理学者たちにとって、従来は想像もできなかったありとあらゆる疑問に取り組むための素晴らしい手段になった。原子核物理学のみならず、結晶と金属の物理学、熱と電気の伝導を扱う物理学、光に対する透過性と不透過性を扱う物理学のすべてが、量子力学的洞察《どうさつ》に座を明け渡すようになりはじめた。目の前に広範な現実的問題が見えてきた物理学者たちは、哲学的な事柄にうつつを抜かす気などなかった。やるべきことがありすぎたし、そんな状況がただただ楽しくて仕方なかったのだ。

けれども、複雑な現象の細々とした計算に気を揉むタイプではなかったアインシュタインは、強い不安感を捨てることができなかった。彼はまだ戦意を失っていなかった。

「次回の一九三〇年のソルヴェー会議でアインシュタインに再会したとき」とボーアは、いつもの彼らしくもなく歯切れのいい語り口で振り返っている。「われわれの議論はまったく劇的な展開を見せた[2]」。前回と同じく、世界の指導的な物理学者三〇人がブリュッセルで一堂に会した。今回の公式のテーマは磁気である。だが、この公式のテーマも正規に行なわれた会議の内容も、歴史の本ではほとんど触れられていない。延々と綴られているのは、語り草になっている出来事、すなわち、またしてもアインシュタインとボーアとの間で繰り広げられた緊迫した白熱の対決である。

前回のソルヴェー会議での論争が結論にいたらなかったことを受けて、アインシュタインが、形而上《けいじじょう》学的な疑念を表明したのでは何の成果も得られないと気づいたことは間違いない。必要なのは不適切なものがあることを具体的かつ定量的に例証することで、ブリュッセルに着いたときには、アインシュタインはその実例を手にしていると考えていた。アインシュタインはボーアとその弟子たちに、不確定性原理はいまでは量子力学の根本原理であると称えられているにもかかわらず、最終的な真理ではありえないことを証明するつもりだった。彼は不確定性原理を回避する手立てを見つけていた。ハイゼンベルクの原理で許容された範囲を超える情報を手に入れる術があるのだ。

言うまでもなく、その実験もまた現実のものではなく、アインシュタインお気に入りの趣向の一つである思考実験の一例である。この実験も実験室ではどう想像力を働かせても検証不能だが、物理学の法則のうえでは検証可能なのである。さらに重要な点は、アインシュタインによれば、この場合に物理学の法則からもたらされる結果は、ハイゼンベルクが与える結果よりも優れている。きわめて単純明快だから議論の余地はない、と言う。

光子が何個か入った箱があり、箱には時計によって作動するシャッターがついていると想像してほしい、とアインシュタインは言う。光子が一個だけ逃げ出すように、ある定められた正確な時刻にほんの一瞬だけシャッターを開ける。あらかじめ箱の重さを量っておき、光子が逃げ出してからもう一度重さを量る。式 $E=mc^2$ を使えば、重さ（質量）の変化から逃げ出した光子のエネルギーが求まる、というわけである。ハイゼンベルクの不確定性原理を別の形に言い換えたものによれば、量子的出来事のエネルギーを正確に測定しようとすればするほど、その出来事が起こった時間を正確に知ることはできなくなる。今回持ち出した議論では、この制約が当てはまらないとアインシュタインは信じていた。飛び出していった光子のエネルギーも測定できるし、光子が箱を出た時刻もわかる。しかも、望みどおりの正確さで両者の測定を個別に行なえる。不確定性原理を打ち負かすことができた。アインシュタインは勝ち誇ったように言い放った。

ベルギーの物理学者で、翌年コペンハーゲンでボーアの助手になるレオン・ローゼンフェルトは、このときのソルヴェー会議の正式な参加者ではなかったけれど、ともかくも二人の果たし合いを見るためにブリュッセルにやってきた。ローゼンフェルトが参加者の滞在場所になっている大学の会館に着いたまさにそのとき、晴れやかな顔をしたアインシュタインが「二流どころの一団を後に引き連れて」会議場から戻ってくるのに出くわした。[3] アインシュタインは椅子に座ると、「感嘆しきっている連中を前に」、明らかに嬉しそうに、ハイゼンベルクに反対する自分の思考実験のことを語った。

後からやってきたボーアは、どう見ても「ひっぱたかれた犬そのもので……しょぼんとうなだれていた」。ボーアとローゼンフェルトはいっしょに夕食を取り、二人のテーブルには他の連中も顔を出した。ボーアは「ひどく興奮しているどころではなく」、アインシュタインが正しいはずがない、そうなってしまったら量子論はもうおしまいだ、と言い張った。だが、ボーアにはアインシュタインの主張の欠陥を突き止めることができなかった。晩も遅くなってから、ボーアは同じようにアインシュタインを説得しようとしたが、アインシュタインのほうは落ち着き払っていて、いっさい注意を払わなかった。

だが、次の日の午前中に晴れやかな顔になったのはボーアだった。夜の間に、アインシュタインが皮肉にも、自身の一般相対論の帰結の一つを無視するという過ちを犯していることに気づいたのである。重さを量るために、光子を入れた箱はばね秤のようなものに吊り下げてあるとしよう、とボーアは言う。光子が逃げ出した瞬間、箱は重さが軽くなるために、重力に逆らってほんのわずか跳ねあがるはずだ、とボーアは論じた。ここに重大な結果が二つ生じる。第一は、わずかながらも箱が跳ね返るために、質量の測定に不確定性が生じることで、これが逃げ出した光子のエネルギーを導く際の不確定性となって現われる。第二は、さらにかすかとはいえ、箱の運動によって時計の時間の刻みの速さが変わることである。これはアインシュタインが一五年ほど前に明らかにしたように、重力場のなかを運動する時計は異なる速さで時間を刻むからである。

ボーアは満足げに、これらエネルギーと時間における二つの不確かさの積は、ハイゼンベルクの原理が必然的帰結として述べているものに他ならないと説明した。アインシュタインは、ハイゼンベルクの誤りを証明したい一心のあまり、自身が作り上げた物理学である相対論を見落としてしまったのだ。それを知って悔しく思ったものの、彼は負けを認めるしかなかった。ボーアがほくそ笑むことはなかった。後年これらの出来事について述べたなかでも、ボーアは自分が正しくアインシュタインは間違っていたとあっさり片づける気にはなれなかった。むしろ彼は、アインシュタインがたびたび鋭い洞察力を発揮して、古典物理学と量子物理学とがもっとも顕著に離反しあう重要な問題を正確に突き止めたことを強調している。ボーアはアインシュタインの影響力を賞賛しているが、それはアインシュタインが量子物理学者たち——もっぱら自分のことを言っているのだが——を駆り立てて、自分たちが携わっている生まれたばかりの学問分野の特性と疑問の余地のない特異性を明るみに出させたからだった。

ボーアの礼儀を弁《わきま》えた賛辞はともかく、アインシュタインが量子力学と不確定性原理に食らわせようとした痛烈な一撃は的を掠《かす》めただけで何のダメージも与えず、痕跡もいっさい残さなかったという事実は変わらない。ハイゼンベルクやパウリたちは、このたびの知力と知力の果たし合いでは脇役を務めただけだったが、のちにハイゼンベルクが述べているように、「みんな心から満足しており、もう勝負はついたと感じていた(4)」。

量子力学に欠陥があることを証明しようとした今回の企てが散々な結果に終わると、アインシュタインは以前から抱いていたもっと根源的な不満をふたたび口にするようになる。量子力学はなるほど論理的には首尾一貫しているかもしれない——だが、一〇〇パーセント正しいはずがありえない。偶然や確率や不確定性が現われるのは、自分たちの理論を使って描き出そうとしている世界を物理学者たちがまだ十分に理解していないためなのだ、とアインシュタインは言い張る。ボーアやハイゼンベルクらの有害な議論は厄介な問題を包み隠してしまおうとするものでしかなく、本当の解決は別のところにある。このときになってもアインシュタインは、いつかはもっと完全な理論が発見され、不首尾に終わった他のあまたの仮説ともども量子力学を歴史の中に追いやることができると確信していた。

ノーベル物理学賞委員会の委員たちは、量子力学がほんとうに広く受け入れられたのかを見極めるのに悪戦苦闘していて、一九三一年の賞を見送ることにした。それでも、確信が急速に膨らむなかで、委員会は一九三二年のノーベル物理学賞をハイゼンベルク一人に授与し、一九三三年にはシュレーディンガーとディラックの共同受賞にした。このことも、ボルンが生涯にわたって抱く苦い思いになった。量子力学における確率の役割を明確に述べたにもかかわらず、それがノーベル賞という形で認められたのは、ようやく一九五四年になってからだったというのである。

同じ一九三〇年代の前半には政治的弾圧が激しさを増しつつあり、この状況がじきに、量子力学の建設者たちを世界各地に散らばらせることになる。一九三三年の初め、アドルフ・ヒトラーがワイマール憲法の条文を巧みに利用し、さらには敵対勢力が見くびっているすきをついてドイツの全権を掌握する。その直後、ナチスは大学と官庁からのユダヤ人の強制排除に乗り出す。もう何年もユダヤ科学の表象にされ、ドイツ文化の敵として槍玉にあげられていたアインシュタインは、かねてからずっと考えていた道でもあったが、ベルリンを離れるべきだと決意した。オックスフォード大学が招聘《しょうへい》したがっていたし、カリフォルニア工科大学も、新たに設立されたプリンストン高等研究所も同じだった。アインシュタインの気持ちは一時期カリフォルニア工科大学に傾いた。かつて訪れたことがあり、理想的な場所に思えたからである。だが、彼もヨーロッパ知識人の多くと同じく、アメリカは魅力的で活力に溢《あふ》れているが、本質的には野蛮だと感じていた。アインシュタインは彼なりに、ドイツの伝統と文化――プロイセンの軍国主義や、もちろん、ヒトラーが喚《わめ》きたてている歪曲されたアーリア人としての特質ではなく、奥が深く廃《すた》れることのないドイツの哲学、音楽、科学の文化――を崇敬していた。

ヒトラーがドイツを支配下においたとき、カリフォルニアにいたアインシュタインは、ドイツに戻るつもりがないことを宣言した。短期間ヨーロッパに戻ったのは、ブリュッセルのドイツ大使館に出向いてドイツのパスポートを手渡し、市民権を放棄するためでしかなかった。一九三三年の秋にはプリンストンに移り、死ぬまでここに留《とど》まることになる。プリンストン高等研究所はアインシュタインに静かなやすらぎの場を与え、授業の義務も免除してくれたのに加え、研究所の創設者が望んでいたとおり、飛びぬけて素晴らしいヨーロッパ型の洗練された知的総合施設そっくりの環境を提供してくれた。

ドイツでは、アインシュタインが去ったことを各紙が勝ち誇ったように伝えていた。国を見限ったのなら、ドイツには必要のない人物だったことを証明しただけの話なのだ。いちばん名の通ったユダヤ人を片づけたことで、ナチスは少しずつ候補者のリストの下のほうへ移っていく作業に手をつけることが可能になった。一九三三年の後半になると、とボルンは思い起こしている。「人種的理由で追放される人々の中に、自分の名前が入っているのを新聞に見出す」日がやってきた。(5)彼はしばらく世界各地を回った後、最終的にエディンバラ大学に腰を落ち着けた。代をさかのぼればともかく、公的にはユダヤ人ではなかったパウリは、このときにはチューリヒにいたために何事もなかった。彼は終生この地に留まることになる。ベルリン大学の教授だったシュレーディンガーはユダヤ人ではなかったが、ドイツでの暮らしはますます不快なものになっていた。オックスフォードで数年を過ごした後、オーストリアのグラーツ大学の招きを受諾したのは、一部には母国に帰国できるからでもあったが、もっと正確に言えば、愛人といっしょに暮らすことができるからだった。その女性はさる物理学者の妻で、シュレーディンガーはオックスフォードでこの女性との間に女の子をもうけていた。その間、彼の妻はウィーンで暮らしていた。

だが、ナチス・ドイツが一九三八年に、抵抗する気などなかったも同然のオーストリアを併合すると、シュレーディンガーはふたたび国外に逃れた。ポストを得たのは、数学に深い知識のあったアイルランドの首相、エーモン・デ・ヴァレラの指導下に創設されたダブリン高等研究所である。

他のユダヤ人物理学者たちの多くもドイツを逃れたか、あるいは逃れようとしていた。他国の仲間たちは先を争って彼らのための職を見つけようとしたが、ユダヤ人排斥はドイツの国外ではほとんど知られていなかったため、容易ではなかった。加えて、逃れようとしている人たちの多くは政治的に左寄りだった。アインシュタインの支援者たちでさえ、政治上の見解は控えるよう助言していた。アインシュタインはスターリンとソ連での体験について好意的な発言をしたり文章を書いたりしたことがあり、さらに、アメリカの下品さや物質主義に皮肉たっぷりに言及したことも何度かあったからである。大方のアメリカ人には、ユダヤ人の共産主義シンパたちが押し寄せてくるのを援助したいなどという気はなかった。

アーリア文化を振興し、ドイツを外国の有害な影響から守りたいという熱烈な願望に突き動かされたヒトラーは、わずか数年のうちに、物理学におけるドイツの卓越した地位を見事なまでに台なしにしてしまった。英語がこの分野の国際共通語になった。ドイツの物理学者のなかには、当面の代償がどうあれ、自分たちの専門分野での民族浄化を公然と賞賛する者もいたが、一方、彼らに反対して何とか影響を及ぼそうとすることもなく、事態を嘆いているだけの物理学者もいた。マックス・プランクはナチスに恐怖を感じていたが、ベルリンに留まっていれば、母国の科学の伝統をできるかぎり守るために自分の影響力を行使することができると信じていた。

プランクはすでに、アインシュタインが正式にプロイセン科学アカデミーを退会する以前の段階でヒトラーに面会し、ユダヤ人の排斥は結局のところドイツ科学をだめにしてしまうと説いていた。ヒトラーは怒鳴り散らして威嚇《いかく》したが、それでも、ユダヤ人が現実に危険な状態に直面することはけっしてないと請け合った――おろかにもプランクはそう信じてしまった。プランクから話を聞いたハイゼンベルクもボルンらに、「しばらくすれば、憎むべき状況から素晴らしいものが分離してくる」からドイツに残っているほうがいいと説得した(6)。アインシュタインには戻るつもりがないことが明らかになったときには、プランクは手紙で文句を言った。アインシュタインがナチスへの反感をしつこく喚きたてているせいで、ベルリンでなんらかの歩み寄りに到達しつつある人たちの暮らしが困難になってしまったというのだ。アインシュタインはかねてからプランクを誠実な人間だと思っていたが、ドイツ人は誠実だと信じていたのがまたしても裏切られたとの思いがした。いまでは彼は、プランクはせいぜいのところ「六割方高尚なだけだ(7)」と言っていた。

第一次大戦中にドイツを擁護する悪名高い声明文に名を連ねたことを悔やみながら生きてきたプランクにとって、考えられる唯一の方途は用心を怠らないことだった。もう高齢だったし、愛国心が強かったために故国を離れることなど考えられなかったが、たとえ些細《ささい》な手段であってもナチスの行動を妨げることは不可能になりつつあった。彼だけでなく、昔かたぎのプロイセン人で何年にもわたってアインシュタインを公に擁護し、反ユダヤ主義を嘲笑《ちょうしょう》してきたアーノルト・ゾンマーフェルトも、「白いユダヤ人」だとしてドイツ科学運動の指導者たちから指弾された。ある意味では本物のユダヤ人より忌わしく思われていたのは、血統的には何の義務もないのに、彼らがユダヤ科学を支持することにしたからである。

同じく白いユダヤ人にあげられた人々の中で目につくのは、ウェルナー・ハイゼンベルクの名前である。彼は例によって政治に口を出さないようにしていたが、相対論と量子論を精力的に擁護していた。このいずれも、アーリア版の物理学の復興を願っていた手合いにとっては、つきまとって離れない悩みの最たるものだったのである。もっとも、ヒトラーに対するハイゼンベルクの態度は、精いっぱい寛大な言い方をしても、はっきりしなかったということになる。彼はヒトラーを無教養の無頼の徒を率いる粗暴な扇動家《デマゴーグ》と見なしていたが、同時に、ドイツが誇りと力強さを取り戻すには強力な統率力が必要だとする考え方に一抹の共感以上のものを覚えていた。ヒトラー政権初期のドイツを訪れてコペンハーゲンに戻ったボーアは、ハイゼンベルクが好意的な見解を表明して、状況はそれほど悪くなっておらす、いまでは総統が共産主義者をはじめとする極端な反愛国主義者たちを始末しようとしていると語ったことを伝えている(8)。

いずれにしても、ヒトラーはいつまでもつだろうか？　ハイゼンベルクのこれまでの人生では、ドイツでは次から次に政権が登場しては消え、いずれの場合も取って代わった前政権同様、脆弱《ぜいじゃく》でどうしようもなかった。分別ある人々——冷めていて関心を示さなかった人々——のなかで、けっして彼だけが、ダメージがあまりひどくならないうちに混乱は収まるだろうと考えていたわけではなかった。

政治に意を介さずにいたことは、これまではハイゼンベルクに有利に働いていた。ユダヤ人が排斥されたために就職の機会も生まれた。ボルンの代わりとして、ゲッティンゲン大学が招聘に関心を示していた。ゾンマーフェルトもミュンヘン大学に呼び寄せようとしていた。だが、どちらの場合も、当局は提案された措置に待ったをかけた。ハイゼンベルクは一員としてふさわしくないというのである。ハイゼンベルクはかなり用心深く言葉を選んで、優れた物理学者たちが国を出ることを余儀なくされているのは本意ではないと表明したことがあったが、官僚主義に対して個人的に企てた反抗は政策の変化をもたらすことなく、結果的に公的な懲戒処分を受けていたからだった。処分を受けた彼は口を噤《つぐ》むことにした。一九三五年にはヒトラー政府への忠誠を謳《うた》った宣誓に署名した。それはすべての公務員が要求されたことだった。ハイゼンベルクは抗議として職を辞すことをプランクに相談した。するとプランクは、辞職すれば骨の髄までナチの連中や二流の物理学者が後釜に任命されるだけだと告げた。長い目で見たときにドイツの科学にとってより好ましいのは、各人が職に留まって精一杯やることなのだ。

だが結局のところ、そうしたところでほとんど何の足しにもならなかった。

第一五章　科学的経験ではなく人生の経験を

ヒトラーがドイツの科学の頭脳を見事なまでに世界のあちらこちらに散らばらせたときには、量子力学はすでに世界的なものになっていた。アメリカほどユダヤ人知識人たちのドイツ退去から多くを得た国は他にはなかったが、アメリカの科学はとっくに自らの実力によって世界的地位を高めつつあった。ヨーロッパの科学者たちは一九一四年以前ですら大西洋を渡ってアメリカに出向いており、第一次大戦が終わって国際間の緊張が緩和すると、ますます足を運ぶようになる。彼らは憚《はばか》ることなく、アメリカ行きが申し分のない小遣い銭稼ぎになると認めていたが、それでも、年が経つにつれて、相手にするアメリカの聴衆の知識がますます高度なものになっていくことに気づかざるをえなかっただろう。一方、アメリカの若者たちは新たな物理学を身につけるために大挙してヨーロッパに押しかけた――一九二六年にゲッティンゲン大学を訪れたあるアメリカ人は、もう二〇人あまりの同胞がここに来ていたことを知った(1)――が、彼らはほとんど例外なく、国に戻って自分たちの研究所を設立する心積もりでいた。

理論物理学でのイギリスの影響力がふたたび大きくなっていたが、一九世紀の輝きは二度と取り戻せなかった。アメリカ英語がドイツ語に取って代わって理論物理学の国際言語になった。フランスはルイ・ド・ブロイによって量子力学に多少の貢献をしたことがあるとはいえ、ベクレル、ポアンカレ、キュリー夫妻の時代以降のフランス科学は、全体としては下り坂だった。

言い換えれば、科学の最先端は国境を越えてあちらこちらへと移動していたのだ。二〇世紀初頭にイギリスからドイツに移ってミュンヘンとゲッティンゲンにしばらく留《とど》まり、コペンハーゲンに達した後、ほんの一時、再びケンブリッジに移ってから、もう一つのケンブリッジ［アメリカのマサチューセッツ州］、シカゴ、プリンストン、パサデナへと移動していった。ヒトラーが容赦《ようしゃ》のない追放に乗り出したことが、おそらくは、大陸移動のようにどんどん世界全体に広がっていく以前からの動きに拍車をかける結果になったのだろう。科学の学派も絵画や音楽の流派と同じで、長期にわたって一か所にずっと留まっていることはめったにない。

それにもかかわらず、あれほど多くの量子力学の考え方がドイツで生まれたのが、この国の歴史のなかでもきわめて異常で問題を孕《はら》んでいた時期だったことは印象的である。いまから見ると、ワイマール時代は異国風の趣《おもむき》をまとっていて、あたかも他民族の感性が鈍重なドイツの地に一〇年あまり根づいた後、再び飛び去っていったかのようである。この時代のドイツを特徴づけているのは、国内の不満と無秩序、短期間に終わった熱狂的な芸術運動、ナイトクラブとキャバレー、ベルトルト・ブレヒトとフリッツ・ラング、単調な社会主義リアリズムと技術に関心をもつ人々のバウハウス運動だった。躁《そう》状態のような支離滅裂さである。芸術家たちは次から次に新しいものに取りつかれ、たった半年前のものでさえ、過去に属するものは徹底的に否定した。政治は安定せず、芸術ははかなく、市民生活は覚束《おぼつか》ないどころか絶望的になることもあった。ニーチェが述べたように、「放蕩の母は悦楽ではなくて、悦楽の不在なのである」［引用は中島義生訳『人間的、あまりに人間的』II（ちくま学芸文庫）より］。

物理学でも大きな変革の時代だった。確率による新たな支配が、決定論によるそれまでの秩序を打ち倒した。多くの考え方が登場しては数年で脱落していき、なかにはたった数か月しかもたないものもあった。古典物理学が前期量子論を生むもととなり、前期量子論は量子力学を生み出し、量子力学は不確定性をもたらした。社会学に関心のある一部の研究者たちが、新しい物理学の盛衰とこの時代の社会的・知的変動との間には、単なる偶然の一致以上の関連があるのではないかと考えるようになるのも当然である。ワイマール時代のドイツの無秩序で論争を好む雰囲気が物理学の思考にも浸透し、不確定性という考え方の登場に一役買ったのだろうか？

科学者たちはそのような考えを、どれも判で押したようにばかにする。彼らは必ず、物理学の前進には独自の理由があると言う。不確定性という考え方には出発点となったものや原型となったものが多数あり、それは熱運動論から放射能、発光体のスペクトルにまで及んでいる。芸術や政治の影響など、まず考えられない。しかも、不確定性という考え方を導いた科学者たちの大半は政治に関心がなかったし、芸術面ではごく月並みだった。それぞれピアノとバイオリンを嗜《たしな》んだハイゼンベルクとボルンは、ベートーヴェンの曲を弾くのが好きだった。アインシュタインはモーツァルトを好んだ。ボーアには音楽の好みがまったくなく、サッカー、テニス、スキーを得意とした。パウリは夜更けまで外で時間をつぶすのが好きだったとはいえ、芸術家や音楽家とはあまり付き合っていない。しかも彼は新聞を読まないことを自慢にしていた。

もっとも、いくら眼をつぶり耳を塞《ふさ》いでいようとしても、当時のドイツの物理学者たちが修道僧のように周囲の世界から完全に隔絶した暮らしを送れるはずはなかった。金の不足や食糧の欠乏も味わった。街頭での暴力沙汰も眼にした。大学の職員は公務員によって占められていたから、物理学者たちも少なくともうすうすと、政府が次から次に変わるたびに、それまでとは異なる政策が試みられ、研究と教育に影響を与えたことに気づいていたはずである。頭の中で考えていることは別次元にあったかもしれないが、彼らも現実の世界に住んでいた。

それでも、科学史家のポール・フォアマンが次のように書いているのを見つけると驚きを覚えてしまう。「私が確信しているのは……物理学で因果律なしで済ませようという動きが一九一八年以降のドイツに突如として芽生えて艶《あで》やかに花開いたのは、もっぱら、ドイツの物理学者たちが彼らの科学の内容を当時の知的状況に適応させようと努めたためだったということである(2)」。もっぱらとはいったいどういうことなのか？

フォアマンの言い分をかいつまんで言えば次のようになる。第一次大戦でのドイツの崩壊は、過去に対するはなはだしい幻滅を生むことになった。そのなかには、ビスマルク流の政策や厳格に構成された社会のみならず、科学に起源をもつ決定論と秩序を重んずる精神そのものも含まれていた。従来の様式への反発から一種のロマン主義が生まれ、機械よりも自然が、理性よりも情熱が、論理よりも偶然性がもてはやされた。もしも歴史が科学と同じように決定論的であり、ドイツの没落はその決定論の帰結であったのなら、ドイツにとって差し迫って必要とされていたのは、決定論とはちがう種類の歴史だったことは間違いない。したがって、科学者たちもまた、信用を落とした過去のもろもろと結びついていると見なされるのを避けて新たな知的風潮に迎合するために、同じように決定論を放棄して、偶然性、確率、不確定性の旗印を掲げて前進したのである。フォアマンによれば、「ドイツの物理学者たちが科学の基盤の再構築にすぐに取り組むとともに、それを強く熱望したのは、彼らが否定的な評価を受けていたこととの反動として説明できる(3)」。

言うまでもなく、物理学者たちはだれ一人、一時的な社会の風潮に順応するために過激な新理論を提案したなどとは絶対に認めなかっただろう。影響のようなものを受けたとしても、自覚を伴わない無意識のうちにであり、知覚の鋭い熟練した歴史家でなければそのような影響を読み取ることはできないと思われる。

科学者たちのなかには、ドイツの崩壊が引き起こした体制の変化に公然と反発する者もいたことは確かである。マックス・プランクが声を大にして科学の涵養《かんよう》を奨励したのは、科学がドイツの失われた栄光を取り戻して国際的評価を高める手段となると見ていたからである。しかしプランクは、量子力学がもたらしたより深遠な結果に強い関心がないことでも知られていた。科学の力と信頼性は、プランクの考えでは、一九世紀に確立された決定論による確固たる基礎を拠《よ》りどころにした以外の何ものでもなく、彼はその基礎の不動性を強調することによってはじめて、ドイツの科学は真価を明らかにすることができると信じていた。言い換えれば、科学は時代の強い要請に抵抗してかつての規範を支持することで、穏やかな鎮静効果を及ぼすことができるのである。これは、科学はうつろいゆく世界のなかで支持を得るために基本原理を適合させなければならないと言うのとは、完全な対極に位置している。

たしかに、第一次大戦後のドイツには先祖返りにも似た反主知主義の傾向があり、冷徹でどこまでも合理性を追求する世界観を槍玉にあげていたが、ワイマール共和国時代のほかの多くのものと同じように、この反主知主義も首尾一貫した哲学ではなく、一時的な感情のうねりだった。ハイゼンベルクが心から大事にしていたファートフィンダー運動に参加していた青年たちは、丘や森をハイキングして回っては自然の脅威に感嘆したり、人生の意味をめぐって果てしなく討論をしたりしていた。文化史家のピーター・ゲイは、「そうした思考は、結局は若さそのものをイデオロギーにするという決断でしかなかった」と言う。(4) いずれにせよ、ファートフィンダー団にはさまざまな手合いがいた。新たな平等社会をつくりたいと思っている社会主義者もいたし、右寄りになって、だれもが分《ぶ》を弁《わきま》えていた古きドイツの復活を切望する者もいた。ハイゼンベルクと仲間たちは、彼らの時代の政治に悩んだことなどなく、あったとしても、もっぱら嘆くだけだった。ハイゼンベルクが科学の仕事に携わった初期といえば、斬新《ざんしん》な力学と不確定性原理を定式化しているときだったにもかかわらず、彼はこの時期全般を通して、ときどき仕事を中断しては仲間とともに山や湖へ出かけて歩き回ったものだった。彼にとっては純粋に英気を養い、日常生活の辛さから逃れるためだった。こうした遠出の間、ハイゼンベルクはただ社会から離れていたかっただけで、社会を改革したかったわけではない。

この時代のロマン主義への統一性のない傾倒が、ともかくも知的面での指導的人物、もっと正確に言えば導師的な人物を得たとすれば、それは一九一八年から二二年にかけて、二巻からなる膨大で難解な著作『西洋の没落』を出版したオスワルト・シュペングラーである（ドイツ語のタイトルは *Der Untergang des Abendlandes*、すなわち『西洋の滅亡』で、こちらのほうが当時の感覚にはぴったりの陰鬱《いんうつ》な書名である）。学校教師だったシュペングラーは毎晩毎晩こつこつと、自身の深い本物の知識と研究の成果を、大局的観点に立ってすべてを網羅する世界史理論にまとめあげていった。どうやら彼は、かつては世界の隅々に根づいていたものの、いまでは埋もれてしまったありとあらゆる古代文明の実態を独力で学んだらしい。それぞれの文明の芸術、哲学、音楽、数学を調べて自分の知識にしたのである。シュペングラーが掲げた大テーマは運命、もっと正確には「運命理念」である。歴史は大規模な循環過程だと彼は言う。文明は登場しては消えていき、思考様式も文明とともに盛衰を辿《たど》る。現代の科学的・合理的な文明も歴史の推移のなかの一局面にすぎない。この文明もやはり消えていくのである。

シュペングラーの手法は、大量の細々とした事柄とうんざりするほどたくさんの曖昧《あいまい》な事実を提示し、読者の頭が朦朧《もうろう》としてきたところに如才なく、提示したことごとくから当然わかるはずの帰結を述べた壮大な議論に飛躍するというものである。シュペングラーの企てに見られるこじつけやもったいぶった姿勢、偏った見方、まぎれもない純然たる狂気の沙汰は、とても言葉で表現することはできない。なのに、この運命論的な陰鬱な作品は大ベストセラーとなった。この本はドイツの読者に、歴史の車輪はこれからも回りつづけ、没落した国も——さらにはその文化も——再び蘇《よみがえ》るはずだという慰めを与えてくれた。それが運命というものなのだ。

世界がいま病める状態にあることについては、科学がその責めを負うべきであり、とことんさかのぼれば、古代ギリシア人と、彼らが論理学と幾何学を致命的なまでに受け入れてしまったせいである、とシュペングラーは書いている。彼にはゲーテが英雄で、ニュートンは小賢《こざか》しい悪党だった。ゲーテは「数学を忌み嫌った……彼にとっては、機械としての世界が有機体としての世界に、死んだ自然が生きている自然に、法則が形態に真っ向から対立していたのである」[5]。

忌々《いまいま》しいうえに浅薄な科学的因果律に反抗するのが、運命という歴史の力なのである。前者が単なる偶然の出来事にすぎないのに対して、後者には目的が伴っている。「運命理念は」とシュペングラーは読者に語りかけ、「科学的経験ではなく人生の経験を、計算をする力ではなくものを見る力を、知識ではなく聡明さを要求する……運命理念のなかで、魂は自らの世界的な願望、光の中にその姿を現わし自らの使命を実現成就させるという願望を明らかにする」と教える[6]。

こんなことは実際の役にはほとんど立たないが、『西洋の没落』のなかでは大きな意味をもっていることは確かである。簡単に言えば、シュペングラーが表現していたのは、世界の現状には恐ろしいほどの欠陥があるが、抜け出す道はあり、そのなかでは科学や合理主義、そしてとりわけても薄情な決定論を拒否することが大きな役割を果たすだろうという意識だったのである。

シュペングラーが単に人気を博しただけでなく、本当に影響を及ぼしたのかどうかは判断しがたい。ナチスが彼の蘇る文化というテーマを借用したのは、そこに近代的であることへの拒絶があったからだが、そのやり方はシュペングラー自身が怒りを覚えるご都合主義的なものだった。シュペングラーの主張を真摯《しんし》に受け止めた科学者は一人もいない。シュペングラーは新たな種類の科学、かつての科学よりも柔軟かつ寛大で規範のゆるい科学を求めていたわけではない。どんな形を取ったものであれ、科学が姿を現わすことに反対していたのである。

フォアマンとしては、科学者たちが決定論と因果律を退けて不確定性と確率を受け入れたのは、シュペングラーに典型的に見られる考え方に魅了されていたすべてのドイツ人のご機嫌を取るためだったと考えてもらいたいのだろう。だが、彼は現実味のある証拠を何一つ提示することができず、不確定性の登場は時代の趨勢《すうせい》に調和するものだったと主張しているだけである。アインシュタインは少なくともシュペングラーの本にざっと目を通しており、どんな感じを受けたかをボルンに手紙で知らせている。「夜には彼の言っていることが本当だという気になり、朝になるとそんな気になったことを苦笑してしまいます……こうした点は楽しいのですが、次の日にだれかが熱意たっぷりにまったく正反対のことを言えば、こちらもまた楽しいでしょうし、どっちが正しいのかなど知ったことではありません」[7]。もしかするとこれは、なにか斬新な考え方に接したときにボーアの口から出る「とてもおもしろい」のアインシュタイン流の表現だったのかもしれない。

もっと根本的なことを言えば、不確定性という考え方は一九二〇年代の半ばに、予兆もなく突如として噴きだしたのではない。その時点ではもう一〇年も前から表面に姿を現わしており、科学者たちはためらいながらもその存在を意識せざるをえなくなっていたのである。確率と不確定性が量子力学で中心的な役割をになうようになったのは、現実的で明確な理由があってのことだった。確率と不確定性は物理学の理論構造に対する恣意《しい》的な修正ではなく、物理学者たちが何年もの間直面していた深遠で厄介《やっかい》な問題への答えだったのである。

量子力学のすべてがドイツで生まれたというのも正しくない。指導的力を発揮したのは思慮深いデンマーク人のボーアで、彼はドイツの科学を賞賛していたが、ドイツ文化とドイツ精神への高慢な言及には魅力のかけらすら感じなかった。非常に重要な貢献をもたらしたのはケンブリッジのディラック、コペンハーゲンにいたオランダ人のクラマース、どちらもウィーン生まれだったパウリとシュレーディンガー、パリの下級貴族の家系に生まれたド・ブロイだった。

量子論の先駆者と批判者を政治や性格で分ける線引きも、彼らの科学に対する考え方とはうまく一致しない。反確率陣営のなかには、ヨハネス・シュタルクなどのナチスのシンパ、ウィルヘルム・ウィーンなどの伝統的右派、プランクのような中道保守派とともに、社会主義者を公言していたアインシュタインや、ほとんどの場合政治に関心を示さなかったシュレーディンガーもいたことがわかる。最後にあげた二人が、私生活の面では群を抜いて自由奔放な物理学者であったことはほぼ間違いなく、その点ではおそらくワイマール精神と言われるものにもっとも似つかわしかったのだろうが、それでも物理学では二人とも昔の秩序の復活を要求する先頭に立っていた。一方、不確定性原理の生みの親であるハイゼンベルクは、政治に対する考え方は月並みで深く考えることもなく、むしろ私生活ではきちんとしていて小心なところが見られた――言い換えれば、中産階級そのものだった――が、科学では形式的な厳格さを捨て去って直観の導きに従うことも厭《いと》わなかった。パウリはほぼ正反対だった。評判などにはまったく左右されなかったし、社会的儀礼もほとんど無視した。それでも自身認めているように、未知のものへの恐れと警戒心のせいで、科学的想像を制してしまうこともあった。死が近づいていたころ、パウリはインタビューの聴き手に嘆くように、あの意気軒昂《けんこう》だった時代、物事にとらわれない考え方をしていると思っていたが、振り返ってみると「私はやはり古典主義者で、革命主義者ではなかった」と語った。[8]

要するに、右に述べたことはいずれもジグソーパズルの一片のようなものなのだが、互いにぴったりとはまり合わないのである。おそらくは、量子物理学が登場するに当たってドイツが重要な位置を占めていたのには、比較的現実的だった一九世紀のイギリスの物理学者たちの学派とは対照的に、極端なまでに数学を使った種類の理論がこの国に現われたことと何か関係があるのだろう。だが、なるべくしてなったというよりは、自ら選んだうえでのことだったように思える理由を見つけるのも難しくはない。先立つ決定的な出来事が一つだけあったとすれば、それは、電子が原子の内部で回っているとしたボーアの最初の体系に、ゾンマーフェルトがたちまち魅了されてしまったことである。ゾンマーフェルトは次にはパウリやハイゼンベルクらの優秀な人間を多数鍛え上げた。対照的にディラックは、ほぼ一〇年後にケンブリッジにくるまで、ボーアの原子モデルを聞いたことすらなかった。ワイマール共和国の社会政治的な特質ではなく、古参の軽騎兵、アーノルト・ゾンマーフェルトが彼ならではの関心を寄せたからこそ、ドイツが量子力学の誕生の地になったのだと言った方がいいのだろうか？　だがこの場合、他の非常に多くの物理学者たちが戸惑うか拒絶していたときに、ゾンマーフェルトがボーアの原子モデルにあれほど強く引きつけられたという事実を、どんな心理学的要因や社会的要因、政治的要因に帰せばいいのだろう？

言い換えれば、ドイツに不確定性という考えが登場したことには、はっきり認識できる知的風潮のほかにも、偶然のせいにすることのできない要因があるということなのである。この点では、科学の歴史もまた歴史一般と変わるところはない――もちろん、シュペングラーなら主張したと思われるのとはちがって、運命理念によってすべてが明らかになるわけではない場合の話ではあるけれども。

不条理な力が科学者たちを強いて物理学に不確定性を導入させたのではないにせよ、少なくとも一人の著名人がすぐに不確定性という考え方を歓迎し、しかもその人物が、科学も論理学も好きでなかったことは注目に値する。ハイゼンベルクが不確定性原理に思いいたってからわずか一、二年のうちに、D・H・ロレンスはこんな短い詩の一片を書いている。

相対性理論と量子論が好きなのは
私にはよくわからないから。
これらの理論のおかげで、宇宙はまるでひとところに落ちつけない白鳥のように
あちこち動き回り、止まるのも計測も拒んでいるかのように思えてくる。
そして原子はまるで衝動に身を任せ、
しょっちゅう気を変えているかのようだ。

ロレンスは理性を好んだが、それよりも衝動的であることをはるかに賛美しており、それゆえ、科学者たちが自縄自縛《じじようじばく》に陥っているように見えたことがうれしかった。法則と規則の完璧な体系によって世界を理解し予測しようとした科学者たちの奮闘は、絶望的な状況にはまってしまった。いま彼らが手にしている法則は、科学者たちがすべてを知ることは不可能で、空間と時間は彼らの要望には従わないと言っている。シュペングラーという人物——古びた本の上に身をかがめたくたびれきった独身男性——はロレンスにはまちがいなく哀れで、ともかくも真の男とは言いがたかっただろうし、ロレンスがシュペングラーの提示した過度に理論化された複雑な歴史体系に与《くみ》することもなかっただろう。それでも、科学に対する漠然とした見方では、この正反対のタイプの二人につながりがある。シュペングラーは一九世紀の思いあがった知的決定論を退けた。ロレンスは技術と工業が支配する無情

の世界を罵《ののし》った（イギリスの陰鬱な鉱山地帯で成長したロレンスには、そうする理由がいくつかあった）。形は違っていても、両者にとって科学は非人間的で状況を悪くするもの――いまでは打ち倒されたか、少なくともぐらついて危機に瀕しているもの――を象徴していたのである。

科学者たちでさえ、旧来の形態の完璧な決定論がもはや立ち行かなくなってしまったことを認めざるをえなかった。ボルンがそう言ったし、ハイゼンベルクはこの問題を敷衍《ふえん》した。けれども、シュペングラーとロレンスが社会に対して望んでいたのとはちがって、科学はその営みを突如として止めたわけではなかった。決定論の問題は、とりわけボーアが専念した興味を引かれる難問だった。ボーアの言う相補性とは、科学者たちが従前どおり、研究内容を合理的に矛盾なく語れるようにする手立てを与えるためのものであり、たとえ彼らの分野の一見不可欠なように思われる支えの一つが裂け目を露呈していても、同じでなければならなかった。

そしてこのことが、不確定性の問題が科学の外部にいる非常に多くの人たちにきわめて魅惑的で重要に思われた理由だった。科学は致命的なまでに機能しなくなったのだろうか？　それでもつづいていく（これは大半の若手の物理学者たちの願望だったように思われ、彼らはあまり深く考えることもなく、計算が可能なかぎり、これまでの日々と何ら変わることなく科学をやっていけると固く信じていた）のだろうか？　それとも科学は変わるのだろうか？　変わるとすればどんなふうに？

このような疑問は詩人や哲学者を魅了したとしても、実際に仕事に携わっている物理学者たちの大多数には何の刺激も与えなかった。だが、例によってボーアとアインシュタインは別だった。ボーアは不確定性が入り込んでしまったにもかかわらず、物理学が間違いなく存続していけることを示したかった。アインシュタインは不確定性をそのままにしておいたのではそうはいかないことを明らかにしたかった。アインシュタインはとっておきの巧妙な仕掛けをひそかに用意していた。量子力学が完壁ではないことを示す決定的な論証である。

第一六章　まぎれのない解釈の可能性

プリンストンを永住の地にするまで、アインシュタインはもう数か月ヨーロッパに留《とど》まり、もっぱらベルギーとイギリスで過ごしていた。一九三三年の六月一〇日にはオックスフォード大学で、理論物理学全般、および特に量子力学に対する自身の見解について講演を行なっている。理論家は観測可能な証拠と経験的現象に細心の注意を払わなければならないが、これは最初の一歩にすぎないとアインシュタインは言う。科学者は理論を構築するにあたって想像力を駆使し、事実を数学と論理の厳密な規則に従って組み立てられた矛盾のない構造に一体化しなければならない。言うまでもなく、彼はそうやって特殊相対論と一般相対論に到達したのである。

アインシュタインは、自分にとって指導原理となったのは、自然はつねにもっとも単純な答えを選ぶという確信だったと言う。「したがってある意味では」とアインシュタインはつづけ、「古代の人人が夢想したように、純粋思惟《しい》によって実在を理解することができるというのは真実であると考えています」と述べた。[1]だが、これは危うい考え方に向かっている。若いころのアインシュタインは、想像力の出発点は綿密に検討した事実にしっかり根を下ろしていなければならないと主張していた。それなのに、いま五〇歳をすぎたアインシュタインは、繊細さに欠ける現実的な考慮とは無縁の直観と理性さえあれば、自然法則を決定するには十分であると言おうとしているように思われた。

科学理論の構築における単純性は、優雅さや美しさによって特徴づけられる場合が多い。この美的正しさという感覚は、たとえどういう名で呼ぼうと、指針であると同時にごまかしにもなりうる。ボーアはこの問題を独自の視点で見ていた。彼はかつて、「私にはある理論が正しくないなら、それを美しいと言うのがどういう意味なのか理解できない」と述べたことがある。(2)

アインシュタインはオックスフォードでの講演で、量子力学に対する自身の不安を口にした。不安を感じるのは、量子力学が「純粋思惟」の教えるところと調和せず、物理学理論であれば当然すべきはずの機能の仕方をしていないからだった。ボルンによる量子波動の確率解釈には「過渡的な意義しかない」だろうとアインシュタインは主張する。量子力学よりも申し分のない理論なら、物理的出来事は再び従来の客観性を取り戻し、単なる確率の寄せ集めと見なされることはなくなるはずだというのである。その一方でアインシュタインは、ハイゼンベルクの不確定性原理のゆえに、粒子の存在する場所に明確な絶対的意味を与えることはできないと認めている。互いにあいいれない二つの主張の溝をどうすれば埋められると考えているのかは、何も言わないままだった。

プリンストンに腰を落ち着けたアインシュタインは、あいかわらず量子力学のあら捜しをしていた。この新しい物理学の現実的な欠陥を示す証拠は一つもなかった。それでも彼の内なる声――あるいはアインシュタインが好んで言ったように、彼だけに降りてくる「神」の声――は著しく不適切なところがあると教えていた。前にもその声を聞いたことがあった。今回だってしくじりをさせるはずがない。

アインシュタインはプリンストン高等研究所の若手の同僚だったボリス・ポドルスキー、ネーサン・ローゼンと研究に取り組み、一九三五年に量子論を攻撃する最後の、そしてもっとも有名な論文を発表する。その論文は、題名そのものが「物理的実在についての量子力学的記述は完全と見なせるか[3]」と問いかけていた。この問いは修辞上のものである。アインシュタイン、ポドルスキー、ローゼンによれば、答えははっきりと「ノー」なのだ。

アインシュタイン＝ポドルスキー＝ローゼン（EPR）論文の主張は、アインシュタインが一九二七年の第五回ソルヴェー会議のときに思い悩んでいた問題を精緻《せいち》な形にしたものだった。あのときアインシュタインは、量子力学の波動関数は粒子があちこちの場所に存在する確率しか表わすことができないというボルンの主張を問題にした。まあいいとしよう、とアインシュタインは言った。しかし、ある時点で確率は確実性に変わらなければならない。アインシュタインが選んだ例では、衝立《ついたて》にぶつかる電子は特定の一か所に当たるはずである。そして当たったときには、電子を記述する量子波動は理由はともかくも、衝立の全面にわたって一瞬のうちに変化しなければならないのではないのか？

当時はだれも、アインシュタインが何を攻撃しているのかわかっていないようだった。アインシュタインの主張が実に曖昧《あいまい》で、形而上学《けいじじょう》のようだったからである。だが今回、アインシュタイン、ポドルスキー、ローゼンは、異議に具体性をもたせ、明確で実証可能な問題に言い換えたと言う。量子力学がいかに常識からかけ離れているかを正確に指摘することができた——彼らはそう主張していた。

彼らはまず、従来の正真正銘のアインシュタイン流のやり方で、常識の内容を完全に明確にしなければならなかった。彼らの主張によれば、受け入れることのできる理論はいずれも、彼らが「物理的実在の要素」と呼ぶものを扱わなければならない。「物理的実在の要素」という言葉で言わんとしていたのは、たとえば位置や運動量などの従来からある物理量であり、物理学者たちが昔からの慣習によって、物理的世界に関する議論の余地のない情報と見なしてきたもののことである。

まあよしとしよう。だが実際のところ、物理的実在の要素であるための要件は何なのだろう？　科学者たちはこれまで、こんな問題に多くの時間を費やして頭を悩ませたことはなかった。そこでアインシュタインたちは形式的な定義を持ち出す。有名になった定義だが、有名をいい意味にとるか悪い意味にとるかは各人の見方次第である。仮に、と彼らは言い、「ともかくも系を攪乱《かくらん》することなく、ある物理量の値を確実に……予測することができるなら、そのときには、この物理量に対応する物理的実在の要素が存在する」と規定したのである。

たとえば、電子の位置ないし運動量について考えてみよう。このいずれかの性質を決定する手立てがあり、ともかくもその決定法なら電子の軌跡やその後の振舞いに影響を与えることがないとすれば、この場合には電子の位置ないし運動量は明確な事実で、否定することのできない与件であると言うことができる。言い換えれば、これが物理的実在の要素なのである。

アインシュタインたちは自分たちの意に沿うように議論を組み立ててから話を進め、量子力学が困難な事態に陥ることを論証する。彼らが思い描いたのは、共通の原点から同一の速度で反対方向にだんだん遠ざかっていく二個の粒子で、したがってこのケースでは、一方の粒子の位置もしくは運動量を測定すればたちどころに、もう一方の粒子の位置ないし運動量が何もしないでもわかってしまう。

アインシュタインたちは、一方の粒子を測定する観測者が不確定性原理に阻まれることは認めている。運動量を測定すれば粒子の位置がわからなくなり、逆に位置を測定すれば運動量がわからなくなるのは、まさにハイゼンベルクが述べているとおりなのだ。だがここでアインシュタイン、ポドルスキー、ローゼンは奥の手を出してくる。彼らの企ての核心そのものは、一方の粒子を観測すればもう一方の粒子についてもなにがしかの情報が得られるという点であり、ここに奇妙なことが起こるようになるのである。

第一の粒子の位置を測定すれば、たちどころに第二の粒子の位置がわかる——第二の粒子を直接調べなくともわかるのだ。あるいは、第一の粒子の運動量を測定すれば、第二の粒子の運動量もわかり、この場合も第二の粒子を調べる必要はない。論文の著者たちは力を込めて、これは要するに、第二の粒子の位置と運動量のいずれもが「物理的実在の要素」でなければならないということであると結論する。これらの性質は、問題にしている粒子を攪乱することなく決定できるから、以前から存在していた明確な物理量をもっているはずである。第一の粒子を測定したとき初めて、測定のせいで第二の粒子の性質が量子のもやもや状態から具体的な形をとるとは考えられない、と彼らは論じる。なぜなら、第二の粒子には実際には何事も起こっていないからである。

彼らはさらに、これが意味するさらに重要な結果は、大いに賞賛されているハイゼンベルクの不確定性原理は結局のところ、粒子の性質は測定を行なうまで基本的には明確にならないと言っているわけではないということであると述べる。それどころか、粒子は決まった性質をもっているのだから、不確定性原理は、量子力学がこうした性質を完全には記述できないことを認めたものなのだ。アインシュタインとその若い同僚たちは、これは要するに、量子力学がことごとくを語っているわけではない――まさしくアインシュタインがかねてから主張していたとおりである――ということであると結んでいた。量子力学は不完全な理論でしかなく、根底にある物理的真実を完全には描きだしていないのである。

コペンハーゲンでは「この攻撃は青天の霹靂《へきれき》だった」と、ボーアの助手をしていたレオン・ローゼンフェルトは振り返っている。「他のすべての仕事が中断された。一刻も早くこんな誤解を解かなければならなかったからだ」[4]。ボーア自身は「この論文は明快で、一見異論の余地がなさそうだったので……物理学者たちのなかに動揺を引き起こした」と語っている[5]。シュレーディンガーはアインシュタインのこのたびの横槍に拍手を送ったが、他の物理学者たちは興味をそそられるよりも辟易《へきえき》としていた。パウリはハイゼンベルクに、EPR論文は「最悪だ」と書き送ったが、それでもなかなか太っ腹なところを見せ、若い学生がこんな論文を書いてもってきたら「なかなか頭がよくて見込みがある」と見なすだろうと認めていた[6]。

パウリは反論するようハイゼンベルクに強く勧め、自分もこの問題にけりをつけるべく「わざわざ筆をとる」必要があるのだろうかと考えていた。実を言うと、『ニューヨーク・タイムズ』紙が「アインシュタイン、量子論を攻撃」という見出しの記事を掲載したとき、記事を書いた記者は、大きな問題点を正しく指摘するアメリカの物理学者を見つけていた。その物理学者、エドワード・コンドンは、「言うまでもないことだが、彼らの主張の多くは……まさしく『実在』という言葉にどのような意味を与えるかにかかっている」と述べていた[7]。

ハイゼンベルクが反論を書き上げたのに発表を差し控えたのは、ボーアも反論を書いているのを知ったからだった。以前から自分のものだとしてきた教皇権のごとき権限をボーアに譲り渡し、不確定性原理という教義の疑問について判定を下させることにしたのである（こんなことを知っても驚くにあたらないが、何年ものちにボーアは、ハイゼンベルクが持ち出そうとした反論はいずれにしても誤っていたと主張している[8]）。

ボーアがたっぷり時間をかけたことは言うまでもない。助手のローゼンフェルトとともにEPR論文を細かく調べ、申し立てられている反証を端から端まで順に辿《たど》っていった。込み入った回りくどい議論を中断して、「どういう意味に取ることができる？　きみならわかるか？」と尋ねることもあった[9]。例の調子で草稿を書いては再度調べ、またあらためて書くの繰り返しで、ボーアが苦しみながらまとめ上げたEPR論文への応答が公表されたのは五か月後だった。その論文には、このデンマーク人の巨匠の言い回しの無様なほどの冗長さとじれったさがいちばんよく表われている。本論の骨子は、アインシュタインとその同僚たちはあらゆる形而上学的潤色《じゅんしょく》を行なっているにもかかわらず、不確定性原理を打ち負かす現実的な手立てを見出していないということである、とボーアは述べていた。たとえ彼らの言う状況でも、実際にはどちらの粒子についても、直接的であれ間接的であれ、位置と運動量を同時に導き出すことはできない。現実的な意味ではどんな場合であれ、ハイゼンベルクの原理は成り立つのである。

それどころか、とボーアは説明をつづけ、アインシュタイン、ポドルスキー、ローゼンが例の物理的実在の定義から議論を始め、そうしておいてから量子力学のいい加減さを明らかにしていることをはっきりさせる。すなわち、ボーアの言葉で言えば、「一見矛盾しているように見えても、それは実際には、量子力学においてわれわれが関わっている類の物理現象を合理的に説明するには、自然哲学においてこれまで慣習のごとく採用されてきた見方では本質的に不十分であることを明らかにしているにすぎないのである」[10]。わかりやすく言い直せば、アインシュタイン、ポドルスキー、ローゼンは不適切な規準に照らして量子力学を検証しているのだから、量子力学が不十分であることを見出しても不思議でもなんでもないということである。

一方で、ＥＰＲ論文の思考実験ではおかしなことが起こりそうに見えるのだが、ボーアは用心深く、そのおかしな出来事がどのようなものになりそうなのかは、あまり明確にしないようにしている。第一の粒子の測定が原因となって、理由はともかくも第二の粒子の性質が瞬間的に適切な値を取ることを暗示するようなものは、すべて注意深く避けているのだ。代わりに、ボーアは有名な判じ物のような言い回しで、「その系の未来の振舞いに関してどのような種類の予測が可能かを定める条件そのものへの影響という本質的な問題が存在する」[11]と書いている［強調部分はボーアによるもの］。この一文はむしろ、まだ実際の測定を行なっていなくとも、観測者による測定対象の選択が測定後の粒子の現われ方に影響を与えると言おうとしているように思われる。

量子力学は不完全だという非難に対して、ボーアは、観測者に得られる情報は限られており、古典物理学者が望むほど多くないことを認めている。けれどもボーアは、量子力学はそれにもかかわらず、「量子論の領域では物体と測定装置との間の相互作用が有限で制御不能であるという事実と矛盾することなく、測定をまぎれなく解釈するあらゆる可能性を合理的に利用」することになると主張した。[12]これもわかりやすく言えば、観測者が得るのは量子力学が与えるものだけだということである。

一五年ほど経ってからアインシュタインとのやりとりを「アインシュタインの古希を祝う」記念エッセー集用にまとめる段になって、ボーアは少なくとも、もっとわかりやすい言い方をすればよかったと気づいたのだろう。彼はEPR論文への最初の反論について、「これらの文章を読んで表現が不十分だったと痛感し、これでは、明らかにしようとしている論証の傾向を理解するのが非常に難しくなってしまったにちがいなく……」と書いている。[13]他の人なら「ついていくのに骨が折れる」と書くのだろうが、ボーアは単刀直入に言いたいことがある場合ですら、用心深く探るような調子で少しずつ述べていく以外にやりようがなく、遠回しの表現をどうにかこうにかつなぎ合わせられるだけ集めてきて文章を引き伸ばすのである。

アインシュタイン、ポドルスキー、ローゼンの主張について考えるための明確な方向性を見出すに比べれば、彼らの主張のどこが間違っているのかを言うほうが易しいことは明らかである。ボーアは、量子力学が要求しているのは「因果律という古典論の考え方を最終的に放棄すること」だと述べた。[14]だが、古典論の因果律と実在性が完全に消えてなくなってしまったら、物理学者たちは今度はどう考えればいいのだろう？　この疑問に対してボーアは、自らの哲学である相補性を提示している以外は何も答えていない。これでは実質的には、矛盾を解決しようというよりも歓迎しているのと同じだった。

だが、二人の意見の相違を後年になってからまとめたボーアの一文に応答したとき、アインシュタインはかねてから抱いていた「ボーアの相補性原理」への不満を表明することしかできず、「しかしながら、私はこれをすっきりした系統だった表現にしようと多大な努力を費やしているにもかかわらず、いまだなしえていない」と述べただけだった。(15) この点ではアインシュタインも口を噤《つぐ》んでいた大多数の物理学者といっしょだった。彼らもやはり、ボーアに困惑を覚えていたのだ。もっとも彼らの大半は、懸念を胸のうちに仕舞っておくことにしたのである。物理的実在の本質をめぐる哲学的な悩みを弄《もてあそ》ばなくとも、量子力学を利用するのはそれほど厄介《やっかい》ではないとわかっていたからである。

ボーアに得心がいかず、関心を喚起できないどころかハイゼンベルクやパウリらから沸き起こった敵意に愕然《がくぜん》としたアインシュタインは、唯一親しみのもてる文通相手だったシュレーディンガーに宛てた手紙のなかで、量子力学への懸念をいっそう詳しく述べている。そのうちの一通で思い描いていたのが、予測不能な量子的出来事に反応して爆発するように調整された爆弾の例である。爆発が生じる確率と爆発しない確率の組み合わせからなる量子状態が何を意味するのかを理解するのはきわめて困難だとしても、爆発した爆弾と爆発していない爆弾の両方を表わす状態を考えるなど、いったいどんな正気の沙汰なのでしょうとアインシュタインは問いかけていた。

シュレーディンガーは一九三五年の後半に発表した論文のなかでアインシュタインの発想を借用し、これに悪名高い趣向を凝らした。アインシュタインの爆弾はシュレーディンガーの猫になったのである。かわいそうに、この生き物は箱の中に閉じ込められてどうすることもできず、しかも箱には、少量の放射性物質の試料と、毒薬入りの瓶を叩き割るハンマーを鈎止めしたガイガー計数管がいっしょに入っている。シュレーディンガーは条件を定めて、一時間のうちに放射性物質の試料がガイガー計数管を作動させ、そのために猫が死ぬ可能性は五〇パーセントあるとした。その瞬間の放射性物質の原子の集団については、未反応の部分と崩壊した部分とが等分になっているとして量子力学的に記述しなければならない。なぜなら、原子は両方の確率を合わせもっているからである。この場合、原子と関連づけられている猫も同じように量子力学の言葉で記述しなければならず、死んだ猫の部分と生きている猫の部分とが等分になっているはずだ、とシュレーディンガーは主張する。こんなことがばかげていないはずがないではないか［シュレーディンガーのこの論文は三部からなる「量子力学の現状について」である］。

EPR論文の主張にもまして、シュレーディンガーの猫の謎めいた問題を素晴らしい頭の体操ととるか腹立たしいほどのお門違いととるかは、量子力学に対する見方次第である。当時はもう、原子内の電子を記述するシュレーディンガーの波動が、原子核周囲のさまざまな場所に電子が存在する確率を表わしている――困難であっても電子を見るための実験をやってみるといい――ことははっきり理解されていた。コペンハーゲン流の考え方の信奉者たちは、けれどもこれは、一個の電子が同時に文字どおりの意味でこちらにもあちらにも少しずつ存在すると言っているのとはまったく異なると繰り返し主張していた。彼らは、半分死んでいて半分生きているシュレーディンガーの猫の話も、同じく言葉の誤用だと言って譲らなかった。量子力学による記述は箱を開けて猫を見たときのことを言っている。そのときに、猫が生きているか死んでいるかの確率は五〇パーセント対五〇パーセントなのである。半分は死んでいて半分は生きている猫といったものが文字どおり存在すると言っているわけではない。

例によって問題は、量子力学の確率による記述を古典論による結果の説明にどのように言い換えるかにある。コモの会議での講演以後、ボーアはどのような言い換えをするかはある程度まで個人の自由裁量だと述べていたが、それでも、経験と常識が現実的な方向性を与えると主張した。要するに、猫の例で言えば、猫全体を量子論で記述するのはけしからぬことでもなんでもないが、そんなことをしても大して役にたたないし、意味がないことははっきりしているというのである。なぜそんなことをしなければならないのだ？　ボーアが言っていたのはつまるところ、科学者たちは経験から、測定した電子がどこかに存在しているのを知っているし、観察した猫が死んでいるのか生きているのかもわかるということである。だから、何が問題になるというのだろう？　辻褄《つじつま》の合わない言葉を使って、お目にかかったこともなければ物理的にもありえない状態の猫を記述することに、どんな意味があるというのだろう？

　アインシュタインとシュレーディンガーに言わせれば、当然ながらボーアのほうこそ、肝心な点を見落としていた。一九三六年の春、ロンドンで短時間ボーアといっしょになったシュレーディンガーは、そのときの様子をアインシュタインに伝え、ボーアは例によって注意深く煙に巻くように話をしながらも、一部の批判者たちがあれほど執拗《しつよう》に量子力学への反論を唱えるとは「あきれるほど」だし、「大逆罪にも等しい」と見なしていることを知らせた[16]。ボーアの不満ははっきりしていた。ボーアは、アインシュタインとシュレーディンガーは量子力学が語っていることに耳を傾けようとせず、むしろ自分たちの意思を量子力学に押しつけていると言っていたのである。別の機会にボーアが力を込めて述べたように、「自然がどのようになっているのかを明らかにすることが物理学の仕事だと考えるのは間違っている。物理学が関わっているのは自然について何が言えるかなのである」[17]。この言い方は、ウィトゲンシュタインが『論理哲学論考』の終わりに述べた有名な言葉、「語りえぬことについては沈黙するしかない」からそれほどかけ離れたものではないが、この警句を含んだ簡明な文体のウィトゲンシュタインの本にボーアが向き合ったことがあるという証拠は何もない。

公平を期すために言っておくと、シュレーディンガーの猫の悲しげな鳴き声は、非常に重要な問題の一つに物理学者の注意を向けさせた。はっきり定まらない量子状態から古典論の疑問に明確な答えが与えられるのはどうしてなのか、である。この難問に応える形でなされた主張の一つに、人間の介入が必要だというものがある。観測者が猫を見たときにはじめて、猫が死んでいるか生きているかは否が応でもはっきりせざるをえなくなるというのである。不思議なほど人気のある量子的出来事の解釈だが、どんな場合であれ考慮に値しない話である。原子内での電子ジャンプと放射性原子核の崩壊の二つは、量子力学の不確定性に支配された明確な過程であり、観測者が目を向けているかいないかに関わりなく進行するのである。

例のごとくボーアの考えでは、こんな問題に思い悩むのは基本的には無意味だった。長い間の経験によって、物理学者は測定がいつなされたのかを完璧に知ることができる。実際的な見地からすれば、猫など問題外なのである。あまり深く掘り下げて考えたくない物理学者の大半には、これで十分だった。ハイゼンベルクは一九三〇年代の初めに、「根源的な疑問にかかずらうのは諦めることにしました。私には難しすぎるからです」[18]とボーアに伝えている。さらに、一九五五年にスコットランドのセント・アンドリューズ大学で行なった一連の講演のなかで、ハイゼンベルクは大筋でボーアの意見を支持するとともに、「これらの概念を別のものに置き換えることはできないし、置き換えるべきでもない」と力強く述べた[19]。

ハイゼンベルクの姿勢は物理学者たちの間では長いこと模範とされてきた。量子力学から生じる形而上学的な問題や解釈の問題に悩むのは、瑣末《さまつ》でいかがわしい時間つぶしだと見なされていた。だが一九六四年に、物理学者のジョン・ベルはＥＰＲ論文の議論をもとに、たとえ困難ではあっても実行可能な実験を行なう素晴らしく単純な手段を考えついた。ベルは適切に調整した二個の粒子を使って繰り返し検証を行なえば、量子力学の規定とEPR論文の「物理的実在の要素」の定義が正しい場合の結果との間に測定可能な差が生じることを示したのである。二十数年後に技術的にきわめて困難な検証が行なわれたとき、量子力学の正しさが完全に証明された。アインシュタインは心の奥底にあった物理的実在への思いのゆえに、誤った道に引き込まれてしまったのである。

けれども、これで論争が完全に消え去ったわけではない。ボーアの主張は結局のところ、半分生きていて半分死んでいる不可解な動物である量子猫の話をするのはまったくばかげているというものだった。それでもシュレーディンガーはアインシュタインの議論を援用して、量子猫のことを考えたいと思えば公式の量子論にはその妨げになるものはいっさいないし、この場合にどのような状況になっているのかがわからない以上、量子力学の仕組みを理解していると断言することはできないと言い張った。こうした厄介な問題に立ち入ることをボーアは禁じたいと思っていたようだが、彼の思いとはちがって、それはできない相談なのである。

この難題については、理論および実験両面での近年の進展によって新たに明らかになったことがいくつかある。猫は電子とは異なり、基本粒子（素粒子）ではない。猫を形づくっている多数の原子と電子は、一つの量子状態にじっと留まっているわけではない。一九世紀の気体運動論の提唱者たちがはっきり理解していたように、これらの粒子はあちこちに活発に動き回りながら相互作用をしている。理論的な見地から言えば、猫の量子状態を云々《うんぬん》するのは、猫の内部のすべての原子と電子のそれぞれが、ある瞬間にどのような振舞いをしているのかを正確に特定することと同じなのである。しかもこの状態は想像もできないほどの速さで瞬く間に次から次へと変化してしまう。したがって、猫の量子状態というものは不安定で一定せず、はっきりと捉えることはできない。

一方実験面では、実験物理学者たちは原子の集団をある量子状態に保ったまま固定させて変化しないようにする手法を考案してきたが、これが可能なのは少数の原子の集団の場合であり、継続時間も短時間にすぎない。それでも維持できる範囲では、これらの状態は正真正銘の量子的振舞いを示すのである。

結論を言うと、最新の考え方に従えば、シュレーディンガーによる猫の量子状態の話は皮相的すぎる。まる一匹の猫のすべての原子を固定された単一の量子状態に保つことが可能なら、半分死んでいて半分生きている量子猫について語ることができるだろう。しかし現実には、猫の原子どうしの相互作用は無限につづくし、理解が及ぶはずもないほど複雑だから、固定された単一の量子状態が存在しえないことを保証するにはこれだけで十分である。唯一そのような状態が存在するとすれば、捉えることのできない束の間の瞬間だけである。むしろ、猫について観測できるのは、内部の量子状態がさまざまな方向に揺れ動いている間も固定されたままになっている性質でしかない。さらに、この論法でいけば、これらの固定された性質こそ、古典論的な猫の属性――たとえば、死んでいるとか生きているといったような――と考えているものにほかならない。

けれども、猫の量子状態を云々することに意味があると考えた点でシュレーディンガーが誤っていたとすれば、考えることは可能でもばかげていると思った点ではボーアも誤っていたことになる。実を言えば、猫の量子状態というのは、二人が理解していたよりもはるかに微妙な概念なのである。それでも、ボーアのほうが正解に近かったと思われるのは、たとえしかるべき理由を説明する説得力のある論拠そのものはなかった――彼の典型的な流儀である――にせよ、彼には現実の猫は量子的な振舞いをしないという直観的な感覚があったからである。

いずれにしても確率が消え去ったわけではなく、箱を開けたときにシュレーディンガーの猫が生きているのを見る可能性はあいかわらず五分五分である。それ以上のことは何も言えない。結局のところアインシュタインをあんなにも悩ませたのはこのこと、すなわち、物理的帰結はまさしく予測不能だという考え方だった。同じ悩みをもっている現在の物理学者たちは、欠けているものがあるはずだとか、あるいはアインシュタイン、ポドルスキー、ローゼンが言ったように量子力学は不完全であるにちがいないという思いを拭《ぬぐ》い去ることができずにいる。一方、実験からはいまだに量子力学の欠陥は一つも見つかっていないし、量子力学よりも優れた理論を考えついた理論家は一人もいない。

第一七章　論理学と物理学との境界領域

ポール・ディラックは、哲学は「すでに成しとげられた発見について語る様式でしかない」と述べたことがある。[1] この言葉は大半の物理学者の反感をうまく捉えている。彼らは、自分たちに理論はどうあるべきかを語る哲学者たちを不快に思っており、ずうずうしくも仕事のやり方を云々《うんぬん》する哲学者たちはなおのこと嫌いだからである。それなのにハイゼンベルクは晩年、ボーアは本当は物理学者というよりも哲学者だったという主旨の見解を述べている。[2] 批判のつもりで言ったのか、それとも経験に基づく単なる所見だったのかは判断しがたい。ハイゼンベルク自身は、一時期ファートフィンダー団の仲間と存在論をめぐるとりとめのない議論に若い情熱を傾けたとはいえ、量子の世界に役立つ哲学を構築する取り組みにはほとんど関心を示さなかった。

　だがボーアは他の物理学者たちとはちがった。数学志向ではなかったボーアは、概念や原理や謎めいた文句を蜘蛛の巣のように張り巡らしながら前進した。一般的な物理学者の目には、その蜘蛛の巣は哲学のようなものに映った。ハイゼンベルクはノーベル賞講演のなかで師に賛辞を呈《てい》するに当たって、量子力学は「ボーアの主張を純化させ、彼の対応原理を完全な数学的体系に拡張しようという奮闘」から生まれたとざっくばらんな言い方をしている。対応性——すなわち、量子論は滑らかに移行して古典物理学と一致しなければならないとする考え方――は、ハイゼンベルクから見れば大雑把《おおざっぱ》な哲学的主張であり、本物の理論をもたらすように定量的・数学的形式に鋳直《い》す必要があった。同じように、ハイゼンベルクの考えでは、ボーアのもう一つの重要な原理である相補性――波動としての振舞いと粒子としての振舞いはあいいれないが、どちらも同じように欠かすことができないとする考え方――は、時に物理学の問題に光を投げかけることはあっても、大筋では哲学的観念だった。けれどもボーアにとっては、いかにも彼らしく、これらの原理が初めにありきなのだ。特に相補性は彼の強迫観念《イデフィクセ》となり、この原理をあらゆるところに、ますます雄大な形で認めるようになるのである。

量子力学の先駆者たちのなかではたった一人と言っても過言ではないだろうが、ボーアは確率と不確定性のさらに大きな意味について書いたり話をしたりすることを厭《いと》わなかったどころか熱望し、物理学者たちの思考法に施されたこれらの修正が、他の科学分野にどのように影響を及ぼすようになるのかを思い描くことにも熱心だった（アインシュタインがこうした広範なテーマについて話をしたり書いたりする場合は、言うまでもなく、確率や不確定性という考え方の影響をさらに広げたかったからではなく、その悪影響を抑えたいと願ってのことである）。

ボーアは一九三二年に、さまざまな疾患の光療法をテーマにコペンハーゲンで開かれた会議で、「光と生命」と題するスピーチをしている。[3] その数年後には、一八世紀の終わりに低電圧を加えてカエルの筋肉を収縮させたイタリアの科学者、ルイージ・ガルヴァーニを記念して開かれた会議の場で、「生物学と原子物理学」について論じた。一九三八年には、今度は人類学者と民族学者に「自然哲学と人間の文化」について喋りまくった。こうした場ではいつも、物理学者にすぎない自分が専門知識のない問題について話をすることの厚かましさをお許しいただきたい、と最初に切り出したものだった。いずれにせよ、そのあとは話にのめり込んでいくのである。

ボーアは自分の野心的な考えである相補性を紹介するために、この考え方が、光を波動として記述する場合と粒子として記述する場合との対立をどのように解決するかを簡単に説明する。物理学はここにきて、観測の仕方が異なれば得られる科学的描像が異なるどころか矛盾さえすることを明らかにしており、彼は聴衆に、この原理はすべての科学者が考慮すべき教えであると力説しようとするのである。一例をあげると、生命について話をするなかで、生物を物理学の基本法則に従って機械的な働きをする多数の分子が複雑につながり合った集団と考えることもできるし、あるいは、一般に意志や目的と呼んでいる属性によって機能している統一体と考えることもできると述べている。この二つは互いに補完しあう相補的な見方だとボーアは言う。なぜなら、両者はそれぞれ異なる洞察《どうさつ》をもたらしてくれるだけでなく、同時に両方の見方をすることができないからである。ボーアが言いたかったのは、生命を一種の複雑な機構として理解したいのであれば、生物を分子ごとにばらばらにして、個々の分子がどのような働きをしているのかを調べなければならないが、そのようなやり方をすれば、統一体としての生物が生みだす生命の本質を見落としてしまうということだった。一方で、生命を有機的に一体のものとして研究したいと思えば、どの個々の分子についても、その役割を探り出すことは望むべくもない。

こうした見解を述べたあと、ボーアは「目的という概念は、力学的解析には無縁のものであるにもかかわらず、生物学ではある種の適用性がある」という印象的な主張に飛び移る。(4) ボーアが言おうとしたのは、相補性という考え方なら、目的というものが、たとえ生物の根底をなす分子レベルの過程や生化学の観点からは何の意味ももたないとしても、統一体としての生物の特性として存在しうることになるということだった。当然ながら、こう言ったからといって、科学的な見地から、目的となるものが何に由来するのかを問うことをいっさい禁じているわけではないし、さらに、この種の韜晦《とうかい》こそ、ボーアが物理的実在をめぐる問題に用いたときに、アインシュタインが非常な苛立ちを覚えたものに他ならなかった。

ボーアは心理学のなかに、啓示のような相補性の現われを見出した。それは、人間は理性と感情を併せもつ動物であるという事実に関係するものである。われわれは冷静かつ論理的に分析できると同時に、感覚や感情の赴《おもむ》くままに、合理的な説明のつかない選択もする。どちらも同じ脳のなせることであり、当時のボーアは人間の推論の力と感情の力とを関係づける脳機能のモデルを手にしていなかったとはいえ、相補性のおかげで合理性と不合理性が同じ源から生じるのが可能になると信じていた。

ボーアがこうした主張を額面どおりの意味で言おうとしたのか、それとも隠喩《いんゆ》として言おうとしたのかは見当がつかないが、もし彼にどちらだったのかと迫ったなら、たぶん微笑みながら、意味と隠喩はそれぞれが言葉の相補的な一面であって、どちらも頭の中に常備されているはずだと答えただろう。ローゼンフェルトの話では、ボーアは「何事にせよはっきりしたものの言い方がついて回っているときは、どんな場合であれ、相補性への裏切りを働いている」と述べたことがあったという(5)。自分をだしにして皮肉っぽい冗談を言ったのかもしれないと思いたくもなるが、残念ながらそんなことが本当だとは信じられない。

ボーアがテーマの範囲をだんだん広げ、以前にもましてますます謎めいた話し方をするようになるにつれ、率直な言い方や簡明な言い方をいっさいすまいという彼の強い思いは、恐怖症も同然の心理的こだわりになりはじめたように思われる。他の物理学者たちは困惑しきって首を横に振る場合がほとんどだった。偉業をなしとげたボーアには、少しは自分の好きなようにやって楽しむ資格があった。それはアインシュタインも同じだったが、アインシュタインの場合は、たとえ真摯《しんし》に受け止める人はもうほとんどいなかったにせよ、少なくとも物理学の特定の問題から離れまいとしていたし、自分の異議を率直に述べようとした。ボーアは自分だけの世界に閉じこもっていた。さらに、彼の講演を聴いた生物学者や心理学者、人類学者等々が、この物理学者と同席できたことを光栄に思い、その深遠な主張に好感を抱いたのは間違いないが、ボーアの見方が自身の専門分野である物理学を越えて大きな影響を与えたという証拠はほとんどない。

一方で、物理学者たちが好むと好まざるとにかかわらず、本職の哲学者たちが量子力学によって物理学に導入された奇妙な考え方に注目しそこなうはずがなかった。物理学で不確定性という考え方が生まれたのは、哲学者たちのなかに大きな疑念が広がっていた時期であり、彼らはいくつもの陣営に分かれ、それぞれが哲学の研究における核心についてさまざまな意見をもっていた。彼らの量子力学全般、さらにそのなかでは特にハイゼンベルクの不確定性原理の受け止め方も、同じようにイデオロギーの目指す方向によって分かれた。

原子の実在をめぐる論争では敗者の側になったにもかかわらず、実証主義の思想は生き残り、実際には一九二〇年代のウィーン学団を本家とする、さらに野心的な論理実証主義と呼ばれる学派へと成長した。論理実証主義者たちは科学そのもののための一種の哲学的計算論法の構築を提唱する。実験による事実とデータを出発点にした彼らの体系であれば、もっとも過酷な哲学的吟味にも耐えうる徹頭徹尾完璧な理論の作り方を明らかにするはずなのである。科学を論理的に絶対確実なものにすることができれば、その信頼性に疑問の余地はなくなるというのだ。

エルンスト・マッハをはじめとするかつての実証主義者たちは、理論は測定可能な現象間の定量的関係を述べた体系にすぎないと考え、自然についてのさらに奥深い真理に到達する道を示すことはなかった。大まかな言い方をすれば、論理実証主義者たちもこの考え方で進んだが、彼らは科学が深遠な意味に近づくことができないとしても、少なくとも信頼性を獲得することは期待できると主張した。さらに、これは要するに、科学の言葉は純粋で検証可能な論理によって書かなければならないということであると言う。この時代に論理実証主義者たちが書いたものは、記号論理学の形式に則《のっと》った論理式と確率で印象的なまでに埋めつくされている。その意図は、たとえば、入手可能なデータをどこまで説明できるかに基づいて、理論Aのほうが理論Bよりもxパーセント信頼するに値すると結論づける論理算法があり、さらに、もしDという新たな与件が現われたなら、この論理の仕組みをもう一巡させて、Dが理論Bよりも理論Aのほうを確証しているかどうかの検証が可能であることを読者に納得させることにあった。

当然ながら、こんなことは現場の科学者たちの実際の活動にはいっさいつながらないが、関係しないことが問題になったようには見えない。科学者たちは行き当たりばったりの直観的・発見法的なやり方で理論を考案して実験を行なうのがつねだし、哲学者たちは裁定者として振舞おうとするからである。だが、裁定者たちが準拠している規則集《ルールブック》は、創案者たちが期待していたほど絶対確実なものではないことが明らかになってしまった。ウィーン学団の一人だったカール・ヘンペルは、ひねりの効いた難題を考えついた。いま、カラスはすべて黒いという理論があったとしよう、とヘンペルは言う。黒以外のカラスが見つかれば、この理論の誤りが証明されることになるのは当然だし、黒いカラスが見つかれば、この理論に多少の裏づけを与えることになる。けれども、論理的に奇妙なことが生じてしまう。カラスはすべて黒いという言い方には必然的に、黒くないものは何であれカラスではありえないという言外の意味が伴っている。ヘンペルに言わせると、それゆえ、黒くもなければカラスでもないもの——白いゾウや青い月や赤い燻製《くんせい》ニシン——を見つければ、どれもわずかずつではあるけれど、「黒いカラス」理論を裏づけてしまうことになる。論理的には当然であっても、これでは科学に似たものとは気が遠くなるほどかけ離れているように思われる。

同じくらい重要なのは、ある意味では一九世紀の決定論的思想の実践だった論理実証主義者たちの企てが進行していたのは、物理学者たちが彼らの分野で決定論に決着をつけようとしていたときだったということである。不確定性原理が登場したのは、腐ることのない科学的方法を考案しようという哲学的目標が脆《もろ》くも崩れ去ろうとしていたときだったのである。

以前から自然を客観的に説明できるというのは錯覚だと考えていた一部の哲学者たちは、ハイゼンベルクの原理を、科学そのものがようやく自分たちの疑念を確証した証拠であると受け止めた。想定される現実世界との関係で科学理論の意味するところを論じても、もはや無駄なのだ。それよりもむしろ興味をそそられたのは、科学者たちはどのようにして理論を承認するようになるのか、どんな信念や偏見に導かれるのか、科学界はどのようにして共通の知識を巧妙に押しつけるのか等々に思案を巡らすことだった。このような研究は哲学から分かれて発展し、いまでは科学の社会学の名で知られている。こうした考え方の一例が、不確定性という発想はワイマール共和国時代のドイツの状況への政治的対応として生まれ、物理学自体のうんざりするような問題のいずれともほとんど関係がなかったというポール・フォアマンの主張だったのだろう。

一方、論理実証主義者たちよりも伝統を重視した哲学者の間では、物理的世界の合理的な説明はそれほど法外な目標ではないという考えが根強く残っていた。そうした人たちにとっては、不確定性原理はまさしく歓迎すべからざる話だった。カール・ポパーは一九三四年に著わした『科学的発見の論理』のなかで、理論の正しさを証明することは可能だという論理実証主義の夢をあっさりと片づけ、いまではありきたりの考え方を持ちだして、可能なのは理論の誤りを証明することだけだと論じた。理論は検証に耐えれば耐えるほど信頼性を増すが、どんなに見事に検証に耐えたところで、新手の実験によって反証される危険に晒《さら》されていることに変わりはない、とポパーは論じる。理論には、正しいといういかなるお墨付きも与えるわけにはいかないのである。科学が作り上げる自然の描像はだんだん完全なものになっていくが、証拠によって要求されれば、いちばん大切に守ってきた法則さえも破棄しなければならない対象であることに変わりはない。

ポパーは理論の検証可能性にあまりにも力点を置いたため、実験はどんな場合でも矛盾のない客観的に信頼できる答えをもたらすと主張しなければならなかった。どうしても完全に払拭《ふっしょく》できない疑念が残ってしまうという点で理論は信頼できないとしても、実験科学は絶対に信頼に価《あたい》するものでなければならない。けれども、この段階でポパーはハイゼンベルクの原理とぶつかる羽目になる。この原理によれば、何らかの量子的系に対して考えられる検証法をすべて持ち寄っても、必ずしも首尾一貫した一連の結果が得られるとは限らないからである。ポパーは自分の哲学的分析が有効であるためには、旧来のスタイルの因果律——特定の作用はどんな場合にも完全に予測できる形で特定の結果をもたらす——が必要だと考えた。量子力学に対するポパーの反応は単純だった。ハイゼンベルクが間違っているにちがいない、と彼は言った。

もっと正確に言えば、彼は『科学的発見の論理』のドイツ語版（『探究の原理』）でそう言ったのだ。ポパーは哲学の手法を用いて物理学の問題を云々することの厚かましさを多少詫《わ》びながらも、物理学者たち自身も哲学の領域に足を踏み入れざるをえなかったのだから、「答えは論理学と物理学との境界領域に見つかる」と考えてはいけない理由はないと述べている。[6]

ポパーは、たとえ不確定性原理を打ち破る実験が可能だとしても、量子力学が正しいことに変わりはないだろうと怪しげな論を展開し、そうした実験の一つに他ならないものを考案して提示している。時代はＥＰＲ論文の出る前だった。一九五八年になってようやく『科学的発見の論理』の英訳版が出たが、このときには補遺に、他ならぬアインシュタイン本人からの手紙が収録されていて、そのなかでアインシュタインは、自分も量子力学がもたらす不愉快な結果を回避したいと願っているが、ポパーの提案した実験ではは目的を果たすことはできないと述べていた。それでもポパーはさらに補注を加え、ハイゼンベルクの不確定性原理はどう見ても揺るぎのない規則であるわけがないのに、物理学者たちは鉄則だと考えているように思われると論じたのである。

物理学者たちの見解を真摯に受け止めた哲学者の一人はモーリッツ・シュリックで、彼はウィーン学団の旗揚げに加わる以前にマックス・プランクのもとで物理学の博士号を取得していた。シュリックは不確定性原理の真の意味を明らかにしようとしてハイゼンベルクと熱心に手紙をやりとりし、一九三一年には「現代物理学における因果律」と題する啓発的な論評を著わし、そのなかで、すべてが失われたわけではないと論じた。[7] 因果律の古典論的考え方を詳細に調べたシュリックの結論は、因果律は厳密で論理にかなった原理というよりも、むしろ科学者たちが理論を構築する際の規準として用いている指標や信念であるというものだった。

不確定性で重要なのは、科学者たちの予測能力の一部が損なわれたにすぎないということにある、とシュリックは論じる。量子力学では、一つの出来事は互いに異なるさまざまな帰結をもたらすことが可能で、どの帰結にも計算によって求まる確率が付随している。それでも物理学が出来事の継起を扱う規則から構成されることに変わりはない。何かが起こることで別の何かが起こるためのお膳立てが整い、どんな結果が生じたかによって、さらなる可能性がいくつか現われてくるということなのである。これは因果的連鎖に基づく記述であり、唯一違いがあるとすれば、因果律が確率的になったという点だけだ、とシュリックは言う。物事が自発的に生じうるという事実は、どんな物事もいついかなるときに生じてもいいということと同じではない。やはり決まりがあるのだ。

シュリックが与えた説明は一種の哲学的妥協を表わしており、趣旨という点ではボーアが推し進めたコペンハーゲン解釈と同質のものだった。シュリックの分析の長所は、物理学が変わることなく有効に機能する理由に手軽な論理的根拠を与えたことにある。

もっとも、手軽さは大半の哲学者には受けないのがつねというものである。今日、果敢にも量子力学の専門的な問題に健筆を振るっている哲学者たちは、故意に曖昧《あいまい》にしてあるコペンハーゲン解釈を一掃したがっているように思われる場合がほとんどである。彼らに見られるのは、一九五〇年代にデイヴィッド・ボームが考え出した従来とは異なる量子力学の解釈への著しい傾倒ぶりで、この解釈であれば、隠れた変数と呼ばれるものを媒介にして決定論を復活させることができると主張されている。[8]隠れた変数は量子的粒子についての補足的な情報の担い手であり、アインシュタイン－ポドルスキー－ローゼンの思考実験などの例で言えば、この変数がどのような測定結果が得られるかを前もって決定しているとされる。厄介《やっかい》なのは、隠れた変数が文字どおり隠されたままだということである。ボームの体系はそもそもからして、いかなる実験も不確定性原理を打破することができない、ないしは、いかなる実験でも標準的な量子力学で許容される範囲を越える情報を観測者が知ることができないように、決定論が表面に出てこないようになっている。ボームの解釈に大きな満足感を覚えると公言する哲学者もいるが、ボーアの相補性の場合と同じように、彼らはこの解釈が納得できるものである理由を説明するのに苦しんでいる。アインシュタインも、ボームによる量子力学の再構築につきまとう不自然さに感心しない一人だった。彼はマックス・ボルンに宛てて、「あのやり方はお粗末すぎるように思われます」と書いている。[9]

哲学者、歴史家、社会学者たちは何十年にもわたって量子力学、さらにそのなかでは特に不確定性原理について大量の著作をものしてきたが、そうした取り組みの大半は的を射ていない。歴史家と社会学者が題材として好むのは、多くの場合、コペンハーゲン解釈にそもそもからして仕組まれたようなところがあること、すなわち、ボーアとその手先が、理解しがたい考え方を受け取り手である従順な科学者たちに押しつけたときのやり方である。一方、シュリックに倣《なら》ってコペンハーゲン解釈を額面どおり受け止め、そうすることでコペンハーゲン解釈の長所と短所を評価しようとした哲学者はほとんどいない。どうやら哲学者たちの大半は、コペンハーゲン解釈がばかげているのは火を見るよりも明らかだと見ているようで、コペンハーゲン解釈に代わるものを探すほうに飛びついてしまうのである。

その一方で物理学者たちは、そんな問題にまったく無知なことなどどこ吹く風とばかりに、量子力学の利用と応用を進めて大きな成果を得ている。たしかに、いまでもアインシュタインの考えを踏襲して、確率的であることを本質とするような自然の理論が完璧なものであるはずがないと言い張る科学者もいる。だが、こうした科学者たちが、標準版の量子力学の新たな解釈法を見つけようとしているケースはまれである。彼らが望んでいるのは、量子力学の手抜きや欠陥と見ているものを改良したり取り除いたりするために理論を変更することである。このような努力では、哲学的な取り組み方はほとんど何の役割も果たさない。物理学はかつての時代の現実主義の性格を帯びなければならないという初歩的な考え方では手の出せない問題なのである。

一九二〇年代以降に当てはまることだが、解釈や哲学をめぐる疑問が、量子力学を自分たちの取り組みに利用している大多数の物理学者たちの声なき声を代弁して提起されることは断じてありえない。一九世紀の終わりには、とりわけドイツの伝統のなかで教育を受けた科学者たちの間に、理論物理学が進歩すれば、それによって哲学もいっしょに発展するはずだという思いがあった。だが、現在の物理学者たちの大半はイギリス流の教育を受けていて、プラトンやカントなどは敬遠し、哲学者たちが彼らの理論をどう考えているかには頑《かたく》なまでに関心をもとうとしない。

第一八章　ついに無秩序に

　ボーアにとって至上のものであった相補性原理が物理学の世界に君臨することができず、科学の領域を越えて波紋を広げることがほとんどなかったとしても、その名とは裏腹に表現が明確だったハイゼンベルクの不確定性原理は、知識人のあいだで驚くほどの知名度の高さを獲得した。二〇〇三年にイラクのフセイン政権が崩壊した後の混乱に関連して、ある論説委員はハイゼンベルクを巧みに引き合いに出し、記者がしょっちゅう大事な話を勘違いして伝える理由を説明した。この論説委員が言うには、部隊に同行しているジャーナリストは、当然ながら辺りで目にしたあらゆる問題――破壊された戦車、食糧と燃料の不足、地域住民の反感、軍内部での連絡の不十分さ――をメモにとり、こうした目の前の問題をもとに作戦全体が失敗しているという結論を引き出してしまう。しかし、不確定性原理の言い換えの一つが規定するところによれば、と論説委員は話をつづけ、「メディアが戦争の個個の出来事を正確に調べれば調べるほど、見ている側には戦況がはっきりしないように思えてしまう」と述べた。[1] 要するに、細部に焦点を合わせれば合わせるほど、全体が見えなくなってしまうということである（この論説委員の話自体は不確定性よりも相補性に近いように思われるが、そのことは気にしなくていい）。

けれども実際問題として、毎日の報道、特に戦闘地域からの報道が断片的かつ不正確で矛盾したものになりがちで、扱うテーマが大きくなると細部の情報が失われてしまうことを理解する一助として、ハイゼンベルクを持ち出す必要があるのだろうか？　この場合には少なくとも、昔から言い尽くされている二つの決まり文句も同じようにうまく当てはまるように思われる。ジャーナリズムは歴史について書いた最初の大まかな草稿であるというのがその一つ、木を見て森を見ずというのがもう一つである。量子力学的なものなど何もない。

文学の脱構築主義を唱える人たちも不確定性原理を盲目的に信奉している。彼らはいかなるテキストにも絶対的な意味や固有の意味はなく、テキストを読むという読み手の行為によって初めて意味が与えられる――したがって、読み手によってテキストが異なる意味を獲得することもありうる――と主張する。量子的測定では結果が観測者と観測対象との相互作用によって生じるのとまったく同じで、文学作品の意味も読み手とテキストとの相互作用を通して生まれると考えなければならないというのである（この「方程式」から著者が消去されていることは明らかだ）。

一九七六年に『ニューヨーク・レヴュー・オヴ・ブックス』誌に発表したエッセーのなかで、ゴア・ヴィダルは「公式と図表に頼る」文学理論の研究者たちに嘲笑《ちょうしょう》を浴びせた。「その結果、黒板とチョークのある教室で授業をすることになるのは間違いない。アメリカ文学の教師は半分消え残っている物理学者たちの定理――一流であることを表わす言語記号――をねたましく思いながら、張り合うように今度は自分たちの定理やら理論をチョークで書き連ねていく」[2]。とりわけヴィダルが述べていたのは、文芸批評家たちのなかの知識人の一派が、ハイゼンベルクの「有名ではあるが文化的には混乱をもたらす原理」を、彼らの根底的命題の正当性の根拠であると主張したがることだった。文芸批評家たちはあたかも、半世紀前に論理実証主義者たちがやりそこなったことの変形版を、遅ればせながらも成しとげようとしているかのようだった。実証主義者たちは科学哲学自体を科学的にすることを望んだ。文学作品の評価は感性の営みだと考えられるのに、文芸批評家たちはそれを堅苦しい解析的な行為に変えたがっているのである。

　ヴィダルが不確定性原理について「文化的には混乱をもたらす」と言及したために、物理学に知識のある一人の読者から反論を寄せられることになった。その人物は、ハイゼンベルクが述べているのはある種の測定を行なうことに関する科学的な定理であり、このようにあらかじめ規定されている範囲を越えて適用するのは、どんな場合であればかかげていると抗議したのである。それでもヴィダルが正しかった。物理学者たちが好むと好まざるとにかかわらず、ハイゼンベルクの原理はきわめて広範に広まり、文化的な混乱状態を引き起こしたからである。このことは、量子力学の不確定性が広範囲にわたるさまざまな知的研究に本当に重要性をもっているのかどうかとは関係がない。ある種の発想や推論にとって、ハイゼンベルクが権威を象徴する一種の基準となった経緯と関係があるのである。

　テレビでシリーズ化された『ザ・ホワイトハウス』には、ワシントンの政界で高官の地位にある、弁舌に長けた頭の回転の速いやり手たちの姿をドラマ仕立てにした面白さがある。ある回の放送は、フィクションであるドラマの登場人物たちのあとを追いかけて、彼らよりもなおのことフィクション（メタフィクション？）仕立てのカメラスタッフが、ホワイトハウスの日常を扱うドキュメントの材料を撮影しているという話になっている。このシーンは申し分のないポストモダンの習作である。本物のカメラマンが撮影しているのは偽物のカメラマンの動きなのに、この偽カメラマンは、フィクションの世界の「本物の」ドキュメント映画を制作するために登場人物の行動を撮影しているのだ。

　この回の話の途中、画面には姿を見せない映画監督がホワイトハウスの報道官、C・J・クレッグを待っている場面がある。大統領、FBI長官を含む重要度の高い会議にこのまま入り込んでもいいかどうかを確かめるためである。監督はクレッグに、これまでのところ普段どおりだったのかどうか尋ねる。

「そうとも言えるし、違うとも言えるわね」

「ぼくらがいるから？」

「ハイゼンベルクの原理を説明しなくてもいいでしょ」

「見ているると違ってきちゃうっていうこと？」

「そうね」とクレッグは言い、二人は急いで会議の場に向かう。(3)

この回の話の最初から終わりまで、登場人物たちは互いにひそひそ声で囁きあい、カメラの前をこっそり立ち去っては隅の方に集まってじっとしている——すべて、ドキュメント映画の似非《えせ》スタッフたちに引っ掻き回されるのを避けるためだ。他人の目があったのでは、あの手この手の政治的駆引きを簡単にやれるはずがない。もっとも、こんなことはすぐわかる。張り詰めた空気の漂う内輪だけの集まりの場に多数のカメラを設置したら、その場にいる人たちは異様な振舞いを始めるはずだ。結婚式で写真を撮影したり親族の集まりを家庭用ビデオにしようとしたことがある人なら、だれも意外には思わないだろう。ハイゼンベルクを持ち出す理由がどこにあるというのだ？

これまでにあげた例に共通している要素は、絶対的な真理というようなものは存在せず、見えてくるものは何を求めているかによって変わり、物語は話し手や演じ手のみならず聞く側や見る側によっても左右されるという考え方である。ここには少なくとも、ハイゼンベルクが測定という行為に関して述べたこととの隠喩《いんゆ》的なつながりがある。この意味では、現代思想を苛《さいな》んでいる相対主義（社会学者が好んで言うように、だれの話であれ、「特別視」すべきものなど一つもなく、あらゆる見方に同等の根拠があるということ）の元凶としてだれかに責めを負わせなければならないなら、たぶん、アインシュタインよりもハイゼンベルクに責任をとってもらうべきなのだろう。時空に関する科学理論である相対論は、確かに観測者が異なれば出来事の見方も異なると述べているが、それでも、相対論が提示する枠組は、これらの異なる観点に首尾一貫した客観的な説明を与えることができる。相対論は絶対的な事実が存在することを否定していない。だが、この絶対的な事実の存在こそ、不確定性原理が否定しているものなのである。

けれども物理学においてすら、不確定性原理がいついかなるときにも問題になるということではけっしてない。ボーアが相補性原理で目論《もくろ》んでいたそもそもの狙いは、物理学者たちに手を貸して、根底にはいたるところに量子力学特有の非決定性が横たわっているという事実があるにもかかわらず、現実の世界、すなわち感覚によって知り、さまざまな現象の生起するわれわれの住む世界が、ほぼ揺るぎのないもののように見えるという紛れもない事実を扱えるようにすることだった。ハイゼンベルクの原理が平均的な物理学者たちの思考にたまにしか入り込む余地がないのなら、ジャーナリズムや批評的文学理論、テレビドラマのシナリオ構成にとって重要なものになるはずがないではないか。

われわれはとうの昔から、多数のカメラを前にするとだれもがぎこちない動きをすること、友人に話をするのと同じように新聞記者に話をする者がいないことを「知っている」。僻地《へきち》の村落の文化のなかに身をおいた人類学者が注目の的になってしまい、住民の普段の行動を観察するのに苦労することも「知っている」。詩や小説、音楽作品がすべての読み手や聴き手にとって同じ意味をもつわけではないことも「わかっている」。

ハイゼンベルクの名前を持ち出したところで、これらのことがさらに理解しやすくなるわけでもない。理由はいたって簡単で、そもそもからしてこれ以上ないくらい容易に理解できることなのである。われわれを惹きつけるのが、科学の知識と科学以外の知の形態との間のつながりのようなもの、つまり、根底にある共通の特徴のようなものであることは明らかだ。こうして遠回りをしながら、われわれはロレンスが相対論と量子論を揶揄《やゆ》した場面に戻ってくる——ロレンスがこの二つの理論が好きだったのは、どちらの理論も科学的客観性と科学的真理の鋭利な切れ味を鈍らせるように見えたからだった。ここでは、その魅力を理解するのにロレンスほど科学の門外漢になる必要はない。おそらく、ハイゼンベルク以後の世界では、知識の科学的なあり方はかつて思われていたほど恐ろしくて近寄りがたいものではなくなっているからである。

　古典論の夢であった完璧な科学知識、厳密な決定論、さらには絶対的な因果律こそが、科学の領域を越えて敷衍《ふえん》されたときに不安の念を抱かせたのである。ラプラスは完璧な予測が可能になること——現在を正確に知ることができれば未来を完全に予測することができる——を理想としたが、そうなれば人間は救いのない自動機械になってしまうように見えたのだろう。マルクスやエンゲルスや科学社会主義を考えてみるといい。人間の歴史は不変の法則に従って展開すると主張しているのだ。人種改良運動とその意図的な見解を思い浮かべてみるといい。自然淘汰よりも強制的な淘汰によって人間を向上させることができると謳《うた》っているのである。オスワルト・シュペングラーやD・H・ロレンスなどのさまざまな思索家がテクノクラシーの唱道者たちの夢に対してとった反抗的な姿勢は、必ずしも道理にかなったものではなかったかもしれないが、科学があらゆるものを支配することへの強烈な不安から生まれたものであり、その不安自体はけっして根拠のないものではなかった。

　けれどもすでに見たように、決定論はその最盛期にあってすら、一般に思われていたのとはちがって、けっしてすべてを支配していたわけではない。ハイゼンベルクが生まれるずっと以前に物理学に取り込まれた統計的思考法によって、完璧な予測を達成することは不可能になってしまった。そうなったとき、あの洞察《どうさつ》力に富む評者であるヘンリー・アダムズは、科学が新たに手にした力は、目覚《めざ》ましいと同時に恐ろしく映るとはいえ、無に帰してしまうかもしれないと不安を感じはじめる。『ヘンリー・アダムズの教育』の終わりのほうで、著者のアダムズは「彼が気づいてみると、これまでだれも足を踏み入れたことのない土地に来ていた。ここでは、秩序は自然が毛嫌いしている偶然の縁者であり、運動に加えられた人為的な強制である。ここでは宇宙のあらゆる自由エネルギーが秩序に反抗している。偶発的なものにすぎない秩序はついに、再び無秩序に帰着した」と書いている(4)。

ヘンリー・アダムズがこの自叙伝を書き上げた二〇年後、こうした知的対立のまっただ中に登場した量子力学の不確定性原理は、どちらの陣営にも一安心できる材料を与えてくれた。量子力学は古典論の厳密な決定論の墓標となると同時に、どんな広い意味でも、科学の基礎を掘り崩しはしなかったのである。量子力学が登場したことで、驚異的な力と範囲の広さにもかかわらず、科学には限界があることが明らかになった。結局のところ、冷徹な合理性が他のあらゆる知の形態に取って代わることはなさそうだった。

この点にハイゼンベルクの不確定性原理の魅力がある。この原理によってジャーナリズム、人類学、文学理論が科学的になるわけではない。むしろこの原理からわかるのは、われわれが暮らしている日常世界についてわれわれが普通にもっている形式ばらない理解と同じように、科学知識も合理的であると同時にたまたま得られた結果であり、確固たるものであると同時に条件によって左右されるということなのである。科学的真理の力は強大であっても、万能ではない。

アダムズの無秩序への懸念は誇張して述べたものだった。現実に即して言えば、物理学者たちはあいかわらず物理学の営みをつづけており、自分たちの分野に確率や不確定性が入りこんだことに形而《けいじ》上《じょう》学的な面での大きな不安などまったく感じていない。彼らは量子力学の意味をめぐる深遠な疑問を避けている場合がほとんどである。ジョン・ベルと彼の同僚のマイケル・ノーエンバーグがかつていみじくも述べたように、「ふつうの物理学者は、〔そんな疑問には〕とっくに答えが出ていて、そんな疑問を考えるのに二〇分も費やしていいなら、どういうことなのか理解できるはずだと感じている(5)」。

そもそも量子力学についてはあまり深く考えないほうがいい、とボーアは言っていた。量子の世界がどんな風になっているのかを問うことには何の意味もないとボーアが主張したのは、そのような試みはいずれも量子の世界を馴染《なじ》みのある言葉、つまりは古典論の言葉で表現しようとすることになり、これではもともとの疑問を単に言い換えたことにしかならないからだった。量子的事実を古典論の言葉で表現しようというのは、どうしても妥協を必要とする取り組みだが、それでもボーアによれば、ここまでやるのが精いっぱいなのである。

これではアインシュタインならずとも不満であるばかりか、科学の真の精神とは正反対だと思えてしまうはずだ。どうすれば問うてはいけない疑問や持ち出してはいけない問題があるなどと言えるのだろう？

実際には、ここ二世紀の間の科学の進展によって、科学はますますその範囲を広げ、かつては自然哲学者たちには足を踏み入れることができないと考えられていた領域にまで入り込むようになった。一九世紀の終わりまで、太陽と地球の起源をめぐる疑問は神学者の領分に属していた。けれども、新たに獲得したエネルギーと熱力学に関する知識で武装した科学者たちは、たちまちこの領域を自らのものにしてしまった。いまでは物理学者たちは、宇宙そのものの起源について複雑で難解な論文を書いている。このような決定的な出来事を扱うには、重力、高エネルギー物理学（素粒子物理学）、量子力学のすべてを同時に取り扱わなければならないが、現時点では、物理学者たちは直面する難題に取り組むための統一理論を手にしてはいない。一般相対論の形式で表わされた重力は、本質的には古典論の形態を保っていて、どこまでも途切れることなく連続していると仮定されているし、時空の因果律も無限に小さいスケールにまで及ぶとされている。量子力学のほうは離散性と不連続性を出発点として不確定性へと向かうから、ビッグバンでは量子力学と相対論の二つの考え方が真っ向から衝突することになる。

物理学者たちは指針となる量子重力理論がないまま、宇宙がどのようにして始まったのかを再構成しようとしている。それにもかかわらず、宇宙の誕生が量子的出来事だったことは必然であり、したがってわれわれの存在そのものが、捉えどころのない量子的変化からどのようにして現実に見ている確実で紛れのない現象が生じるのかという手強い疑問にかかっていることになる。

ボーアの見解が、そのような疑問は答えるのは言うに及ばず、申し分のない形で定式化することもできないというものであるなら、彼は宇宙の誕生について詮索《せんさく》するのは科学の範囲を越えていると言おうとしているように思われる。だが、現在の物理学者たちにとっては、そんなことは絶対にあるはずがない。

今日、理論物理学の最先端を扱った専門誌には量子力学と重力を融合させる試みが溢《あふ》れている。こうした提案に伴う難解な理論は、超重力、超ひも、時空の余次元はもちろん、それ以外の多くの概念にも基礎をおいている。現在の話題はM理論とブレーンだが、恐怖すら覚えるその数学の構造を理解できる人はほとんどいないし、ブレーンの存在も完全に確証されてはいない。いずれにしても、M理論とブレーンなら要請されている課題——量子力学と重力の統一——を達成できるとわかったわけではない。

これらの取り組みでは、問題の微視的側面に焦点を当てている場合が大半である。言い換えると、物理学者たちが求めているのは、二個の基本粒子間に量子力学的に働く重力相互作用を記述するための理論なのである。けれども、一般相対論は重力の理論に止まるものではない。空間、時間、さらには因果律についての理論でもある。この理論には、アインシュタインにとって根本原理となった一つの条件が含まれている。重力の影響も他のあらゆる物理的影響と同じく、ある場所から別の場所に光速を超える速さで伝わることはありえないというものである。

これこそアインシュタインが、量子力学が正しいはずがないことを示すものだとして、EPRタイプの実験にこだわりつづけた理由だった。なぜならEPRタイプの実験の状況では、二個の量子的粒子が互いにどれほど遠くに飛び去ろうとも、得体の知れない何らかの瞬間的な作用が両者の量子的振舞いに関連性をもたせているように見えるからである。この遠い距離を隔てての結びつきは気持ちのいいものではないけれど、量子力学にまつわるほかの多くの奇妙さと同じように、どうやっても不確定性を回避できないために生じる。一方の粒子についての測定結果を正確に予測することはできないから、第二の粒子についての測定が第一の粒子の観測と整合性をもつためには、第二の粒子は何らかの形でつながりを保っていなければならないように思われるのである。

したがって、不確定性は極微のスケールでは、個々の基本粒子に関して明らかにできる形で旧来の秩序を覆《くつがえ》すだけでなく、因果律と確率が広大な距離の全域にわたって結びついているという点で言えば、宇宙のスケールにおいても旧来の秩序を覆している。真の量子重力理論なら、これらの難題を――おそらく――すべて理解できるだろう。

それでも、取り組みが行なわれている現段階では、量子重力理論によって不確定性が一掃されることはまずありえないように思われる。あらゆる証拠は不確定性がいつまでも残ることを示唆している。もう絶対的な決定論の時代、ラプラスが望んでいたように、現在を知れば過去と未来について完璧に知ることができるはずの時代に戻ることはありえない。

宇宙論的に言えば、これは好ましいことなのかもしれない。ラプラスの宇宙には誕生の瞬間がない。なぜなら、どんな一連の物理的条件も、それに先立つ状況から生じなければならないのは論理的必然であり、これがどこまでも果てしなくつづくからである。原因なくしては何事も生じえない。けれども量子的宇宙はこれとは異なる。マリー・キュリーが放射性崩壊の自発性に思いをめぐらし、ラザフォードがボーアに、何が原子内の電子にある場所から別の場所へのジャンプを決意させるのかと尋ねたときから始まって、以後ますます量子的出来事は理由などまったくなくても生じると認められるようになってきた。

かくして、われわれは袋小路に入り込む。古典物理学に宇宙が生まれた理由を語ることができないのは、古典物理学ではどんな出来事であれ、それに先立つ出来事が原因とならないかぎり生じることはありえないからである。量子力学に宇宙が生まれた理由を語ることができないのは、量子力学では自発的に生じたとしか言いようがないからで、これは確実さの問題というよりも確率に関係した問題なのである。言い換えると、アインシュタインは、量子力学は物理的世界の不完全な描像しか与えることができないと不満を述べた限りでは間違っていなかった。けれども、量子力学のこの不完全さは不可避であるばかりか、実際にはなくてはならないものだと考えていた点では、おそらくアインシュタインよりもボーアのほうが正しかったのだろう。われわれが行き着くパラドクスを、ボーアならおそらく喜んだのではないだろうか。つまり、最初に量子力学の不確定性に伴う説明のつかない作用があってはじめて、われわれの宇宙が生まれ、われわれを舞台に登場させることになる一連の出来事がスタートしたのに、そのようにして登場したわれわれがいま、そもそもどのようなきっかけがわれわれの存在をもたらしたのかと思案を巡らしているのである。

終章

死の前年の一九五四年、アインシュタインはプリンストンでハイゼンベルクの訪問を受けた。時間にしてわずか二、三時間のことである。年老いたアインシュタインは傍目《はため》にもやつれていた。アインシュタインは七五で、もう何年も前から腹部の動脈瘤が徐々に大きくなっていることを知っていた。外科手術は危険が大きく、彼には来るべき日が来るのを遅らせようとしても意味がないことがわかっていた。苦しんだひどい貧血状態からは回復していた。ハイゼンベルクが訪れたとき、二人が話したのは当たり障りのない些《さ》細《さい》な話題だった。戦争のことは口にせず、量子力学にもあまり触れなかった。「私にはきみがやっている類《たぐい》の物理学が性に合わなくてね」とアインシュタインはハイゼンベルクに語った。「首尾一貫しているところはあるが、好きじゃないんだよ[1]」。

戦争のせいで、それでなくとも疎遠になっていた関係はさらにその度合いを増した。アインシュタインが原子爆弾の可能性の概要を述べた有名な書簡に署名し、ルーズヴェルト大統領に送ったことは確かだが、彼は原爆の設計や製造では何の役割も演じていない。ボーアはぎりぎりまでドイツ占領下のデンマークに留《とど》まった後、間一髪のところでスウェーデンに逃れ、ここからイギリス空軍の手でひそかにスコットランドへ運ばれた。ボーアは核分裂の物理学を扱った論文を書いていたが、マンハッタン計画では間接的な役割を果たしただけだった。

この間、ハイゼンベルクはずっとドイツに留まっていた。一九四一年にハイゼンベルクがコペンハーゲンのボーアを訪れたのが悲惨な結果になってしまったのは、二人の間に残っていた友情が完全に壊れてしまったためだが、このときの訪問がマイケル・フレインの鮮やかながらも物悲しい戯曲『コペンハーゲン』の軸になっている。ドイツにも原子力を利用しようという計画があり、ハイゼンベルクはかかわっていた。彼は関係する物理学のいくつかの点について――ひょっとすると――ボーアに探りを入れたのかもしれない。

ボーアの妻は、ハイゼンベルクとの関係には以前からぎすぎすしたところやよそよそしさがあったと述べている。夫はハイゼンベルクといるときはとげとげしかったと彼女は言う。でも「いっしょでないときは楽しい人で……世間で言う育ちのいい人だったわ。つまり、物腰が上品で、その点で気持ちのいい人だったっていうこと。でもハイゼンベルクとはそりが合わなかったわね」(2)。ハイゼンベルクは以前から内向的な性格で、他人行儀のところや形式にこだわるところがあり、心から他人《ひと》を受け入れることはけっしてなかった。自身けっして社交的なタイプとはいえなかったものの、ボーアとうまくやっていくのにほとんど苦労のなかったディラックは、怒りっぽいパウリをとても感じがいいと思っていたが、ハイゼンベルクに関しては多少の不快感がいつまでも消えずに残っていた。

第二次大戦中のドイツの核開発計画がどこまで到達したのか、さらには何を目指していたのかの全容は明らかになっていない。ドイツは種々の資源が枯渇していた。知的人材の不足もその一つだが、これは、ドイツで育った非常に多数の物理学者たちを追放してしまったためである。ハイゼンベルクは理論物理学では斬新《ざんしん》な考え方を思いついて概念にまとめ上げた傑出した人物の一人だったが、原子核物理学の実用面や技術に携わるのには不向きだった。彼は原爆の作動の仕方を正しく解き明かすことがどうしてもできなかったようで、一トンのウランが必要だと考えていた。のちには、ドイツが原爆開発に失敗した話は醜悪に捻《ね》じ曲げられ、ドイツ人――とりわけハイゼンベルクのことを言っている――は道徳的な反感から原爆の製造を拒否しただとか、ひいては、製造の実現可能性について国家の上層部を意図的に欺いたのだとかいうことになってしまった。ハイゼンベルクがはっきりこう言ったことは一度もなかった。きっぱり否定することもけっしてなかった。

大戦後は多くの物理学者たちがハイゼンベルクを避けていた。ボーアは少なくとも誠実であるよう心がけた。ハイゼンベルクは苦労しながらも徐々に科学界に復帰していき、ついにはミュンヘンのマックス・プランク物理学研究所長になった。このときにはアインシュタインはとうにこの世にいなかった。パウリは一九五八年に突然世を去り、ボーアが亡くなったのは一九六二年である。ハイゼンベルクは一九七六年にミュンヘンで生涯を終えた。

謝辞

量子力学の歴史を何年にもわたって詳細に調べてこられた多くの著者の方々に心から感謝する。私にはそこまで詳しく調べることはできなかったし、本書を書くに当たっては、これらの方々の著作を大いに参考にさせていただいた。なかでもアブラハム・パイスとディヴィッド・キャシディの労には頭の下がる思いがする。言うまでもなく、私なりの歴史叙述にある誤りや独特の表現は、いずれもこれらの方々の与《あずか》り知らぬところである。

本書のための下調べを行なうには、メリーランド州カレッジパークにあるアメリカ物理学協会物理学史センターのニールス・ボーア文書館の利用がどうしても不可欠だった。いつも協力してくれた同センターのスタッフの方々にあつくお礼を申し上げる。利用の便を図ってくれたうえに貴重な力添えを頂戴したアメリカ議会図書館、メリーランド大学図書館、ジョージ・メイソン大学図書館、アメリカ歴史博物館のスミソニアン協会ディブナー科学技術史図書館にも感謝する（そして、最後にあげた科学技術史図書館を紹介してくれたメリー・ジョー・レーザンにも）。

ボストン大学のエイブナー・シモニーとEPR論文について話をできたのは楽しかったし、得るところも大きかった。ラルフ・カーンにはドイツ語からの英訳を手助けしてもらった。

私の代理人を務めるスーザン・ラビナーは、執筆に取りかかる前にどんな内容の本にするのかをもっと明確にしたほうがいいと助言（強要、と言ってもいいくらいだ）してくれた。いつもの例に漏れず、彼女の手助けがなかったら、この企画が現実にスタートすることはなかっただろう。編集者としての鋭い目をもつダブルデー社のチャーリー・コンラドがいなければ、本書の贅肉《ぜいにく》を取ってこれほど明確で狙いのはっきりしたものにすることはできなかっただろう。両名にお礼申し上げる。

ペギー・ディロンには、とりわけこの企画の構成がまだ漠《ばく》たる状態にあった初期の段階で精神的な支えとなってくれたことを感謝したい。

原注

本文中で触れた内容のすべてに注を付すことはしなかった。登場人物たちの生涯と研究の詳細は、概《おおむ》ね参考文献に掲げた資料、C・C・ギリスピー編『科学伝記辞典』（*Dictionary of Scientific Biography*）に依拠し、あまり知られていない脇役的な人物については特に文献をあげなかった。

AHQPインタビュー（AHQP interview）は口述による貴重な史料で、アメリカ哲学会とアメリカ物理学会の共同企画の形で一九六〇年に着手されたArchives for the History of Quantum Physicsの一部として記録が残されている（詳細はwww.amphilsoc.org/library/guides/ahqpを見ていただきたい）。

なお、以下でBohr, *CW*は『ボーア選集』（*Collected Works*）の略記である。

第1章

(1) のちに北極探検家となったエドワード・パリーの言。Patrick O'Brian, *Joseph Banks: A Life* (Chicago: University of Chicago Press, 1987), 300 に引用されている。

(2) N. Barlow, ed., *The Autobiography of Charles Darwin* (London: Collins, 1958), 103-4.［『ダーウィ

ン自伝』（八杉龍一ほか訳、筑摩書房、一九七二年）」

(3) ここでは *Philosophical Magazine* 4 (1828): 161, 6 (1829): 161 に発表された有名な二篇の論文をもとに、ブラウンの言葉と観察結果を再構成した。

(4) レーウェンフックから王立協会の幹事、ヘンリー・オルデンバーグ宛の一六七四年九月七日付の手紙。C. Dobell, ed., *Antony van Leeuwenhoek and His "Little Animals"* (New York: Dover, 1960), 111 に所収。［『レーベンフックの手紙』（天児和暢訳、九州大学出版会、二〇〇四年）］

(5) ジョージ・エリオット『ミドルマーチ』、第一七章。

(6) J. Delsaulx, *Monthly Microscopical Journal* 18 (1877): 1 および J. Thirion, *Revue des Questions Scientifiques* 7 (1880): 43 を参照。

(7) L.-G. Gouy, *Comptes Rendus* 109 (1889): 102.

第二章

(1) L.-G. Gouy, *Comptes Rendus* 109 (1889): 102.

(2) ラプラスの『確率についての哲学的試論』（一八一二年）中にある有名な一文。

(3) Lindley, 212. E・ツェルメロの批判に対するボルツマンの応答。

(4) A. Einstein, *Annalen der Physik* 17 (1905): 549. ［アインシュタインのこの論文、「熱の分子論から要求される静止液体中の懸濁粒子の運動について」は、湯川秀樹監修『アインシュタイン選集』1（共立出版、一九七一年）に収録されている］

(5) Adams, 431.

第三章

(1) Adams, 381.
(2) Pais 1986, 55. キュリー夫妻とG・ベモーンの一八九八年の論文からの引用。
(3) Quinn, 159. 一九〇〇年にパリで開かれた国際会議でのキュリー夫妻の報告からの引用。
(4) ケンブリッジ大学図書館のラザフォード・コレクション MS.Add. 7653: PA.296より。
(5) E. Rutherford and F. Soddy, *Philosophical Magazine* 4 (1902): 370 and 569.
(6) A. Debierne, *Annales de Physique* 4 (1915): 323. リンデマン（F. A. Lindemann）による同様の提案が *Philosophical Magazine* 30 (1915): 560 にある。

第四章

(1) J. Franck AHQP interview.
(2) ケンブリッジ時代のボーアについての記述は、ニールス・ボーア（Niels Bohr）およびマルグレーテ・ボーア（Margrethe Bohr）の AHQP interview と Bohr, *CW*, vol. 1 所収のボーアの手紙、Pais 1986, 194 - 95 に基づく。
(3) E. de Andrade, *Rutherford and the Nature of the Atom* (New York: Doubleday, 1964), 11. 「『ラザフォード――20世紀の錬金術師』（三輪光雄訳、河出書房、一九六七年）」引用されることの多いこの言葉はラザフォードの講演に由来するとされているが、それ以上詳しい説明は与えられていない。Eve, 197では、ラザフォードに薄紙で跳ね返る小銃弾との対比をさせている。
(4) Bohr AHQP interview.
(5) Bohr, *CW*, vol. 2, 136.

(6) レーリー卿が息子のR・J・ストラットに語った話。Strutt, *Life of John William Strutt, Third Baron Rayleigh* (Madison: University of Wisconsin Press, 1968), 357.
(7) ラザフォードからボーア宛の一九一三年三月二〇日付の手紙（Bohr, *CW*, vol. 2, 583）。
(8) Pais 1991, 191. 一九一六年のアインシュタインの論文からの引用。ここでアインシュタインが分析している単純な思考実験は驚くほど実りの多いものだった。彼は同じ論文中で、励起状態にある原子による光の自然（自発）放射に加えて、いわゆる誘導放射の過程も存在するはずで、後者では原子が光量子を放射する確率は同じ振動数の外部放射の存在によって高くなることを明らかにした。この見解は半世紀後にメーザーとレーザーの理論的基盤となる。
(9) アインシュタインからボルン宛の一九二〇年一月二七日付の手紙（Born, Born, and Einstein, *Briefwechsel* 所収）。

第五章

(1) ハラル・ボーアが一九一三年の秋にニールス・ボーアに送った手紙（Bohr, *CW*, vol.1, 567）。
(2) Landé AHQP interview.
(3) Ibid.
(4) ゾンマーフェルトからボーア宛の一九一三年一〇月四日付の手紙（Bohr, *CW*, vol.2, 603）。
(5) Pais 1991, 165. AHQPには入っていない一九六一年のインタビューからの引用。
(6) Heisenberg 1977, ch.3.
(7) ボーアからゾンマーフェルト宛の一九一六年三月一九日付の手紙（Bohr, *CW*, vol.2, 603）。
(8) 一九五八年のラザフォード記念講演より（Bohr, *CW*, vol.10, 415）。

(9) ボーアからラザフォード宛の一九一七年一二月二七日付の手紙（Bohr, *CW*, vol.3, 682）。
(10) Eve, 304.
(11) Heilbron, 88.
(12) Pais 1991, 88. プランクの一九一〇年の論文からの引用。
(13) Millikan, *Physical Review* 8 (1916): 355.

第六章

(1) パウリからカール・ユング宛の一九五三年三月三一日付の手紙より。
(2) Heisenberg AHQP interview.
(3) エンツはじめ多数が言及している有名なパウリの異名だが、だれが最初に言ったのか私には突き止めることができなかった。
(4) Heisenberg, 1969, ch.1.
(5) ゾンマーフェルトからJ・フォン・ギートラー宛の一九一九年一月一四日付の手紙。Enz, 49 に引用されている。
(6) *Atombau und Spektrallinien* (Braunschweig: F. Vieweg und Sohn, 1919) の初版へのゾンマーフェルトの序文。〔『原子構造とスペクトル線』上・下（増田秀行訳、講談社、一九七三年）。ただし翻訳は第五版を底本として第八版による削除と補充を行なったもの〕
(7) Heisenberg 1969, ch.2, and Heisenberg AHQP interview.
(8) Heisenberg AHQP interview.
(9) Heisenberg 1969, ch.2.

(10) Heisenberg 1977, ch.7.
(11) Cassidy 1992, 13.
(12) ミュンヘンでのハイゼンベルクの青年時代については Heisenberg 1969, ch. 2 と Heisenberg AHQP interviewを参照。
(13) Heisenberg 1969, ch.1.
(14) トーマス・マン『ファウスト博士』、第一四章。
(15) Heisenberg 1969, ch.2.
(16) Ibid., ch.3.
(17) Landé AHQP interview.
(18) ゾンマーフェルトからアインシュタイン宛の一九二二年一月一一日付の手紙（Einstein and Sommerfeld, *Briefwechsel* 所収)。
(19) Heisenberg AHQP interview.

第七章

(1) アインシュタインからボーア宛の一九二〇年五月二日付の手紙、およびボーアからアインシュタイン宛の一九二〇年六月二〇日付の手紙（Bohr, *CW*, vol. 3, 634)。
(2) Heisenberg, 1969, ch. 2. 後出のボーアの言葉についても出典は同じ。
(3) Pais 1986, 247.
(4) Segrè, 125.
(5) Cassidy 1992, 130. ハイゼンベルクが両親に宛てた手紙からの引用。

(6) ボルンからアインシュタイン宛の一九二一年一一月二九日付の手紙（Born, Born, and Einstein, *Briefwechsel* 所収）。
(7) Born AHQP interview.
(8) Born 1968, 30.
(9) Born AHQP interview.
(10) Ibid.
(11) Heisenberg AHQP interview.
(12) Pauli, *Science* 103 (1946): 213.
(13) Heisenberg, 1969, ch. 2.

第八章

(1) *New York Times*, Nov. 7, 1923.
(2) Ibid., Nov. 16, 1923.
(3) A. H. Compton, *Physical Review* 21 (1923): 483.
(4) Heisenberg AHQP interview.
(5) これはいろいろなところで紹介されている言葉である。Enz, 36 を参照。
(6) Dresden, 292.
(7) Pais 1991, 235.
(8) van der Waerden 所収のＢＫＳ論文より。
(9) Pais 1991, epigraph.

⑽ Rosenfeld AHQP interview.

⑾ パウリからボーア宛の一九二四年一〇月二日付の手紙（Bohr, *CW*, vol.5, 418）。

⑿ アインシュタインからボルン宛の一九二四年四月二九日付の手紙（Born, Born, and Einstein, *Briefwechsel* 所収）。

⒀ Born AHQP interview.

⒁ パウリからボーア宛の一九二四年二月二一日付の手紙（Pauli, *Briefwechsel* 所収）。

第九章

⑴ Heisenberg AHQP interview.

⑵ 「量子力学」と題されたこの論文は van der Waerden に収録されている。

⑶ Pais 1991, 261. ラザフォードからボーア宛の一九二四年七月一八日付の手紙からの引用。

⑷ パウリからR・クローニヒ宛の一九二五年五月二一日付の手紙（Pauli, *Briefwechsel* 所収）。皮肉なことに、こんな愚痴《ぐち》がパウリから出たのは、彼が物理学においてもっとも重要な業績を成しとげたころのことだった。ランデとハイゼンベルクがある種の原子の遷移に対して考案した半整数の量子数についてさらに思案をめぐらしたパウリは、半整数の量子数は電子そのものにある Zweideutigkeit（二義性、二値性）に対応しているにちがいないとの結論にいたった。実際、彼が提案した四番目の量子数は、電子軌道の性質に固有のものというよりも電子固有のもので、しかも二つの値のうちのどちらかを取ることができるのである。次いでパウリは有名な排他原理へと導かれることになる。排他原理によれば、原子内の個々の電子は四つの量子数の固有の組み合わせによって特定され、そのためいかなる二個の電子も同じ状態を取ることはできない。その後間もなく、S・ハウトスミットとS・ウーレ

ンベックによって、パウリの言う二値性は電子のスピン（力学的意味としては自転による角運動量）であり、電子の軌道角運動量との対比では半整数の値になると解釈された。このような回り道をして、ハイゼンベルクの半整数の量子数がそれほど的外れではなかったことが明らかになった。

(5) Heisenberg AHQP interview.

(6) F. C. Hoyt AHQP interview.

(7) Ibid.

(8) パウリからボーア宛の一九二四年二月一一日付の手紙（Pauli, *Briefwechsel* 所収）。

(9) Heisenberg 1958, 39.

(10) この件をはじめ、ヘルゴランド島滞在中のハイゼンベルクについての記述は、主として Heisenberg AHQP interview に基づく。

(11) これはボルンの記憶にある表現で、出典はハイゼンベルクがどう言ったかを語ったボルンの言（Born AHQP interview）。

(12) ハイゼンベルクからパウリ宛の一九二五年七月九日付の手紙（Pauli, *Briefwechsel* 所収）。

(13) ボルンからアインシュタイン宛の一九二五年七月一五日付の手紙（Born, Born, and Einstein, *Briefwechsel* 所収）。

(14) ハイゼンベルクからボーア宛の一九二五年八月三一日付の手紙（Bohr, *CW*, vol.5, 366）。

(15) Heisenberg, *Zeitschrift für Physik* 33 (1925): 879.

(16) パウリからR・クローニヒ宛の一九二五年一〇月九日付の手紙（Pauli, *Briefwechsel* 所収）。

(17) アインシュタインからエーレンフェスト宛の一九二五年九月二〇日付の手紙。Dresden, 51 に引用されている。

第一〇章

(1) Moore, 187. アインシュタインからP・ランジュヴァン宛の手紙からの引用。手紙のなかでアインシュタインは、"Er hat eine Ecke des grossen Schleiers gelüftet." と述べており、そのまま訳せば「彼〔ド・ブロイ〕は大きなヴェールの一端を持ちあげた」になるが、Schleier は靄《もや》を意味する場合もあり、そうであれば動詞の lüften は「晴らす」と訳したほうがいいのかもしれない。私が文字どおりに訳さなかった理由である。

(2) Ibid. シュレーディンガーの一九二六年の論文から引用した言葉。

(3) Ibid., 191. ヘルマン・ワイルの言。

(4) アインシュタインからシュレーディンガー宛の一九二六年四月一六日付の手紙（Przibram所収）。

(5) 同じく一九二六年四月二六日付の手紙（Przibram 所収）。

(6) Born 1978, 218.

(7) Born AHQP interview.

(8) パウリからクローニヒ宛の一九二五年一〇月九日付の手紙（Pauli, *Briefwechsel* 所収）。

(9) ハイゼンベルクからパウリ宛の一九二五年一〇月一二日付の手紙（Pauli, *Briefwechsel* 所収）。

(10) 同じく一九二五年一一月三日付の手紙（Pauli, *Briefwechsel* 所収）。

(11) Schrödinger, *Annalen der Physik* 79 (1926): 735.

(12) Cassidy 1992, 213. ゾンマーフェルトの一九二七年の論文からの引用。

(13) Heisenberg 1969, ch.4.

(14) ゾンマーフェルトからパウリ宛の一九二六年七月二六日付の手紙（Pauli, *Briefwechsel* 所収）。

第一一章

(1) Heisenberg 1977, ch.7.
(2) Born 1978, 212.
(3) Pais 1991, 297.
(4) ここでのアインシュタインとハイゼンベルクとの議論は、主として Heisenberg 1969, ch.5 に基づく。
(5) 同前。
(6) アインシュタインからゾンマーフェルト宛の一九二六年八月二一日付の手紙（Einstein and Sommerfeld, *Briefwechsel* 所収）。
(7) Frank, 113.
(8) ハイゼンベルクからパウリ宛の一九二六年六月八日付の手紙（Pauli, *Briefwechsel* 所収）。
(9) Heisenberg AHQP interview.
(10) Born AHQP interview.
(11) Born, *Zeitschrift für Physik* 37 (1927): 863.
(12) アインシュタインからボルン宛の一九二六年一二月四日付の手紙（Born, Born, and Einstein, *Briefwechsel* 所収）。アインシュタインの言い回しにある「正真正銘のヤコブ」（der wahre Jakob）は現在でもドイツの一部の地方で使われている。ヤコブが兄のエサウの振りをして、老いて眼の見えなくなった父、イサクの祝福を受けたという聖書のなかの話（創世記二七章）を引き合いに出したのかもしれない。
(13) Rozental 中にあるハイゼンベルクの回想と Heisenberg 1969, ch. 6 を参照。

(14) 同前。

(15) アインシュタインからゾンマーフェルト宛の一九二六年一一月二八日付の手紙（Einstein and Sommerfeld, *Briefwechsel* 所収）。

第一二章

(1) Moore, 228. シュレーディンガーからウィーン宛の一九二六年一〇月二一日付の手紙からの引用。

(2) Pais 1991, 295.

(3) Dirac AHQP interview.

(4) Pais 1991, 295.

(5) 特に Rozental 中にあるハイゼンベルクの記述を参照。

(6) Heisenberg AHQP interview.

(7) パウリからハイゼンベルク宛の一九二六年一〇月一九日付の手紙（Pauli, *Briefwechsel* 所収）。

(8) Heisenberg AHQP interview.

(9) ハイゼンベルクからパウリ宛の一九二七年五月一六日付の手紙（Pauli, *Briefwechsel* 所収）。

第一三章

(1) *Nature* 121 (1928), supp., 579.（Bohr, *CW*, vol.6, 52.）

(2) Ibid., 580.（Bohr, *CW*, vol.6, 52.）

(3) Pais 1982, 404. アインシュタインの一九〇九年の論文からの引用。

(4) Marage and Wallenborn, 154.

(5) Pais 1991, 318. オットー・シュテルンの回想の引用。
(6) Ibid. ボーアの手書きのメモからの引用。
(7) ボーアの回想録は Schilpp 1949 用に書いたもので、Bohr 1961 に再録されている。
(8) エーレンフェストからハウトスミット、ウーレンベック、ディーケ宛の一九二七年一一月三日付の手紙（Bohr, *CW*, vol.6, 38, 415）。
(9) 同前。
(10) Holton and Elkana, 84 にあるディラックの言。
(11) Dirac AHQP interview.
(12) アインシュタインからシュレーディンガー宛の一九二八年五月三一日付の手紙（Przibram 所収）。

第一四章

(1) Gamow, 54 - 55.
(2) Schilpp, 224 にあるボーアの言。
(3) Rosenfeld AHQP interview. 以下の引用も出典は同じ。
(4) Heisenberg AHQP interview.
(5) Born 1968, 37.
(6) Heilbron, 154.
(7) Fölsing, 668. アインシュタインから F・ハーバー宛の一九三三年八月八日付の手紙からの引用。
(8) Rosenfeld AHQP interview.

第一五章

(1) K. Compton, *Nature* 139 (1937): 238.
(2) Forman からの引用。
(3) 同前。
(4) Gay, 79.
(5) Spengler, vol. 1, 25.
(6) Ibid., 117.
(7) アインシュタインからボルン宛の一九二〇年一月二七日付の手紙（Born, Born, and Einstein, *Briefwechsel* 所収）。
(8) Mehra and Rechenberg, vol. 1, xxiv.

第一六章

(1) アインシュタインの講演「理論物理学の方法について」より［邦訳は『アインシュタイン選集』3（湯川秀樹監修、共立出版、一九七二年）に収録されている］。
(2) Rozental, 117 にあるローゼンフェルトの言。
(3) A. Einstein, B. Podolsky, and N. Rosen, *Physical Review* 47 (1935): 777.［この論文の邦訳は『アインシュタイン選集』1（湯川秀樹監修、共立出版、一九七一年）に収録されている］
(4) Rozental, 128 にあるローゼンフェルトの言。
(5) Schilpp, 232 にあるボーアの言。
(6) パウリからハイゼンベルク宛の一九三五年六月一五日付の手紙（Pauli, *Briefwechsel* 所収）。

(7) 一九三五年五月四日の『ニューヨーク・タイムズ』紙中でのE・U・コンドンの言。
(8) Bohr AHQP interview.
(9) Rozental, 129 にあるローゼンフェルトの言。
(10) EPR論文へのボーアの応答。*Physical Review* 48 (1935): 696. 〔このボーアの論文の邦訳は『ニールス・ボーア論文集』2（山本義隆編訳、岩波文庫）に収録されている〕
(11) 同前。
(12) 同前。
(13) Schilpp, 234 にあるボーアの言。
(14) EPR論文へのボーアの応答。*Physical Review* 48 (1935): 696.
(15) Schilpp, 674 にあるアインシュタインの言。
(16) Moore, 314. シュレーディンガーからアインシュタイン宛の一九三六年三月二三日付の手紙からの引用。
(17) Peterson.
(18) Cassidy 1992, 290. ハイゼンベルクからボーア宛の一九三一年七月二七日付の手紙からの引用。
(19) Heisenberg 1958, 44.
(20) 有名な「ベルの定理（ベルの不等式）」を発表したこの論文が最初に出版されたのは一九六四年で、ベルの二篇目の論文に当たる。

第一七章

(1) Dirac AHQP interview.

(2) Rozental, 95にあるハイゼンベルクの言。

(3) 「光と生命」および以下の「生物学と原子物理学」「自然哲学と人間の文化」と題する講演は、いずれも Bohr 1961 に収録されている［これらの講演の邦訳は『原子理論と自然記述』（みすず書房、一九九〇年）の第二部「原子理論と人間の知識」に含まれている］。

(4) 講演「光と生命」からの引用。

(5) Rosenfeld AHQP interview.

(6) Popper, 215.

(7) このシュリックの一九三一年の論文は Toulmin に再録されている。

(8) Bohm, *Physical Review* 85 (1952): 166 and 180. さらに近年になってから発表されたものとしては、Bohm and B. J. Hiley, *The Undivided Universe* (New York: Routledge, 1993)を参照。ベラー（Beller, 1999）は折に触れて、コペンハーゲン解釈よりもボーム流の解釈のほうが優れていると見ていることを示唆しているように思われるが、ゴールドスタイン（S. Goldstein）は *The Flight from Science and Reason* (P. Gross, N. Levitt, and M. Lewis eds., New York: New York Academy of Sciences, 1996)のなかで、不合理と反科学主義を容認するのと同じレベルでコペンハーゲン解釈を支持していると。私は自著 *Where Does the Weirdness Go?* (New York: Basic Books, 1996)［『量子力学の奇妙なところが思ったほど奇妙でないわけ』（松浦俊輔訳、青土社、一九九七年）］のなかで、ボームの考え方も大して魅力的でない理由をいくつかあげておいた。

(9) アインシュタインからボルン宛の一九五二年五月一二日付の手紙（Born, Born, and Einstein, *Briefwechsel* 所収）。

第一八章

(1) 二〇〇三年四月三日の『ワシントン・タイムズ』紙でのトニー・ブランクリーの論説記事。

(2) 『ニューヨーク・レヴュー・オヴ・ブックス』の一九七六年七月一七日号に掲載されたヴィダルのエッセー。同一〇月二八日号の記事も参照。

(3) The West Wing［アメリカのNBCで放送されたときの原題］: Season 5, episode 18, "Access."［なお、シーズン5は日本では未放映］

(4) Adams, 457 - 58.

(5) Bell, 28n8 で触れているM・ノーエンバーグとの共著論文を参照。

終 章

(1) Heisenberg AHQP interview.

(2) Margrethe Bohr AHQP interview.

参考文献

量子論およびその歴史を扱った文献は膨大な数になり、私が目を通したのはそのうちのごく一部であり、この文献表に含めたのはさらにその一部にすぎないが、いずれもきわめて得るところの大きかったものである。

Adams, H. *The Education of Henry Adams.* Boston: Houghton Mifflin, 1961.〔『ヘンリー・アダムズの教育』（刈田元司訳、八潮出版、一九七一年）〕

Bell, J. S. *Speakable and Unspeakable in Quantum Mechanics*. Cambridge, U.K.: Cambridge University Press, 1987.

Beller, M. *Quantum Dialogue: The Making of a Revolution*. Chicago: University of Chicago Press, 1999.

Bohr, N. *Atomic Physics and Human Knowledge*. New York: Science Editions, 1961.（同書にはSchilpp 1949にある「原子物理学における認識論上の諸問題をめぐるアインシュタインとの討論」が含まれている）。『原子理論と自然記述』（井上健訳、みすず書房、一九九〇年）の第二部「原子理論と人間の知識」が本書に当たる。

——. *Collected Works*. Ed. L. Rosenfeld. 11 vols. Amsterdam: North-Holland, 1972 - 87.
Born, M. *My Life and My Views*. New York: Charles Scribner's Sons, 1968. [『私の物理学と主張』（若松征男訳、東京図書、一九七三年）]
——. *My Life: Recollections of a Nobel Laureate*. New York: Charles Scribner's Sons, 1978.
Born, M., H. Born, and A. Einstein. *Briefwechsel, 1916 - 1955. Kommentiert von Max Born*. Munich: Nymphenburger, 1969. [『アインシュタイン・ボルン往復書簡集——一九一六 - 一九九五』（西義之ほか訳、三修社、一九七六年）]
Cassidy, D. C. "Answer to the Question: When Did the Indeterminacy Principle Become the Uncertainty Principle?" *American Journal of Physics* 66 (1998): 278.
——. *Uncertainty: The Life and Science of Werner Heisenberg*. New York: W. H. Freeman, 1992. [『不確定性——ハイゼンベルクの科学と生涯』（金子務監訳、白揚社、一九九八年）]
Dresden, M. *H. A. Kramers: Between Tradition and Revolution*. New York: Springer-Verlag, 1987.
Einstein, A., and A. Sommerfeld. *Briefwechsel*. Ed. A. Hermann. Basel, Switzerland: Schwabe, 1968. [『アインシュタイン／ゾンマーフェルト往復書簡』（小林晨作・坂口治隆訳、法政大学出版局、一九七一年）]
Enz, C. P. *No Time to Be Brief: A Scientific Biography of Wolfgang Pauli*. New York: Oxford University Press, 2002.
Eve, A. S. *Rutherford*. Cambridge, U. K.: Cambridge University Press, 1939.
Fölsing, A. *Albert Einstein*. New York: Viking, 1997.
Forman, P. "Weimar Culture, Causality, and Quantum Theory, 1918 - 1927: Adaptation by German

Physicists and Mathematicians to a Hostile Intellectual Environment." *Historical Studies in the Physical Sciences* 3 (1971): 1.

Frank, P. *Einstein: His Life and Times*. New York: A. A. Knopf, 1947.〔『アインシュタイン』（矢野健太郎訳、岩波書店、一九五一年）〕

Gamow, G. *Thirty Years That Shook Physics: The Story of Quantum Theory*. New York: Doubleday, 1966.〔『現代の物理学　量子論物語——物理学を震撼させた30年』（中村誠太郎訳、河出書房新社、一九六七年）〕

Gay, P. *Weimar Culture: The Outsider as Insider*. New York: Harper & Row, 1968.〔『ワイマール文化』（到津十三男訳、みすず書房、一九七〇年）〕

Gillispie, C. C., ed. *Dictionary of Scientific Biography*. New York: Scribner, 1970-89.

Greenspan, N. T. *The End of the Certain World: The Life and Science of Max Born*. New York: Basic Books, 2005.

Heilbron, J. L. *The Dilemmas of an Upright Man: Max Planck as Spokesman for German Science*. Berkeley: University of California Press, 1986.〔『マックス・プランクの生涯——ドイツ物理学のディレンマ』（村岡晋一訳、法政大学出版局、二〇〇〇年）〕

Heisenberg, W. *Der Teil und das Ganze: Gespräche im Umkreis der Atomphysik*. Piper, 1969.〔『部分と全体——私の生涯の偉大な出会いと対話』（山崎和夫訳、みすず書房、一九七四年）〕

——. *Tradition in der Wissenschaft*. Serie Piper, 1977.〔『科学における伝統』（山崎和夫訳、みすず書房、一九七八年）〕

——. *Physics and Philosophy*. New York: Harper, 1958.〔『現代物理学の思想』（河野伊三郎・富山小太

郎訳、みすず書房、一九六七年）〕
Hendry, J. "Weimar Culture and Quantum Causality." *History of Science* 18 (1980): 155.
Holton, G., and Y. Elkana, eds. *Albert Einstein: Historical and Cultural Perspectives*. New York: Dover, 1997.
Kilmister, C. W., ed. *Schrödinger: Centenary Celebration of a Polymath*. New York: Cambridge University Press, 1987. 〔『シュレーディンガー――人とその業績』（小川劬・今野宏之訳、共立出版、一九八九年）〕
Kragh, H. "The Origin of Radioactivity: From Solvable Problem to Unsolved Non-problem." *Archive for the History of the Exact Sciences* 50 (1997): 331.
——. *Quantum Generations: A History of Physics in the Twentieth Century*. Princeton, N. J.: Princeton University Press, 1999.
Kuhn, T. S. *Black-Body Theory and the Quantum Discontinuity, 1894 - 1912*. Chicago: University of Chicago Press, 1978.
Laqueur, W. *Weimar: A Cultural History 1918 - 1933*. London: Weinfeld and Nicolson, 1974. 〔『ワイマル文化を生きた人びと』（脇圭平ほか訳、ミネルヴァ書房、一九八〇年）〕
Lindley, D. *Boltzmann's Atom: The Great Debate That Launched a Revolution in Physics*. New York: Free Press, 2001. 〔『ボルツマンの原子――理論物理学の夜明け』（松浦俊輔訳、青土社、二〇〇三年）〕
Marage, P., and G. Wallenborn. *The Solvay Councils and the Birth of Modern Physics*. Boston: Birkhäuser, 1999.
Mehra, J., and H. Rechenberg. *The Historical Development of Quantum Theory*. 6 vols. New York:

Springer, 1982 - 2001.
Meyenn, K. von, and E. Schucking. "Wolfgang Pauli." *Physics Today*, Feb 2001.
Mommsen, H. *Die verspielte Freiheit : Der Weg der Republik von Weimar in den Untergang, 1918 bis 1933* (Berlin: Propylaen, 1989).〔『ヴァイマール共和国史——民主主義の崩壊とナチスの台頭』（関口宏道訳、水声社、二〇〇一年）〕
Moore, W. *Schrödinger: Life and Thought*. New York: Cambridge University Press, 1989.〔『シュレーディンガー——その生涯と思想』（小林澈郎ほか訳、培風館、一九九五年）〕
Nelson, E. *Dynamical Theories of Brownian Motion*. Princeton, N.J.: Princeton University Press, 1967.
Nye, M. J. *Molecular Reality: A Perspective on the Scientific Work of Jean Perrin*. New York: History of Science Library, 1972.
——, ed. *The Question of the Atom: From the Karlsruhe Congress to the First Solvay Conference, 1860 - 1911*. Los Angeles: Tomash, 1984.
Pais, A. *Inward Bound of Matter and Forces in the Physical World*. New York: Oxford University Press, 1986.
——. *Niels Bohr's Times in Physics, Philosophy, and Polity*. New York: Oxford University Press, 1991.
——. *Subtle Is the Lord...: The Science and the Life of Albert Einstein*. New York: Oxford University Press, 1982.〔『神は老獪にして…——アインシュタインの人と学問』（金子務ほか訳・西島和彦監訳、産業図書、一九八七年）〕
Pauli, W. *Wissenschaftlicher Briefwechsel mit Bohr, Einstein, Heisenberg u. A.* Ed. A. Hermann and K. von Meyenn. Vol. 1, 1919 - 1929. New York: Springer, 1979.

Peterson, A. "The Philosophy of Niels Bohr." *Bulletin of the Atomic Scientists*, Sept. 1963, 8.

Petruccioli, S. *Atoms, Metaphors, and Paradoxes: Niels Bohr and the Construction of a New Physics*. New York: Cambridge University Press, 1993.

Popper, K. *The Logic of Scientific Discovery*. New York: Basic Books, 1958.（ドイツ語版 *Logik der Forshung*, 1934の英訳増補版）。〔『科学的発見の論理』上・下（大内義一・森博訳、恒星社厚生閣、一九七一年）〕

Przibram, K., ed. *Brief zur Wellenmechanik: Schrödinger, Planck, Einstein, Lorentz*. Vienna: Springer, 1963.

Quinn, S. *Marie Curie*. Reading, Mass.: Addison-Wesley, 1995.〔『マリー・キュリー』1・2（田中京子訳、みすず書房、一九九九年）〕

Rozental, S., ed. *Niels Bohr: His Life and Work as Seen by His Friends and Colleagues*. Amsterdam: North-Holland, 1968.〔『ニールス・ボーア――その友と同僚よりみた生涯と業績』（豊田利幸訳、岩波書店、一九七〇年）〕

Schilpp, P. A., ed. *Albert Einstein: Philosopher-Scientist*. Evanston, Ill.: Library of Living Philosophers, 1949.

Segrè, E. *From X-Rays to Quarks: Modern Physicists and Their Discoveries*. San Francisco: W. H. Freeman, 1980.〔『X線からクォークまで――20世紀の物理学者たち』（久保亮五・矢崎祐二訳、みすず書房、一九八二年）〕

Spengler, O. *Der Untergang des Abendlandes*. 1918-1922.〔『西洋の没落』1・2（村松正俊訳、五月書房、一九七一年）〕

Stachura, P. D. *Nazi Youth in the Weimar Republic*. Santa Barbara, Calif.: Clio, 1975.

Stuewer, R. K. *The Compton Effect: Turning Point in Physics*. New York: Science History Publications, 1975.

Toulmin, S., ed. *Physical Reality: Philosophical Essays on Twentieth-Century Physics*. New York: Harper & Row, 1970.

Waerden, B. van der, ed. *Sources of Quantum Mechanics*. New York: Dover, 1967.

訳者あとがき

本書は David Lindley, *Uncertainty: Einstein, Heisenberg, Bohr, and the Struggle for the Soul of Science* (Doubleday, 2007) の全訳である。

著者のデイヴィッド・リンドリーは天体物理学の博士号をもつ科学ジャーナリストで、ケンブリッジ大学で学んだ後、フェルミ国立加速器研究所研究員、『ネイチャー』および『サイエンス』の編集委員などを経て現在にいたっている。邦訳されている著書には、統一理論を扱った『物理学の果て』、量子力学の奇妙さを扱った『量子力学の奇妙なところが思ったほど奇妙でないわけ』、原子の実在を追求して量子力学への道を切り開いたボルツマンの奮闘を描いた『ボルツマンの原子』などがある。

本書の中核をなす物語は、量子力学、さらにその第一の特徴である不確定性原理によって、古典論の因果律と決定論の放棄を迫られた物理学者たちの知的苦闘の歴史である。主役を演じているのは、絶対に量子力学を受け入れまいとしたアインシュタイン、古典論の世界の秩序がどうなるかなど少しも気にすることなく、ひたすら量子力学を推し進めようとしたハイゼンベルク、量子力学が真の意味で新たな物理学になるためには、古典論の成果を棄てることなく、その意味するところを明らかにしなければならないと考えたボーアだが、本書を読めばわかるように、けっしてこの三人だけが量子力学をめぐる論争に加わったのではない。プランク、ゾンマーフェルト、ボルン、パウリ、シュレーディンガー、ド・ブロイ、ディラックをはじめ、多くの物理学者たちが何らかの形で関与している。アインシュタイン、ハイゼンベルク、ボーアは、それぞれの立場を代表する旗頭的存在だった。物理学界全体が、三人に代表されるグループに分かれて争ったのである。

誕生から八〇年以上が過ぎた量子力学は、いまでは科学分野に留まらず技術の分野にも応用が広がり、量子コンピューター、量子暗号など、さまざまな成果が現実のものとなりつつある。現在でも、多くの人にとって量子力学が直観に反する理解しがたいものであることに変わりはないが、量子力学の威力を目の当りにしては、「現実的」にはそういうものだとして受け入れるほかないように見える。もはや、量子力学ぬきには科学も技術も成り立たなくなってしまったのだ。

けれども、量子力学が登場した一九二〇年代にあっては、物理学者にとっても量子力学を認めるか否かはそれほど単純に割り切れる問題ではなかった。量子力学と不確定性原理は、ガリレオとニュートンに始まる近代科学の不可侵の指導原理であった完全な因果律、さらにはそこから必然的に導かれる決定論が原子レベルではもはや成り立たず、どのような結果が生じるかは確率でしか予測できないと言っていた。本書で展開される論争を見れば、突きつけられていたのは、新たに登場した理論が現象を矛盾なく説明できるかどうかに留まるものではなく、世界はどのように創られており、どのような営みをしているのかに関わる問題であって、そこでは、まさに個々の物理学者の自然観と物理学に対する信念とでも言うべきものが問われていたことがわかっていただけると思う。だからこそ、リンドリーが述べているように、量子力学をめぐる論争は科学の精神を求める戦いの様相を呈してくるのである。

さらに言えば、これは村上陽一郎氏が杉本大一郎氏との対談のなかで指摘されたことだが、厳密な因果律に支配された決定論という考えの背後には、神の観念が潜んでいると見なければならないのかもしれない。かつての決定論の復活を待望したアインシュタインの有名な台詞、「神は賽《さい》を振らない」は隠喩でもなんでもなく、アインシュタインの本心だったのかもしれないのだ。行列形式の量子力学と不確定性原理の生みの親だったハイゼンベルクが、そうした哲学的な問題を一顧だにしなかったのはある意味では当然のことかもしれない。けれども、そこに神が関係していたと考えると、彼が「私のことをキリスト教徒ではなかったと言う人がいるとすれば、それはまちがいというものだろう。でも、キリスト教徒だったと言うと、言い過ぎになってしまう」と語ったのが、なんとも暗示的に思えてくる。

量子力学と不確定性原理の正しさを確信している点では同じだったとはいえ、ハイゼンベルクとボーアの物理学に対する考え方には大きな違いが見られる。マイケル・フレインは戯曲のなかで、そんな二人の本質を見事に描き出しているので紹介しておきたい。本書を読んだあとなら、フレインの炯《けい》眼《がん》を実感できるのではないだろうか。場面は、目的地にスキーで向かったときのことを振り返りながらの会話という設定になっている。ボーアがハイゼンベルクに、あんなに飛ばしたのでは自分の位置がわからなくなると言うと、ハイゼンベルクは、そんなことは考えてもいなかったと答える。二人のやりとりはさらに続く。

ボーア　批判するつもりはないが、そこが君の学問研究において批判されるべき点かもしれない。
ハイゼンベルク　それでもいつも、到達点には達しました。
ボーア　……計算さえ成り立っていれば、君は満足だったんだろう。

ハイゼンベルク　何かが成り立っていれば、それは成り立っているんです。
ボーア　そうは言っても、常に問題はこうだ、そもそも数学に何の意味があるのか？　そこにどんな哲学的含意があるのか？
ハイゼンベルク　いつも気が付いていましたよ。先生がわたしの後ろから一歩ずつスロープを降りながら、雪の中に転がった意味や含意を掘り起こしていらっしゃるのは。
〔引用は小田島恒志訳『コペンハーゲン』、劇書房、三九ページより〕

量子力学と不確定性原理が物理学者の世界にどのような波紋を引き起こしたかが主題であることは確かだが、リンドリーは本書のなかでもう一つ、重要な問題を提起している。これらの考え方が物理学の外部の世界でどのようなものとして受け止められ、どれほどの影響力をもったかである。特に、厳密な決定論こそ嫌悪の対象であり、科学の知識の完全無欠性を否定したがゆえに量子力学は歓迎されたという指摘にはうなずけるところが多い。科学（本書の場合で言えば物理学）も社会のなかでの営みである以上、科学の世界で生まれた新たな考え方は社会に影響を与える。量子力学、特にその柱である不確定性原理は、本来の定義とは内容を変えながらも、「知の形態」の一つの表象として社会に浸透していくのである。

本書を翻訳するにあたっては、このテーマを扱った多数の著作を参考にさせていただいた。なかでも、山本義隆氏の編訳になる『ニールス・ボーア論文集』は、本書を訳出する過程でつねに参照させていただいたと言っても過言ではない。さらにハイゼンベルクの生涯を扱ったキャシディの『不確定性――ハイゼンベルクの科学と生涯』を邦訳で読めたことは、ハイゼンベルクという人間の全体像をつかむ上でも、また記述内容の細部を確認するうえでも大きな助けになった。個人的なことになるが、同書を監訳された金子務先生には、私が編集者をしていた時分にたいへんお世話になり、翻訳を手がけるようになってからは、機会あるたびに温かい励ましを頂戴してきた。今回も、訳書を通じてお力添えをいただいたことになる。この場をお借りして、あつくお礼を申し上げたい。

編集を担当してくださった早川書房の東方綾さんは、文字どおり訳稿と原文を一語一語つきあわせ、読みおとしや思い違い、まずい表現などを逐一、仮借なく指摘してくれた。びっくりすると同時に反省させられもしたが、指摘に応じて手を加えたことで、当初の訳稿よりはるかに読みやすいものにすることができたと思う。彼女に心からの敬意と感謝を表わしたい。最後になったが、本書の翻訳の機会を与えてくださった早川書房の伊藤浩氏にも心からお礼申し上げる。

そして世界《せかい》に不確定性《ふかくていせい》がもたらされた
ハイゼンベルクの物理学革命
2007年10月20日　初版印刷
2007年10月25日　初版発行
*
著　者　デイヴィッド・リンドリー
訳　者　阪《さか》　本《もと》　芳《よし》　久《ひさ》
発行者　早　川　　浩
*
印刷所　株式会社精興社
製本所　大口製本印刷株式会社
*
発行所　株式会社　早川書房
東京都千代田区神田多町2－2
電話　03-3252-3111（大代表）
振替　00160-3-47799
http://www.hayakawa-online.co.jp
定価はカバーに表示してあります
ISBN978-4-15-208864-2　C0042
Printed and bound in Japan
乱丁・落丁本は小社制作部宛お送り下さい。
送料小社負担にてお取りかえいたします。

ハヤカワ・ポピュラー・サイエンス

$E=mc^2$

——世界一有名な方程式の「伝記」

$E=mc^2$

デイヴィッド・ボダニス
伊藤文英・高橋知子・吉田三知世訳
46判上製

「たった五文字の科学革命」の全貌

産みの親であるアインシュタインに勝るとも劣らぬ知名度を持つ、一つの方程式がどのようにして生まれたか。Eとは、mとは、cとは何なのか。原子爆弾製造の鍵さえ握るこの方程式を形作った科学者たちの魅力的なエピソードを絡め、門外漢にもわかりやすく説く

ハヤカワ・ポピュラー・サイエンス

エレクトリックな科学革命

――いかにして電気が見出され、現代を拓いたか

ELECTRIC UNIVERSE

デイヴィッド・ボダニス

吉田三知世訳

46判上製

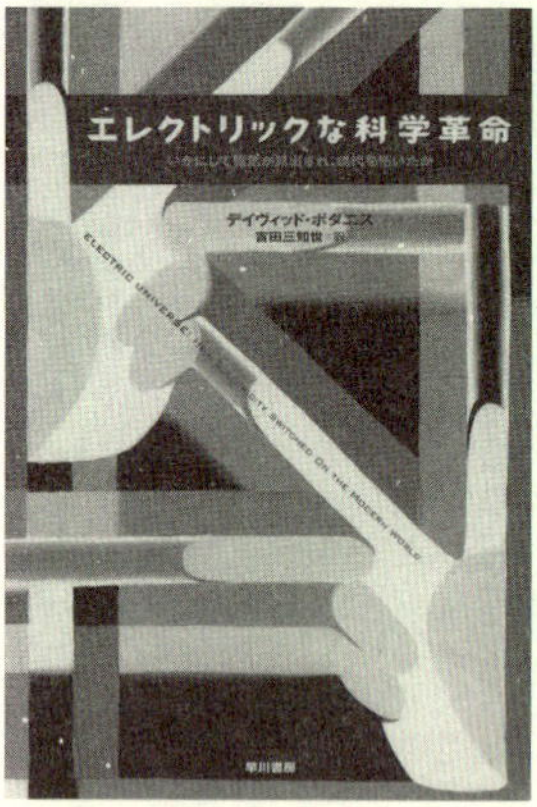

便利で、危険で、摩訶不思議

現代文明の必需品である電気や電波が発見され、開発された経緯には、常に最先端科学がかかわり、舞台裏では科学者の人間ドラマが繰り広げられていた。電気から電波、エレクトロニクス、そして生体を流れる電流まで、傑作『$E=mc^2$』の著者がわかりやすく解説。

専ら統計を作成するために用いられる事項に係る部分に限る。）の徴集によって得られた個人情報

三　沖縄県統計調査条例（昭和四十八年沖縄県条例第五十七号）第二条に規定する統計調査によって集められた個人情報

⑵　他の法令等との調整

北海道（他の制度との調整）

第三十四条　3　法令等（北海道情報公開条例（平成十年北海道条例第二十八号）を除く。）の規定により自己に関する個人情報の開示又は訂正を求めることができる場合には、その定めるところによる。

青森県（適用除外）

第二十六条　法令又は他の条例（青森県情報公開条例（平成十一年二月青森県条例第五十五号）を除く。）の規定により自己を本人とする個人情報の開示を受けることができる場合における当該個人情報の開示については、第十三条から第二十一条まで及び前条の規定を適用しない。

2　法令又は他の条例の規定により自己を本人とする個人情報の訂正等を求めることができる場合における当該個人情報の訂正等については、第二十二条から前条までの規定を適用しない。

3　実施機関以外の県の機関の職員が職務上作成し、又は取得した文書、図画、写真、フィルム及び電磁的記録であって、実施機関の職員が組織的に用いるものとして、当該実施機関が保有しているものに記録されている個人情報については、この節の規定は適用しない。

岩手県（法令等による開示の実施との調整）

第十八条　実施機関は、法令等（情報公開条例（平成十年岩手県条例第四十九号）を除く。）の規定により、何人にも開示請求に係る個人情報が前条第一項本文に規定する方法と同一の方法で開示することとされている場合（開示の期間が定められている場合にあっては、当該期間内に限る。）には、同項本文の規定にかかわらず、当該個人情報については、当該同一の方法による開示を行わない。ただし、当該法令等の規定に一定の場合には開示をしない旨の定めがあるときは、この限りでない。

2　法令等の規定に定める開示の方法が縦覧であるときは、当該縦覧を前条第一項本文の閲覧とみなして、前項の規定を適用する。

岩手県（雑則）

第三十五条　2　実施機関は、法令等の規定により、何人にも訂正請求に係る個人情報を訂正することとされている場合には、当該個人情報については、第二十一条から第二十三条までの規定は、適用しない。ただし、当該法令等の規定に一定の場合には訂正をしない旨の定めがあるときは、この限りでない。

3　実施機関は、法令等の規定により、何人にも削除請求に係る個人情報を削除することとされている場合には、当該個人情報については、第二十四条から第二十六条までの規定は、適用しない。ただし、当該法令等の規定に一定の場合には削除をしない旨の定めがあるときは、この限りでない。